清华大学化学类教材

有机合成化学与路线设计

（第2版）

巨勇　席婵娟　赵国辉　编著

清华大学出版社

北京

内 容 简 介

本书是为化学专业本科生和研究生编写的有机化学专业课教材。

本书是在2002年出版的《有机合成化学与路线设计》基础上修订而成的。全书主要内容包括两个方面：一是在学生已掌握基础有机化学知识的前提下，介绍和讨论各类有机化学反应，如氧化反应、还原反应、环化反应、杂原子插入反应以及元素有机化合物的应用等大量的和实用性的反应，以丰富学生常用的有机合成反应和技术方面的基础知识；二是介绍与讨论有机合成路线设计的思维方法和技巧，如目标分子的拆开、逆合成分析、合成子与极性转换、导向基团和保护基的引入、合成路线的简化等。在此基础上，还介绍了当代有机合成路线设计方面的专家Corey的合成设计的重要策略，并以几个复杂的天然产物为例，讨论它们的全合成路线。

读者对象：化学专业本科生、研究生和从事有机合成化学的科技人员。

版权所有，侵权必究。举报：010-62782989，beiqinquan@tup.tsinghua.edu.cn。

图书在版编目(CIP)数据

有机合成化学与路线设计/巨勇，席婵娟，赵国辉编著. —2版. —北京：清华大学出版社，2007.7(2024.8重印)
(清华大学化学类教材)
ISBN 978-7-302-15095-4

Ⅰ.有… Ⅱ.①巨… ②席… ③赵… Ⅲ.有机合成－有机化学－高等学校－教材 Ⅳ.O621.3

中国版本图书馆CIP数据核字(2007)第058187号

责任编辑：柳　萍
责任校对：赵丽敏
责任印制：曹婉颖

出版发行：清华大学出版社
网　　址：https://www.tup.com.cn, https://www.wqxuetang.com
地　　址：北京清华大学学研大厦A座　　邮　编：100084
社 总 机：010-83470000　　邮　购：010-62786544
投稿与读者服务：010-62776969, c-service@tup.tsinghua.edu.cn
质 量 反 馈：010-62772015, zhiliang@tup.tsinghua.edu.cn

印 装 者：三河市天利华印刷装订有限公司
经　　销：全国新华书店
开　　本：170mm×230mm　　印　张：19.5　　字　数：367千字
版　　次：2007年7月第2版　　印　次：2024年8月第22次印刷
定　　价：58.00元

产品编号：020880-08

前 言

本书是为化学专业本科生和研究生编写的有机化学专业课教材。本教材结合现代有机合成化学中的新方法、新技术的相继出现，通过有机合成的"战略"和"战术"两个方面，以简明扼要的方式讲述有机合成基本理论、合成路线设计方法。本教材吸收本领域的最新研究成果和最新的发展前沿，以最新的实例简要介绍本学科的发展趋势。同时选用最新的国外著名研究所的相关教材作为参考，如，Harvard 大学 Corey E. J.，Scripps 研究所的 Nicolaus K. C. 等的科研成果作为实例，讲述如何运用新理论、新方法。这样使学生在学习有机合成方法的同时也扩大了视野。

本教材 2002 年 11 月出版后，作为化学专业高年级本科生和研究生的专业课教材或参考书目，受到国内许多老师、同学的好评并提出了不少宝贵意见。该书 2002 年出版后，相继 7 次重印。第 2 版在其基础上进行了补充和修订。第 1~5 章、第 8 和 9 章、第 13 和 14 章由巨勇修改编写，第 6 和 7 章、第 10~12 章由席婵娟修改编写，全书的策划、统一整理和定稿由巨勇负责。

作者感谢北京市有机化学重点学科建设项目（XK100030514）和清华大学"985 工程"教材建设基金项目的大力支持。在该书的编写中，还得到清华大学出版社及作者课题组研究生的热情鼓励和帮助，在此一并表示衷心感谢。

由于编者水平所限，本书难免仍有疏漏和错误之处，敬请读者批评指正。

作　者

2007 年 2 月于清华园

目 录

1 绪论 …………………………………………………………………… 1
  1.1 有机合成的目的和任务 …………………………………………… 1
    1.1.1 什么是有机合成 …………………………………………… 1
    1.1.2 基本有机合成工业和精细有机合成工业 ………………… 1
    1.1.3 有机合成路线设计 ………………………………………… 2
  1.2 有机合成的发展状况 ……………………………………………… 4
    1.2.1 有机合成的回顾 …………………………………………… 4
    1.2.2 有机合成与整体有机化学的关系 ………………………… 5
    1.2.3 天然物质可由有机合成制备 ……………………………… 5
    1.2.4 为了验证并扩充化学理论而合成新化合物 ……………… 7
    1.2.5 先想象适合于应用的分子结构,再合成所需分子 ……… 9
  1.3 有机合成的现代成就 …………………………………………… 10
  1.4 有机合成的发展趋势 …………………………………………… 11
    1.4.1 有机合成发展的良好客观条件和改进方向 …………… 11
    1.4.2 有机合成化学与其他学科相结合的发展趋势 ………… 12

2 有机合成与路线设计的基础知识 ………………………………… 14
  2.1 有机合成的要点 ………………………………………………… 14
    2.1.1 以周期表为依据 ………………………………………… 14
    2.1.2 以羰基化合物为中心 …………………………………… 14
    2.1.3 键结方式和键的极性 …………………………………… 14
    2.1.4 对等性 …………………………………………………… 15
    2.1.5 氧化态 …………………………………………………… 15
    2.1.6 反应种类 ………………………………………………… 17
  2.2 有机合成路线设计的基本方法 ………………………………… 18
    2.2.1 合成路线设计的原则与基本方法 ……………………… 19
    2.2.2 合成设计实例 …………………………………………… 24
  2.3 有机合成反应的选择性 ………………………………………… 27

  2.3.1 选择性 ··· 27
  2.3.2 反应的控制因素 ·· 30

3 分子的拆开 ·· 32
3.1 优先考虑骨架的形成 ··· 32
3.2 分子的拆开法和注意点 ·· 33
  3.2.1 在不同部位拆开分子的比较 ····································· 33
  3.2.2 考虑问题要全面 ·· 35
  3.2.3 要在回推的适当阶段将分子拆开 ······························ 35
3.3 醇的拆开 ··· 36
3.4 β-羟基羰基化合物和 α,β-不饱和羰基化合物的拆开 ········ 36
  3.4.1 β-羟基羰基化合物的拆开 ·· 36
  3.4.2 α,β-不饱和醛或酮的拆开 ·· 37
3.5 1,3-二羰基化合物的拆开 ·· 39
  3.5.1 相同酯间的缩合 ·· 39
  3.5.2 酯分子内缩合 ·· 40
  3.5.3 不同酯间缩合 ·· 40
  3.5.4 酮与酯缩合 ·· 41
  3.5.5 酯与腈缩合 ·· 43
3.6 1,5-二羰基化合物的拆开 ·· 44
  3.6.1 Michael 加成 ··· 44
  3.6.2 Mannich 反应的应用 ··· 47
3.7 α-羟基羰基化合物(1,2-二氧代化合物)的拆开 ··············· 49
  3.7.1 α-羟基酸的拆开 ·· 49
  3.7.2 α-羟基酮的拆开 ·· 53
  3.7.3 1,2-二醇 ··· 55
3.8 1,4-和1,6-二羰基化合物的拆开 ······································ 57
  3.8.1 1,4-二羰基化合物的拆开 ·· 57
  3.8.2 γ-羟基羰基化合物拆开 ··· 60
  3.8.3 1,6-二羰基化合物的拆开 ·· 61
3.9 内酯合成 ··· 63

4 导向基的引入 ·· 69
4.1 活化是导向的主要手段 ·· 70

目 录

    4.2 钝化也能导向 ·· 78
    4.3 利用封闭特定位置进行导向 ································· 79

5 合成子与极性转换 ··· 83
    5.1 关于合成子的基本理论 ·· 83
        5.1.1 合成子的概念 ·· 83
        5.1.2 合成子的极性转换 ······································ 85
        5.1.3 合成子与稳定性 ··· 87
    5.2 合成子极性转换的具体应用 ································· 87
    5.3 合成子的分类和加合 ·· 90
        5.3.1 合成子的分类 ·· 90
        5.3.2 合成子的加合——a 合成子与 d 合成子的反应 ··· 92
        5.3.3 供电子合成子 ·· 93
        5.3.4 受电子合成子 ·· 99
    5.4 合成子极性转换的方法 ······································ 101
        5.4.1 杂原子的交换 ·· 101
        5.4.2 引入杂原子 ··· 101
        5.4.3 碳,碳的加成(含 C 碎片的加合) ··················· 102
        5.4.4 一些典型的合成子等价试剂 ························ 102
    5.5 常用的各类极性转换的方法 ································ 103
        5.5.1 按可逆性对极性转换的分类 ························ 104
        5.5.2 羰基是作用物的极性转换 ··························· 104
        5.5.3 氨基(胺基)化合物的极性转换 ···················· 109
        5.5.4 烃类化合物的极性转换 ······························ 111

6 氧化反应 ·· 115
    6.1 醇类的氧化 ··· 116
        6.1.1 铬[Cr(Ⅵ)]的氧化物 ·································· 116
        6.1.2 碳酸银 ·· 118
        6.1.3 有机氧化剂 ··· 118
        6.1.4 酚类的氧化 ··· 119
    6.2 醛、酮的氧化 ·· 121
        6.2.1 醛类氧化成羧酸 ······································· 121
        6.2.2 甲基酮被次卤酸氧化 ································· 121

		6.2.3	酮被氧化成酯或内酯	121

      6.2.3 酮被氧化成酯或内酯 …………………………………………… 121
      6.2.4 Beckmann 重排反应 ……………………………………………… 123
      6.2.5 用过渡金属氧化物氧化 …………………………………………… 123
  6.3 羧酸氧化 …………………………………………………………………… 123
  6.4 烯烃氧化 …………………………………………………………………… 124
      6.4.1 形成环氧化合物 …………………………………………………… 124
      6.4.2 烯烃的二羟基化反应 ……………………………………………… 125
      6.4.3 烯烃类化合物的氧化切断 ………………………………………… 128
  6.5 α-碳原子氧化 ……………………………………………………………… 129
      6.5.1 使用二氧化硒 ……………………………………………………… 129
      6.5.2 使用 N-溴代丁二酰亚胺(NBS) ………………………………… 129
      6.5.3 以铬酸类氧化剂 …………………………………………………… 130
      6.5.4 利用激发态氧的单线态($^1O_2$) ………………………………… 131
      6.5.5 用强碱脱去 α-氢 …………………………………………………… 132
  6.6 在非活化部位氧化 ………………………………………………………… 134
      6.6.1 微生物法 …………………………………………………………… 134
      6.6.2 HLF 反应(Hofmann-Loeffler-Freytag 反应) ………………… 134
      6.6.3 Barton 反应 ………………………………………………………… 134
      6.6.4 利用三级胺氧化成亚胺盐的反应 ………………………………… 135
      6.6.5 吡啶的 α-甲基的氧化 ……………………………………………… 136
      6.6.6 遥控式的氧化 ……………………………………………………… 136

7 还原反应 ……………………………………………………………………… 138

  7.1 催化氢化(加氢反应) ……………………………………………………… 138
      7.1.1 概论 ………………………………………………………………… 138
      7.1.2 加氢反应 …………………………………………………………… 139
      7.1.3 除碳-碳不饱和键以外的各官能团的催化氢化 ………………… 141
      7.1.4 加氢造成的氢解反应 ……………………………………………… 143
  7.2 金属氢化物还原 …………………………………………………………… 143
      7.2.1 氢化锂铝与二异丁基氢铝 ………………………………………… 144
      7.2.2 硼氢化钠($NaBH_4$) ……………………………………………… 148
      7.2.3 硼烷(BH_3) ……………………………………………………… 149
  7.3 金属还原剂 ………………………………………………………………… 153
      7.3.1 锂(钠)溶于液态氨中的还原反应 ………………………………… 153

目 录

- 7.3.2 以金属锌为还原剂 ... 156
- 7.3.3 以金属钛为还原剂 ... 157
- 7.4 低价金属盐还原剂 ... 158
  - 7.4.1 二氯化钛 $TiCl_2$ ... 158
  - 7.4.2 三氯化钛 $TiCl_3$ ... 158
- 7.5 非金属还原剂 ... 159
  - 7.5.1 肼(NH_2-NH_2) ... 159
  - 7.5.2 3价磷化合物(phosphine,膦) ... 161

8 保护基团 ... 162

- 8.1 羟基的保护 ... 162
  - 8.1.1 形成甲醚类($ROCH_3$) ... 162
  - 8.1.2 形成叔丁基醚类[$ROC(CH_3)_3$] ... 163
  - 8.1.3 形成苄醚($ROCH_2Ph$) ... 163
  - 8.1.4 形成三苯基甲醚($ROCPh_3$) ... 164
  - 8.1.5 形成甲氧基甲醚($ROCH_2OCH_3$) ... 165
  - 8.1.6 形成四氢吡喃(ROTHP) ... 165
  - 8.1.7 形成三甲硅醚[$ROSi(CH_3)_3$] ... 166
  - 8.1.8 形成叔丁基二甲硅醚[$ROSiMe_2(t\text{-}Bu)$] ... 166
  - 8.1.9 形成乙酸酯类($ROCOCH_3$) ... 166
  - 8.1.10 形成苯甲酸酯类(ROCOPh) ... 167
- 8.2 二醇的保护 ... 167
  - 8.2.1 形成缩醛或缩酮 ... 167
  - 8.2.2 形成碳酸酯 ... 169
- 8.3 羰基的保护 ... 170
  - 8.3.1 形成二甲醇缩酮[$R_2C(OCH_3)_2$] ... 171
  - 8.3.2 形成乙二醇缩酮[$R_2C(OCH_2)_2$(1,3-dioxolane)] ... 171
  - 8.3.3 形成丙二硫醇缩酮(1,3-dithiane) ... 172
  - 8.3.4 形成半硫缩酮 ... 173
- 8.4 羧基的保护 ... 173
- 8.5 氨基的保护 ... 174

9 环化反应 ... 176

- 9.1 环化反应概说 ... 176

9.2 Diels-Alder 反应 ·· 178
 9.2.1 Diels-Alder 反应的特点 ································ 178
 9.2.2 炔类和含非碳原子的亲双烯基试剂 ···················· 182
 9.2.3 不对称二烯和不对称亲二烯体的加成反应 ············ 182
 9.2.4 Diels-Alder 反应的实例 ································ 183
9.3 1,3-偶极环化加成反应 ·· 186
 9.3.1 1,3-偶极环化加成试剂 ································· 186
 9.3.2 1,3-偶极分子反应时电子转移与分子轨道 ············ 190
9.4 碳烯和氮烯对烯烃的加成 ····································· 191
9.5 电环化闭环 ·· 193
 9.5.1 闭环与开环,顺旋与对旋 ······························ 194
 9.5.2 E 型与 Z 型 ·· 195
9.6 开环 ·· 196
 9.6.1 环化合物分子中的开环 ································ 196
 9.6.2 [3,3]σ 迁移 ··· 197
 9.6.3 Cope 重排的实例 ······································ 198
 9.6.4 其他一些开环反应 ····································· 199

10 含杂原子有机化合物的合成 ······························· 202

10.1 碳-杂原子键的形成 ··· 202
 10.1.1 碳-卤键的形成 ······································· 202
 10.1.2 碳-氧和碳-硫键的形成 ······························ 202
 10.1.3 碳-氮键的形成 ······································· 203
10.2 单杂原子五元杂环化合物的合成 ·························· 207
 10.2.1 [2+3]型环加成 ······································· 207
 10.2.2 [1+4]型环加成 ······································· 210
 10.2.3 Yurev 反应 ·· 212
10.3 单氮原子六元杂环化合物的合成 ·························· 212
 10.3.1 Hantzsch 反应及其类似物的合成 ··················· 212
 10.3.2 扩环重排合成法 ······································ 214
 10.3.3 氮杂 Diels-Alder 反应 ································ 215
10.4 吲哚合成 ··· 216
10.5 喹啉合成 ··· 217

目 录

11 磷、硫、硅在有机合成中的应用 ·· 218

- 11.1 磷试剂 ·· 218
  - 11.1.1 有机磷化学的基本特点 ·· 218
  - 11.1.2 由 Wittig 反应形成碳-碳双键 ·································· 220
  - 11.1.3 Wittig 反应产物的顺反异构 ···································· 222
  - 11.1.4 改进的 Wittig 反应 ·· 224
  - 11.1.5 利用 Wittig 反应生成环烯 ······································ 225
- 11.2 硫试剂 ·· 225
  - 11.2.1 硫试剂促使碳阴离子的生成 ···································· 225
  - 11.2.2 硫叶立德 ·· 227
  - 11.2.3 手性亚砜和亚砜的反应 ·· 229
- 11.3 硅试剂 ·· 230
  - 11.3.1 有机硅化学的基本特点 ·· 231
  - 11.3.2 Peterson 反应 ·· 231
  - 11.3.3 硅基烯的碳负离子 ·· 232
  - 11.3.4 烯丙硅烷的亲核反应 ·· 234

12 合成问题的简化 ·· 235

- 12.1 利用分子的对称性简化合成路线 ····································· 235
- 12.2 潜对称分子的合成 ··· 238
- 12.3 模拟化合物的运用 ··· 239
- 12.4 平行-连续法（会聚法） ·· 240
- 12.5 金属有机化合物导向有机合成 ·· 241

13 Corey 有关有机合成路线设计的五大策略 ······························ 243

- 13.1 总论 ·· 243
- 13.2 基于转化方式的策略 ·· 244
  - 13.2.1 转化方式的类型和种类 ·· 244
  - 13.2.2 选择转化方式的方法和实例 ···································· 247
  - 13.2.3 计算机对有机合成路线设计的辅助设计 ······················· 250
- 13.3 基于目标物结构的策略 ·· 250
- 13.4 拓扑学策略 ··· 251
  - 13.4.1 非环键的断开 ··· 251

13.4.2　孤立环的断开……………………………………………………………252
　　　13.4.3　稠环的断开……………………………………………………………252
　　　13.4.4　桥环的断开……………………………………………………………253
　　　13.4.5　螺环的断开……………………………………………………………253
　　　13.4.6　作为拓扑学策略的重排转化的应用…………………………………254
　13.5　立体化学的策略……………………………………………………………………255
　　　13.5.1　立体化学简化-转化方式的选择性 ……………………………………255
　　　13.5.2　反合成中的可清除立体中心…………………………………………257
　　　13.5.3　多环体系的立体化学策略……………………………………………258
　　　13.5.4　非环体系的立体化学策略……………………………………………259
　13.6　基于官能团的策略…………………………………………………………………261
　　　13.6.1　官能团的分类…………………………………………………………261
　　　13.6.2　官能团决定骨架的断开………………………………………………261
　　　13.6.3　官能团等价物的策略应用……………………………………………263
　　　13.6.4　利用官能团策略减少官能团度和立体中心…………………………265
　　　13.6.5　官能团的附加物在联结和断开上的应用……………………………266

14　天然产物全合成实例……………………………………………………………………271
　14.1　除虫菊酸的合成……………………………………………………………………271
　14.2　紫杉醇的合成………………………………………………………………………273
　　　14.2.1　紫杉醇的发现及历史…………………………………………………273
　　　14.2.2　紫杉醇的化学合成……………………………………………………274
　14.3　青蒿素的合成………………………………………………………………………277
　　　14.3.1　青蒿素的化学合成……………………………………………………278
　　　14.3.2　青蒿素的生物合成……………………………………………………280
　　　14.3.3　青蒿素的化学性质……………………………………………………280
　14.4　梯形烷的化学合成…………………………………………………………………282

参考文献……………………………………………………………………………………284

常用缩略语…………………………………………………………………………………285

中文索引……………………………………………………………………………………290

英文索引……………………………………………………………………………………296

1 绪 论

1.1 有机合成的目的和任务

1.1.1 什么是有机合成

有机合成是利用化学方法将单质、简单的无机物或简单的有机物制备成较复杂的有机物的过程。

早期的有机合成,主要是在实验室内仿造自然界中已存在的化学物质。同时,在分子结构上也达到验证的作用。现在,人们已可以依据物质分子的结构与性质的关系规律,为适应国计民生的需要而合成自然界中并不存在的新物质。今后的发展趋势,也不是盲目地合成新的化合物,而是设计和合成预期有优异性能的或具有重大意义的化合物。

因此,有机合成已经成为当代化学研究的主流之一。利用有机合成可以制造天然化合物,可以确切地决定天然物的结构,可以辅助生物学的研究来解决自然界中具有特异结构和性能的天然产物形成的奥秘。利用有机合成也可以制造出非天然的,但预期会有特殊结构和性能的新化合物。事实上,有机合成就是应用基本且易得的原料与试剂,加上人类的智慧与技术来创造更复杂、更奇特的化合物。有机合成化学是有机化学的核心,也是化学和医药工业的基础,它最大限度地为人类社会的各种物质需求提供了可能。正如有机合成先师 Woodward R. B.(1965 年获诺贝尔奖)所说:"在有机合成中充满着兴奋、冒险、挑战和艺术"。在有机合成路线的设计中,逻辑性的归纳和演绎显得尤为重要。随着有机合成化学的理论和方法学的发展,可以借助计算机辅助进行有机合成路线的设计。

1.1.2 基本有机合成工业和精细有机合成工业

基本有机合成工业的任务是从价廉易得的天然资源,如煤、石油、天然气或农副产品等,初步加工成一级有机产品,如甲烷、乙烷、丙烷、乙炔、苯、萘等,再进一步加工成二级有机产品,如乙醇、乙酸、丙酮等。这些一、二级产品的生产称为"重有机合成工业"。基本有机合成的特点是产品量大,质量要求稍低,加工相对粗糙,生产操作简单。

精细有机合成工业的任务是以基本有机合成工业中得到的一、二级有机产品为原料,合成一些结构比较复杂的,质量要求很高(即较精细)的化合物,其制备过程的操作条件也要求严格,步骤较繁多,一次生产的量相对比较少但品种比较多。精细有机合成主要用在合成药物、农药、染料、香料等方面。这种合成的首要任务常常是合成路线的设计。

这两类有机合成工业对于国计民生都是缺一不可的。没有精细有机合成工业就没有满足人民生活需要的丰富多彩的各种有机产品;没有基本有机合成工业,精细有机合成工业也就没有了根基。

1.1.3 有机合成路线设计

著名有机合成化学家 Still W. C. 曾指出:复杂有机分子的有效合成路线的设计是有机化学中最困难的问题之一。路线设计是合成工作的第一步,也是最重要的一步。一条设计拙劣的合成路线不会得到好的结果;同样,一个不具备合成路线设计能力的人也不是合格的有机合成人才。

路线设计不同于数学运算。数学运算有固定的答案。但任意一条合成路线,只要能合成出所要的化合物,应该说都是合理的。当然,在合理的合成路线之间,却有着非常大的差别。

要具有强的路线设计的能力,首先要具备技术方面的能力,如对各类和各种有机化学反应的熟悉与掌握,对同一目的、不同的有机合成反应在实用上的比较与把握,对各步操作条件的实际掌握,对反应产品的纯化和检测的能力,等等。但这还远远不够,还要有逻辑的思维能力,以致对各步的有机反应选择与先后排列能达到运用自如。这正好比一位优秀的球队教练,他不仅要熟悉每个队员的技术能力,还要有逻辑思维,要熟悉如何组织队员,如何安排出场前后等,既要懂得技术,更要懂得战术。众多的有机反应和单元操作犹如很多队员,要搞好一次复杂化合物的合成,就要像教练一样组织指挥好众多的有机反应,形成综合的、有效的合成路线。这种"战术",在合成化学中叫"策略"。有的学者还利用了一个军事上的名词"战略",其意义比"战术"更高一个层次。Woodward R. B. 用"艺术"一词来描述有机合成设计的过程。因此,在相关英文参考书中,涉及有机合成路线设计的描述时,常会看到 logic, art, strategy 等术语,其含义都是指要具有比有机合成技术更高的能力。

下面举一个具体例子来说明路线设计的重要性。托品酮的合成有两条不同的路线:

(1) Willstatter R. M.(1915 年获诺贝尔奖)在 1903 年完成一条托品酮的全合成,其路线有 21 步之多,见下页图:

[反应流程图省略]

这一路线的总收率只有 0.75%。尽管路线中每一步的收率均较高,但由于步骤太多,使总收率大大降低。当然,在 20 世纪初能够人工合成出结构这样复杂的化合物,已经是对有机合成化学发展的很大贡献。

(2) 时隔不久,Robinsen R.(1947 年诺贝尔奖获得者)于 1917 年设计出另一条托品酮合成路线,既合理,又简洁,仅用 3 步即得到目标物,总收率达 90%。

[反应流程图:Mannich 反应,缓冲液 pH=5,−2 H_2O]

(Mannich 反应)

[反应流程图:H^+,Δ,−CO_2,(90%)]

(3) 最近，Nicolaou K.C. 采用过量的 IBX(o-iodoxylbenzonic acid)试剂，利用"一锅法"反应，将醇氧化成酮的同时形成 α,β-不饱和结构，进一步加入甲胺可直接生成托品酮及其类似物：

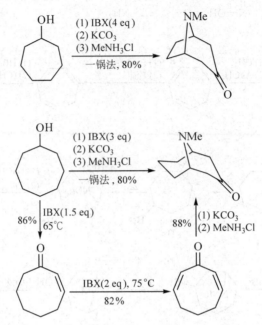

由此可见，必须首先要有好的设计思路，才能设计出好的合成路线。

1.2 有机合成的发展状况

1.2.1 有机合成的回顾

最早的有机化学是对天然物质，如树皮、血液、酵母和蜗牛等进行化学成分的研究而建立起来的。当时没有什么合成，就靠生命物质本身制备各种各样性质不同、结构复杂程度不同的物质。早期的化学家基本上是从天然混合物中提取比较纯的有机化合物。

早期的化学家认为只有有机体具有特殊的"生命力"，因而能够制成有机物质，而在试管中是无法合成这些有机化合物。幸亏 Wohler F. 在 1828 年偶然发现了一个化学反应，加热氰酸铵能得到尿素。

$$NH_4OCN \xrightarrow{\Delta} H_2N-\overset{\overset{\displaystyle O}{\|}}{C}-NH_2$$

这是第一个典型的直接由无机物在实验室合成生物代谢有机产物的实例,从而打破了"生命力"的学说。通常认为这个反应是有机合成的开始。

1.2.2 有机合成与整体有机化学的关系

从上述反应开始,在试管中(即在玻璃仪器中)制备有机物质的活动就与整个有机化学的发展紧密联系在一起。每当有机化学在理论和基础知识方面取得进展时,都可以发现有机合成起了重要作用,而新理论、新技术又必然引起合成的进一步发展。例如:合成帮助确定异构体的数目及其结构,从而对 Kekule A. 早期理论做出了贡献。另一方面,从奎宁实验式出发的推理,使 Perkin W. H. 提出合成奎宁的假设,又根据这个假设所做的努力,导致了合成染料的发现。

因此,现在要解开发展过程中相互渗透的这种复杂关系,说有机合成影响了有机化学的其他方面,还是其他方面影响了有机合成,都是非常困难的。但十分清楚的是,有机合成起了下述重要作用:第一,有机合成可以逻辑式地装配已确定结构的分子;第二,有机合成能够提供自然界没有的新物质,开辟出新的领域;第三,解决理论问题需要有机合成。

1.2.3 天然物质可由有机合成制备

人们首先是合成天然物质降解物,发展到后来,结构非常复杂的天然物质也都可以合成了。20 世纪最有影响的有机合成化学家无疑是 Woodward R. B.。他在 27 岁时就合成了奎宁(相对地说其结构比较简单一些)。1960 年他又完成了叶绿素的合成。接着他又与 Eschenmoser A. 共同组织合成了维生素 B_{12}。它虽和叶绿素同属于卟啉一类化合物,但结构要复杂得多,合成的难度也要大得多。Woodward R. B. 在 1981 年还合成了分子中具有 18 个手性中心的红霉素,其异构体数目为 2^{18} 个。

奎宁的结构　　　　　　　　　叶绿素的结构

红霉素的结构　　　　　　　维生素B₁₂的结构

对于这样一些复杂对象,若不能对它们的立体化学、构象分析、有关的有机合成单元反应有极为精细和深入的理解,要完成立体专一的反应是不可能的。由此可以看出 Woodward R. B. 这位有名的有机合成家的伟大气魄与高超技能。

随着有机合成化学的飞速发展,现在一些更为复杂的大分子也能够人工合成出来。典型例子之一是海葵毒素的合成。海葵毒素(Palytoxin)是1971年 Moore R. E. 从腔肠动物(*Coelenterate*)海葵中分离出的一个不稳定化合物,其分子式为 $C_{129}H_{223}N_3O_{54}$,它的毒性比河豚毒素还要大10倍。1982年 Moore R. E. 发表了该化合物的立体结构。1989年美国哈佛大学的 Kishi Y. 宣布该化合物合成成功。这是至今认为通过化学合成的最大的天然产物分子。

$R^1=OH, R^2=R^3=R^4=R^5=R^6=R^7=R^8=H$

海葵毒素的结构

1.2.4 为了验证并扩充化学理论而合成新化合物

  合成计划的成功证实了某些理论,也导致对另一些理论的修正,同时还制造出未曾有过的一些新化合物。这些新化合物有些可能已经有某种用途,有些可能当时还不知道有什么用途,只是因为结构新奇而引起了合成化学家的兴趣而合成的。这也是允许的,因为至少当初在理论上是有一定的目的。这类化合物称为化学珍品(chemical curiosity),如某些环蕃(cyclophanes)。化学珍品首先在理论上是有意义的,由于它们有结构上的特点,必然有性质上的特异性,因此会有特殊的用途,只是一时未被认识而已。

  香港中文大学黄乃正等人成功地合成了1,2,7,8-二苯并[2,2]对环蕃。这是一种有张力的由4个苯环连接而成的环蕃类有机物。环蕃类化合物中还有很多有趣的化合物。两个或两个以上苯环,以对位用饱和的或不饱和的碳碳键相接,形成各种不同的、苯环呈平行面的结构。

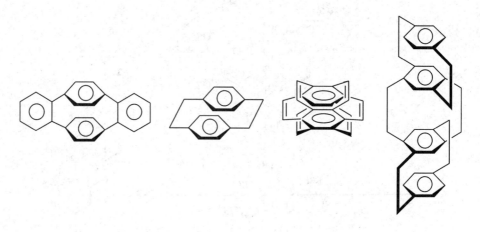

1,2,7,8-二苯并[2,2]-对环蕃

Cook J. M. 合成了十字四烯(staurentetraene)。对这个化合物的兴趣在于探讨中心碳原子的 4 根键是否是平铺的。还有一种化合物叫窗烷(fenestrane)，它不仅有理论上的意义，而且在自然界中确实存在一种二萜类化合物，其分子中具有窗烷的结构骨架。2004 年 Corey E. J. (1980 年诺贝尔化学奖获得奖) 合成了从天然界发现的一个梯形烷(Ladderane, pentacycloammoxic acid methyl ester)，该化合物虽然是天然产物，但它的梯形结构是十分独特的。

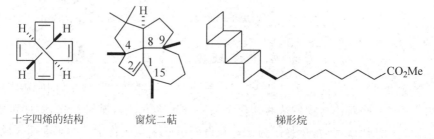

十字四烯的结构　　　　窗烷二萜　　　　梯形烷

还有一类化合物，其品种繁多，它们都有分子式 $(CH)_x$。在理论上说，$x=4$，分子是四面体烷；$x=6$，分子是八面体烷；$x=8$，分子是立方体烷。由此类推，碳原子数可愈来愈大，多面体的面愈来愈多，每个顶点都是 CH，发展到后来就成球形。碳原子愈多，碳-碳键的张力愈小，分子愈稳定。四面体烷至今未得到。作为高能材料的立方烷八硝基衍生物，在 2002 年由 Eaton P. L. 合成成功。十二面体烷(C_{20})是在 1982 年由 Paquette L. A. 合成得到。下图是 C_{20} 球合成中最后封口的合成步骤：

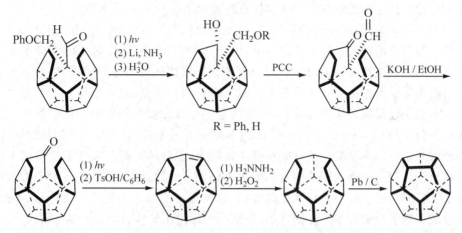

Curl R. F., Kroto H. W. 和 Smalle R. E. 三人因 C_{60} 足球分子的合成成功而荣获 1996 年诺贝尔化学奖。这一分子引起了化学家极大的兴趣。因为它的大小正好处在纳米尺度的范围内,故称为纳米球,在发展纳米技术中起了很大的作用。各种形状碳纳米材料合成和性质研究正在蓬勃兴起。值得注意的是,这类分子中多数碳原子是在体内有三聚碳碳键,即 CC_3 基团。四面体、立方体、十二面体以至 C_{60} 都是如此;但有些不是如此,如八面体、二十面体等,碳原子有四聚碳碳键,即 CC_4 基团。这类化合物的合成当然是相当困难的,但仍然是可以做到的。

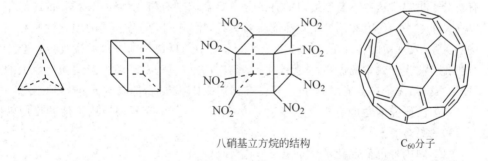

八硝基立方烷的结构　　　　C_{60} 分子

1.2.5　先想象适合于应用的分子结构,再合成所需分子

为了某种用途,化学家可以想象一种分子结构,然后设计合成路线,精心合成此化合物以达到所定的用途目标。这种例子还是不少的。

如可以想象有一类化合物的结构里,有一金属原子夹在两个环烯之间。环烯有活泼电子可与金属原子配位,形成络合物。这种金属原子又是多价的。环烯的络合造成金属价数的多变。又由于价数的多变,使其有引起其他化合物的氧化还原反应的能力。因此,这种结构的化合物是一类很好的催化剂。人们熟悉的二茂铁就是常用的一种催化剂。此类金属有机催化剂品种繁多，应用很广。

由于催化剂（包括上述的催化剂）的发展，推动了一类非常有用的有机工业材料——高分子的开发。高分子是许多小分子（单元）用键连接起来的大分子化合物。天然的棉花纤维是由成千上万个糖单元连接而成的高分子。蚕丝、蜘蛛丝都是由氨基酸单元连接而成的高分子。有了高效的催化剂，就可以用人工的方法将某些小分子连接成人造的高分子，其结构也完全可以按所需要的性能来设计。美国杜邦公司的 Carothers W. H. 在 1939 年发明了尼龙，推动了高分子领域的发展。当他得知蚕丝是由氨基酸通过酰胺键连接起来，他就决定用酰胺键来连接成人工的高分子。但他没有用天然的氨基酸为单体，而是采用了更简单易得的非天然小分子己二酸与己二胺为原料制得聚合物，这是最早实现工业化的合成纤维。尼龙的合成奠定了合成纤维工业的基础，尼龙的出现使纺织品的面貌焕然一新。

1.3　有机合成的现代成就

Wohler H. 在 1828 年合成尿素奠定了现代有机化学的科学基础，有机合成就此与有机化学一起成长、发展。而今，有机合成更是赋予了有机化学以蓬勃朝气和无限的生命力，有机合成是当前有机化学中最富有活力的一门分支学科，凭借着不断发展的有机合成科学手段和艺术想象，在天然的有机世界旁建立起一个更为广阔的人造有机分子世界。这些不断创造出的有机分子日益丰富有机化学知识的同时，还能用以在分子水平上研究和调控生物体的生命过程，用以了解生命分子的理化性质和结构的关系、发现新的各种用途的材料。有机合成中新反应和新方法的发现也将会为有机化合物生产效率的提高，从源头上改善有机合成过程对环境的影响做出巨大的贡献。这样，无论在合成反应方面，还是在试剂或技术方面，都取得了丰硕的成果。

（1）已研究清楚的有机反应多达 3000 个以上，其中有普遍应用价值的反应就有 200 多个。

（2）国内外已商品化的试剂有 5 万余种。

（3）具有产率高，反应条件温和，选择性和立体定向性好的新反应大量出现。如光化反应、微生物反应、模拟酶合成等。

（4）金属参与和自由基介导的有机化学反应发展使有机合成大放光彩。

（5）新试剂、新型催化剂，特别是固相酶新技术的应用可使催化剂稳定，能长期使用并能使生产连续化。它们通常都有反应速度快，条件温和，选择性好，合成工艺简单等优点。

（6）合成方法的研究也是有机合成发展的一个重要方面。"一锅法"反应（one-pot reaction）中的多步反应可以从相对简单易得的原料出发，不经中间体的分离，直接获得结构复杂的分子。这样的反应显然在经济上和环境友好上较为有利。良好的合成路线设计能够合理而巧妙地解决复杂的合成问题，使合成路线既具有科学性，又具有艺术性，已在许多复杂分子合成中显示了巨大的潜力和广阔的应用前景。组合化学和多样性导向合成方法为高通量筛选活性化合物、发现新的功能材料和催化剂等方面显示出巨大的威力。

1.4 有机合成的发展趋势

1.4.1 有机合成发展的良好客观条件和改进方向

综上所述，明显地看到有机合成不论在天然物质，还是非天然物质方面都已经取得了十分辉煌的成就。有机合成从过去到现在以至将来，都是一门大有可为的科学。自然科学发展的过程是一个各学科相互交叉、渗透的过程，有机合成化学的发展也不例外。有机合成的迅速发展缘由其他学科的需求，尤其是现代科学的进展，已为有机合成今后的发展创造了良好的客观条件。大致有下列几个方面。

（1）理论方面

现代有机合成化学已建立在坚实的理论有机化学和量子化学的基础上。在深度上将对反应的历程和本质做进一步的研究，从而对控制反应的方向与速度、产物的结构与纯度以及反应收率的提高等方面取得更多的主动权。

（2）方法方面

近年来，对新型有机合成方法的研究，如生物化学法、超声法、高压法、辐射法等在合成上的应用等，特别是酶化学和酶模拟合成、不对称合成等方面均取得了重大的突破，从而为合成方法带来更大的变革。

（3）测试方面

近代物理测试方法，如红外、紫外、核磁共振、色质联用、高效液相色谱、手性分离方法、元素自动分析、X射线衍射等，已普遍配合应用，尤其是超导核磁以及二维核磁技术和新的电离源质谱的发展，都有力地促进了有机合成化学的迅速发展。

（4）人工智能方面

使用计算机辅助合成路线设计将大大加快合成路线设计的速度。为此，人们已在注意全面分析和总结复杂分子的合成规律与逻辑，使合成工艺变得更加严格而系统化，并以此为基础，编制有机合成路线的计算机辅助设计程序，逐步达到路线设计的计算机化。

有机合成虽有了很大的发展，但自然界和人类本身的发展又不断地向合成化学家提出新的挑战。在有机合成反应上,虽然可以举出很多在高选择性方面卓有成效的工作,但局限性仍然很多。从日益发展的精细化工品的需求来说,必然会要求更加理想的高选择性反应,更加温和的反应条件,同时又要不恶化人类生存的地球环境。

1.4.2 有机合成化学与其他学科相结合的发展趋势

任何学科的发展都不是孤立的,有机合成化学与其他相关学科互相融合、交叉、渗透并相互促进。有机合成也有力地促进了其他学科的进步。应该说,与有机合成结合最密切的学科是材料科学、生命科学和环境科学,当然,能源、信息等其他学科也直接或间接与有机合成化学相关。

1. 与生命科学相结合的有机合成化学

与生命科学相结合有几层不同的含义:一是有机合成要选择生命科学中的重要物质为合成对象;二是将生物化学的方法用于有机合成;三是二者的巧妙结合产生一些全新的科学分支领域。

生命科学的发展日新月异,也是有机合成化学大有作为的领域,从最早的尿素合成到后来的多肽、蛋白质、核酸合成,以及进而研究的各种有机分子与生物大分子的相互作用,都是与生命科学的研究密切相关。时至今日,化学生物学的开拓发展更进一步显现了有机化学和有机合成与生命科学的融合交叉。化学生物学中最重要的研究方向是研究有机小分子和生物大分子的相互作用,进而认识和调控生命过程,而有机合成则正可以为其提供研究用的有机小分子。前述提及到的复杂天然产物的合成,无论是目标导向合成、组合化学合成,还是多样性导向合成,其主要目的还都是合成研究生命过程或调控生命过程的试剂、药物。

2. 与材料科学相结合的有机合成化学

材料科学,尤其是功能材料、分子电子材料的研究,近几年有着特别迅速的发展。有机功能材料,虽然有时有稳定性的问题,但有机分子的设计和合成均易于控制和实施,能够确切地进行结构-性能的研究,因此成为一个快速发展的领域。材料科学领域对有机合成化学家来讲,确实是一片英雄用武之地,在材料科学的新发展中,很多新材料本身都是合成的新品种,实用性能很好。作为有机导体的聚乙炔一类物质受到很大的重视。近年来,还有一些新的方法用于这类化合物的合成。美国加州理工学院的 Grubbs R. H. (2005 年诺贝尔化学奖获得奖)发展了金属催化的卡宾中间体开环复分解聚合法(ring opening metathesis polymerization)。该中间体的相对分子质量可达 13700,用碘掺杂后顺反式产品都有不同的、合乎要求的导电率。这一化合物溶于苯、四氯化碳等,使之便于加工。利用有机铬催化剂可聚合全氟丁炔-2,导电率也有一定的值。

3. 与环境科学密切相关的有机合成化学

另一个与有机合成密切相关的是环境科学中的绿色化学问题。绿色化学包括多方面的内容,但仔细分析就会发现,这些内容的核心是有机合成。从学术上讲,绿色化学要求有机合成反应的原子经济性。从工艺上讲,绿色化学要求合成过程的零排放或少排放,合成用的原料和试剂应是无毒、无害并且对环境的影响尽量少。这几年来有关绿色有机合成的研究工作如雨后春笋般地大量涌现,仅从反应介质来讲就有水、超临界二氧化碳、离子液体等。尽管绿色有机合成十分重要,但它又是十分艰难的课题,尤其是工业化的、理想的绿色有机合成。合成化学正是通过自身方法和技术的提高而被不断地丰富和完善。在日益重视环境和效益的今天,用更加方便、有效和经济的方式合成分子已成为必然趋势和迫切需要。相信绿色有机合成今后长时间内将一直会是有机化学中最富有挑战性的领域。

2 有机合成与路线设计的基础知识

要既能扎扎实实地掌握有机合成的技术,又能机动灵活地领会有机合成的策略,首先要全面了解有关有机合成及路线设计的基础知识。这些基本知识包括有机合成的要点、有机合成路线设计的基本方法和有机合成反应的选择性。

2.1 有机合成的要点

所谓要点就是指有机合成化学中最根本的知识。一切有机合成的知识都是由此而产生与发展的。它有下列6点。

2.1.1 以周期表为依据

虽然按古老的说法,有机化学只是 C,H,O,N 和卤素的化学,但现代有机合成化学已经扩充到周期表中各种元素进行各种类型的反应。以一些非金属元素,如硼、硅、磷、硫、砷等为中心的有机化合物的出现,大大扩充了有机化学的领域。卤代烷中的氟代物,无论是单氟代,还是多氟代都有特殊的性质,形成了氟有机化学。有机金属化学(尤其是过渡金属的有机分子络合物)的兴起,不仅在有机化学和有机合成化学方面做出了很大的贡献,而且在无机与有机之间构筑了一座宽广的桥梁。就涉及元素的种类来说,有机化学和无机化学已逐步接近。

2.1.2 以羰基化合物为中心

在众多有机化合物的官能团中,羰基是一种很活泼的基团。很多有机反应都涉及这种基团,如醛、酮分子之间的羟醛缩合反应,醛被氧化成羧酸衍生物的反应,醛、酮还原成醇的反应,醛、酮转化为含氮化合物的反应等。羰基化合物的反应在有机合成中居于枢纽地位。

2.1.3 键结方式和键的极性

在有机化学中,基本的键结(也可叫键联)方式有两类:碳与碳相结合、碳与非碳原子相结合(即与官能团相结合)。有机合成化学中讨论的最根本问题是碳骨架的建立和碳与官能团的结合。有机合成中考虑键结时,应以逻辑式逆推的方法:先考虑如何将键结拆开(disconnection of bonding),使分子形成两个极性部分,再在合成设计时将这两个极性部分作为两个反应物经合成反应发生键结。这是很重要的合成设计的思路。例如，要合成 C—N 的键结，就可考虑键结的极性是 $^{δ+}$C—N$^{δ-}$（或是 C$^+$ 与 N$^-$）。前者（正电部分）可以是常见的卤代烷，而后者可以是常见的胺类。卤代烷与胺作用形成 C—N 键结。关于拆开与键结，本书后续各章中都要涉及。有机合成化学中还有"极性转换"的方法，也是从键结的极性所考虑的合成设计的方法，也将有专章给予详细介绍。

2.1.4 对等性

这是有机合成化学中常用的专用术语。如在下列反应中，氰醇类的碳负离子与碘甲烷作用后，水解得甲基酮类。

$$R-\underset{CN}{\underset{|}{C}}-OR' \; + \; I\overset{δ-\;δ+}{-}CH_3 \longrightarrow \underset{CH_3}{\underset{|}{\overset{OR'}{\overset{|}{C}}}}\underset{CN}{\overset{R}{}} \xrightarrow{H_3^+O} \underset{CH_3}{\overset{R}{C}}=O$$

$$R-\underset{CN}{\underset{|}{\overset{OR'}{\overset{|}{\bar{C}}}}} \Longleftrightarrow R-\bar{C}=O$$

反应物氰醇的碳负离子 RC$^-$(CN)OR′ 中，起主要作用的是 R—C=O。就可以将它看作与前面的碳负离子是"对等"的，也可称"等价的"。前者是一个作为反应物的碳负离子（或可看作试剂，reagent），后者就称为与前者对等的一个"合成子"(synthon)。

合成子是指可用于有机反应中的合成单位。又如，格氏试剂 CH$_3$MgI 中的甲基负离子 CH$_3^-$ 是合成子，是供电子的。乙酰氯 CH$_3$COCl 中的 CH$_3$C=O 是接受电子的合成子。注意，合成子的对等性只是指与试剂相似而不是一致，也许在反应性、极性及立体因素等方面会有一定程度上的差异。有关合成子的问题，我们将在第 5 章详细讨论。

2.1.5 氧化态

在有机合成反应中，绝对的氧化态并不重要，但作用部位的碳原子，随连接原子的不同，存在相对的氧化态，下面列出一些基本类型化合物的相对氧化态。

1. 碳的氧化态

$[O_X](C) = -4$：CH_4

$[O_X](C) = -3$：$CH_3—CH_3$

$[O_X](C) = -2$：$CH_2=CH_2$，CH_3OH

$[O_X](C) = -1$：$CH≡CH$

$[O_X](C) = 0$：$CH_2=O$，CH_2Cl_2

$[O_x](C) = +1$：CO

$[O_x](C) = +2$：HCO_2H

$[O_x](C) = +3$：ROC_2R', RCOCl, RCN

$[O_x](C) = +4$：CO_2, $(RO)_2C=O$, $ROCONH_2$

2. 氮的氧化态

$[O_x](N) = -3$：NH_3, NR_3, NHR_2, NH_2R

$[O_x](N) = -2$：R_2N-NR_2

$[O_x](N) = -1$：$R-N=N-R$, R_2N-OH

$[O_x](N) = +1$：$R-N=O$

$[O_x](N) = +3$：$R-NO_2$

$[O_x](N) = +5$：HNO_3

3. 硫的氧化态

$[O_x](S) = -2$：H_2S, R_2S, RSH, RCHS, $R_2C=S$, $(H_2N)_2C=S$

$[O_x](S) = -1$：RSSR

$[O_x](S) = 0$：R_2SO, RSOH

$[O_x](S) = +2$：R_2SO_2, RSO_2H, $RSONH_2$

$[O_x](S) = +4$：H_2SO_3, $(RO)_2S=O$, RSO_2NH_2, RSO_2OH

$[O_x](S) = +6$：H_2SO_4, $(RO)_2SO_2$

4. 磷的氧化态

$[O_x](P) = -3$：PH_3, RPH_2, R_2PH, R_3P

$[O_x](P) = -2$：R_2P-PR_2

$[O_x](P) = -1$：$R_3P=O$, $R_2P(O)H$, R_2P-OR'

$[O_x](P) = +1$：R_2PO_2H, R_2PO_2R

$[O_x](P) = +3$：$RPO(OH)_2$, $RPO(OR)_2$, $P(OR)_3$

$[O_x](P) = +5$：H_3PO_4, $(RO)_3P=O$

5. 硅的氧化态

$[O_x](Si) = -4$：SiH_4, R_4Si

$[O_x](Si) = -2$：R_3SiCl, $R_3Si-O-SiR_3$

$[O_x](Si) = 0$：$R_2Si(OH)_2$, R_2SiCl_2

$[O_x](Si) = +2$:$RSiCl_3$

$[O_x](Si) = +4$:SiO_4,$(HO)_2Si=O$,$SiCl_4$

2.1.6 反应种类

这是有机合成的基础。一般来说,有机分子是由碳骨架和官能团两部分组成。当然也有不含官能团的分子,如烷烃、环烷烃等。但它们在一定条件下,也会发生骨架的重排或增减。讨论合成方式或合成路线的分类时可根据分子骨架和官能团是否变化而分为以下 4 种类型。

1. 骨架和官能团都无变化

这里不是说官能团绝对无变化,而只是说它的种类未变化,在一个有机反应中骨架和官能团都无变化就可达到合成目的。例如:

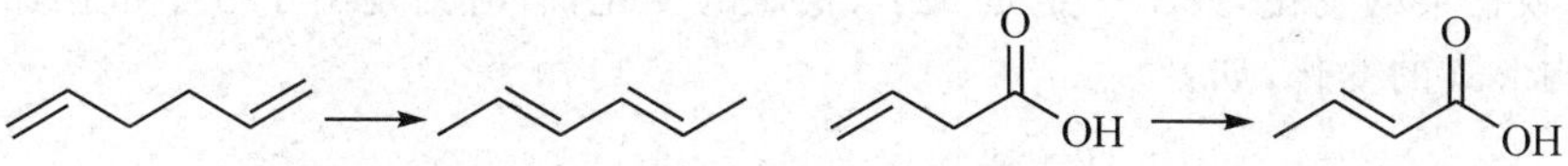

反应的结果只是官能团的位置发生了变化,它的种类和分子的骨架均无变化。

2. 骨架不变而官能团改变

最常见的例子是苯及其同系物在环上发生取代基的变化的反应。

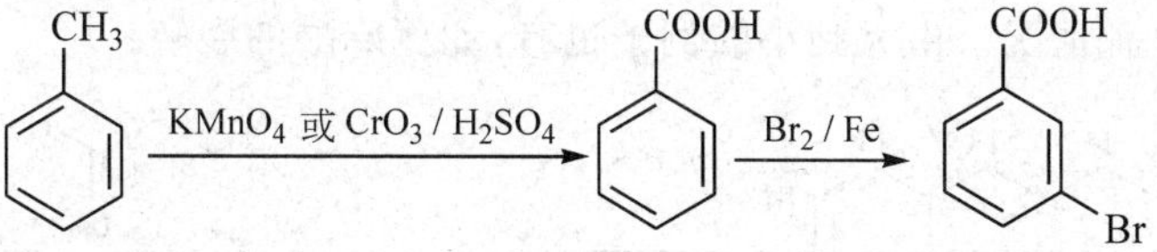

3. 骨架变而官能团不变

例如用重氮甲烷与羰基的反应,可以进行扩环反应:

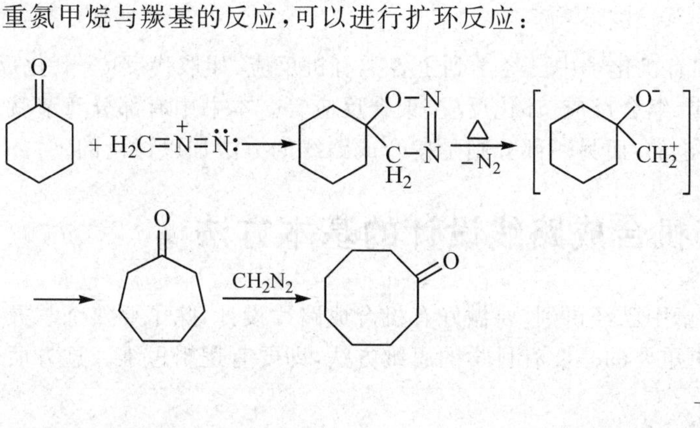

4. 骨架和官能团都变化

在比较复杂的分子的合成中,常利用这种技巧,在变化骨架的同时,将官能团也变化成所需要的。利用 Mannich 反应合成托品酮为经典实例之一(此例在第 1 章中已介绍)。有机化学中的许多重排反应,在反应中分子的骨架和官能团会同时发生改变。例如,Kanematusu K. 在 Furoscrubiculin B 的合成中应用 Pinacol 重排反应合成其关键中间体:

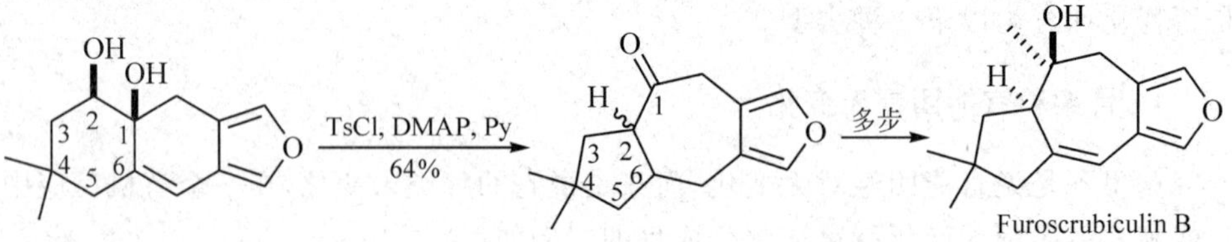

当然,碳骨架的变化,并不一定是大小、长短的变化,有时只是由于分子重排而发生的结构形式的变化,如:

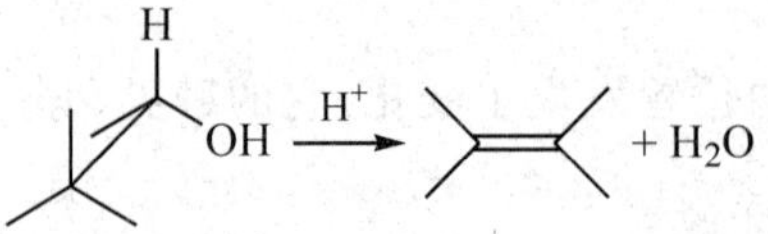

但改变骨架的大小、长短在有机合成中用得更为广泛。这类变化又可分为两种情况:即由小到大和由大到小。由小到大的情况很多。我们讨论的很多复杂分子的合成都属于这种情况。由大到小的例子也有,如蓖麻酸的裂解:

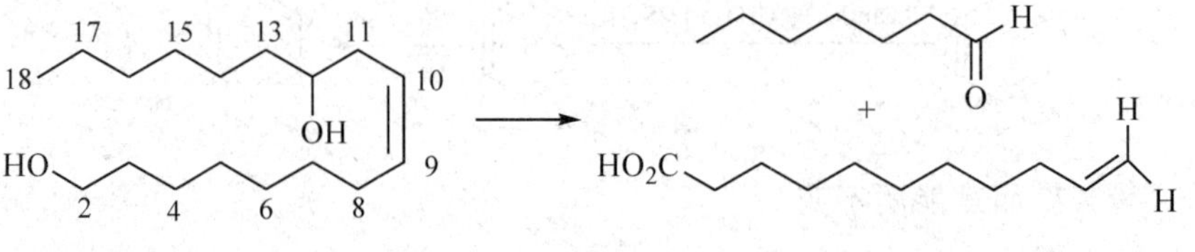

12-羟基-9-十八碳烯酸   十一烯酸

在基础有机化学中已经学到了各类有机反应,如取代反应、氧化反应、还原反应、分裂反应、缩合反应、环化反应、聚合反应等。本书中有部分章节就是按反应分类来综合讨论的,而另一部分则是按合成路线的方法加以讨论的。

2.2 有机合成路线设计的基本方法

在第 1 章中已经讲到,要做好有机合成路线设计,除了要熟练掌握有机合成的技术以外,更重要的是要有科学的思维方法,即要有逻辑思维。这方面也有一些固定的原则和成熟的方法。

2.2.1 合成路线设计的原则与基本方法

大致有逆合成法、分子简化法、官能团的置换或消去法、分子拆解法等。

1. 逆合成法

逆合成法(retrosynthesis)是有机合成路线设计的最简单、最基本的方法。有时也叫做反合成法(antisynthesis)。其他一些更复杂的设计方法都是建立在此方法的基础上，所以首先要掌握逆合成法。整个过程也可称为逆(反)合成分析。

合成是指从某些原料出发，经过若干步化学反应，最后合成出所需的产物。最后产物就是合成目标物，称为目标分子(target molecule,TM)。实际上，进行合成路线设计是反其道而行之，即从目标分子的结构出发，逐步地考虑，先考虑可由哪些中间体合成目标物，再考虑由哪些原料合成中间体，最后的原料就是"起始物"(starting material,SM)，这种方法就是"逆合成"。表示合成步骤时，每步常用箭头 $\longrightarrow$，而表示逆合成法时，用符号 $\Longrightarrow$。

合成步骤：

$$SM \longrightarrow A \longrightarrow B \longrightarrow C \longrightarrow D \longrightarrow E \longrightarrow TM$$

也就是合成路线。

逆合成步骤：

$$TM \Longrightarrow E \Longrightarrow D \Longrightarrow C \Longrightarrow B \Longrightarrow A \Longrightarrow SM$$

是合成路线设计时的思路。

思路是首先从 TM 出发，它是一种怎么样的分子结构？可用何种方法制备？用什么原料，即上述路线中 E 是什么？如果 E 不是立即能取得而直接使用的原料，只是一种前体(precursor)，那么用什么方法和原料(或再前一次的前体)可制备它，即 D 是什么？依次类推，可能由前体 E,D,C,B,A，一直到起始物 SM。长度由 TM 的结构复杂程度而定。每一步都要依靠已知的有机合成知识，通过判断和比较来确定。还可以说，合成路线是从简单的原料分子出发，逐步"前进"，最后得到一个"复杂"的，合乎要求的目标物。逆合成是从"复杂"的，所要求的目标分子出发，逐步"后退"，"简化"到原料分子。

合成：

$$SM \xrightarrow{\text{前进，复杂化}} TM$$

逆合成：

$$TM \xrightarrow{\text{后退，简化}} SM$$

这里要求能达到 3 点：①每步都有合适又合理的反应机理和合成方法；②整个合成要做到最大可能的简单化；③有被认可的（即市场能供应的）原料。关于逆合成的问题在以下各章中还会讨论，这里先列举一个简单的苯并咪唑酮的逆合成分析：

苯并咪唑酮(TM) ⇒ 邻氨基苯基氨基甲酸乙酯(A) ⇒ 邻硝基苯基氨基甲酸乙酯(B) ⇒ 苯基氨基甲酸乙酯(SM)

即

$$SM \xrightarrow{\text{硝化}} B \xrightarrow{\text{还原}} A \xrightarrow{\text{加热,环化}} TM$$

2. 分子简化法

前已提到，为了方便逆合成时的分析，有必要将复杂的化合物分子中与反应无密切关联的部分去除，简化后找出分子中关键的部位。如在考虑下列的一个较复杂烯的合成时，关键是烯键的合成，因而可简化为一种三取代烯烃的烯丙醇。

又如一个分子有明显的对称性，在考虑它的合成时就应充分利用其对称性来简化合成方法。

$(CHCH_2)_2\overset{+}{N}-CH_2CH_2NHCOCONHCH_2CH_2\overset{+}{N}(CH_2CH_3)_2$ (带 Cl^-，含邻氯苄基)

⇒ $(CHCH_2)_2\overset{+}{N}-CH_2CH_2NHCO^-$ (带 Cl^-，含邻氯苄基)

⇒ 邻氯苄氯 (CH_2Cl, Cl 取代苯) + $(CHCH_2)_2N-CH_2CH_2NHCO^-$ ⇒ $(CH_3CH_2)_2NHCH_2CH_2NH_2 + {}^-CO_2CH_2CH_3$

实际上，目标分子的中间段就可以草酸二乙酯 $CH_3CH_2O_2C—CO_2CH_2CH_3$ 为原料，含两个 $—CO_2CH_2CH_3$ 。

3. 官能团的置换或消去法

若一个目标物是个复杂分子，含有多种官能团(functional group, FG)，在进行某一合成反应时，它们之间还有矛盾，会互相干扰。这时，就需要将某个官能团置换或消去，等这步反应完了后再设法恢复，例如：

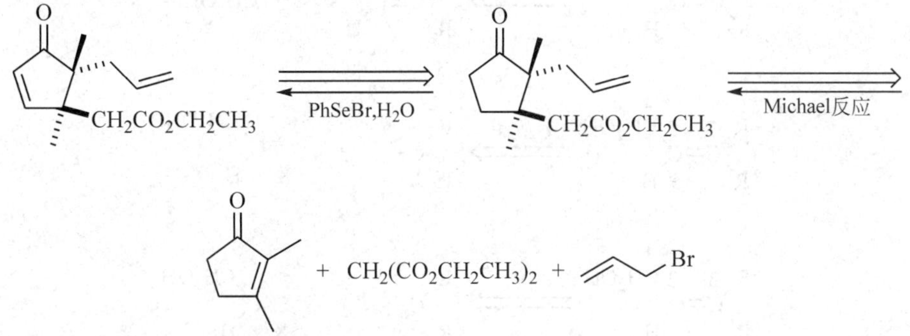

上述目标物含有多个不同的、又互相影响的官能团。可先将两个烯键去掉一个，去掉环内的烯键。剩下的部分可当作酮，用 Michael 反应合成。这样，整个合成就比较容易。

又如下列反应中，目标物含双烯类官能团，不容易直接合成。可以先将其中一个烯基置换为羰基，这样合成就更容易。首先合成得到羰基化合物后，再通过 Wittig 反应将羰基转化为烯烃。

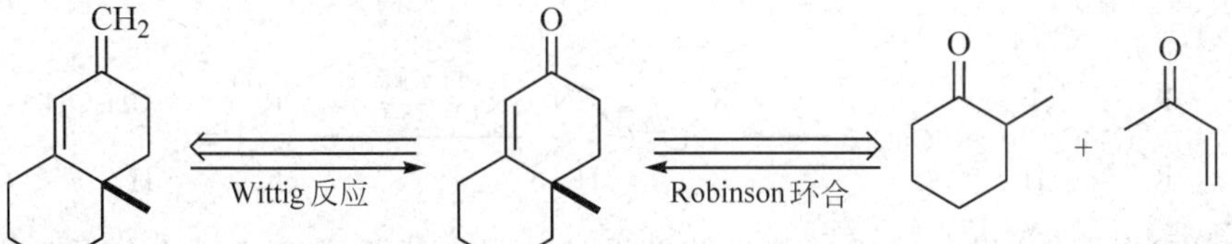

分子中官能团的置换还包括引入导向基，对分子的活泼部位(反应部位)起活化或钝化作用，有利于反应向所需方向进行。关于导向基将在后面的章节专门讨论。

4. 分子拆解法

前面已讨论到目标分子中的极性键可以进行拆解(也称为拆开, disconnection)，将其分成两个极性分子。实际上，这就是考虑逆合成方法时的主要思路之一。同一目标物可以有不同的几种拆解的方法,需要加以比较,从而确定应采用何种合成方法更好。下例中,逆合成箭头上的碳原子编号表示拆解位置。

$$\underset{R}{\overset{R}{>}}\!\!C\!\!\overset{3}{=}\!\!\overset{2}{C}\!\!\overset{1}{\underset{H}{<}}\!\!\overset{CH_2OH}{\Longrightarrow}\overset{C1/C2}{\Longrightarrow}\underset{R}{\overset{R}{>}}\!\!C\!\!=\!\!C\!\!\overset{-}{\underset{H}{<}}\ +\ ^+CH_2OH$$

$$\underset{R}{\overset{R}{>}}\!\!C\!\!\overset{3}{=}\!\!\overset{2}{C}\!\!\overset{1}{\underset{H}{<}}\!\!\overset{CH_2OH}{\Longrightarrow}\overset{C1/C2}{\Longrightarrow}\underset{R}{\overset{R}{>}}\!\!C\!\!=\!\!C\!\!\overset{+}{\underset{H}{<}}\ +\ ^-CH_2OH$$

$$\underset{R}{\overset{R}{>}}\!\!C\!\!\overset{3}{=}\!\!\overset{2}{C}\!\!\overset{1}{\underset{H}{<}}\!\!\overset{CH_2OH}{\Longrightarrow}\overset{C2/C3}{\Longrightarrow}\underset{R}{\overset{R}{>}}\!\!C\!+\ +\ \underset{X}{\overset{-}{>}}\!\!C\!\!\overset{CH_2OH}{\underset{H}{<}}$$

$$\underset{R}{\overset{R}{>}}\!\!C\!\!\overset{3}{=}\!\!\overset{2}{C}\!\!\overset{1}{\underset{H}{<}}\!\!\overset{CH_2OH}{\Longrightarrow}\overset{C2/C3}{\Longrightarrow}\underset{R}{\overset{R}{>}}\!\!C\!-\ +\ \underset{X}{\overset{+}{>}}\!\!C\!\!\overset{CH_2OH}{\underset{H}{<}}$$

这里主要涉及:①合适的拆开部位;②键极性的方向,从而选用不同的试剂。如上述 C_1/C_2 拆解后的部分有 $^-CH_2OH$ 或 $^+CH_2OH$(都可称合成子)的差别。这是由于采用试剂的不同而形成的:

$$\underset{R}{\overset{R}{>}}\!\!C\!\!=\!\!C\!\!\overset{-}{\underset{H}{<}}\ +\ CH_2\!\!=\!\!O\ \longrightarrow\ \underset{R}{\overset{R}{>}}\!\!C\!\!=\!\!C\!\!\overset{CH_2O^-}{\underset{H}{<}}\ \overset{H^+}{\longrightarrow}\ \underset{R}{\overset{R}{>}}\!\!C\!\!=\!\!C\!\!\overset{CH_2OH}{\underset{H}{<}}$$

$$\underset{R}{\overset{R}{>}}\!\!C\!\!=\!\!C\!\!\overset{I}{\underset{H}{<}}\ +\ CuCN\ \longrightarrow\ \underset{R}{\overset{R}{>}}\!\!C\!\!=\!\!C\!\!\overset{CN}{\underset{H}{<}}\ \overset{(1)水解}{\underset{(2)还原}{\longrightarrow}}\ \underset{R}{\overset{R}{>}}\!\!C\!\!=\!\!C\!\!\overset{CH_2OH}{\underset{H}{<}}$$

值得注意的是,这里可以用计算机辅助设计。下一章要详细地讨论分子的拆开。这里先介绍一些原则。拆解的方法主要有下列几种:

(1) 会集法

会集法(convergence)是指尽量将目标分子分成两大部分,再将此两部分各拆解成次大部分,从而避免将目标分子按小段地逐一拆解。如下面两种拆解法(假如每一步都有80%的产率):

TM A—B—C—D 64%

⇓

A—B + C—D 80%

⇓ ⇓

SM A + B C + D 100%

TM A—B—C—D 51%

⇓

A—B—C + D 64%

⇓

A—B + C 80%

⇓

SM A + B 100%

左法先拆成两大部分，再拆成四部分，总的产率是64%；右法逐步将分子按小段拆开，共3步，总产率是51%。当然左法较佳。

对称分子可拆开成相同的部分，减少了合成步骤。这就是前面所说的“简化”。

TM A—B—B—A

⇓

A—B + B—A

⇓

SM A + B

(2) 在α-碳的位置上拆开

α位是相对官能团来说的。此处拆开往往可行，例如：

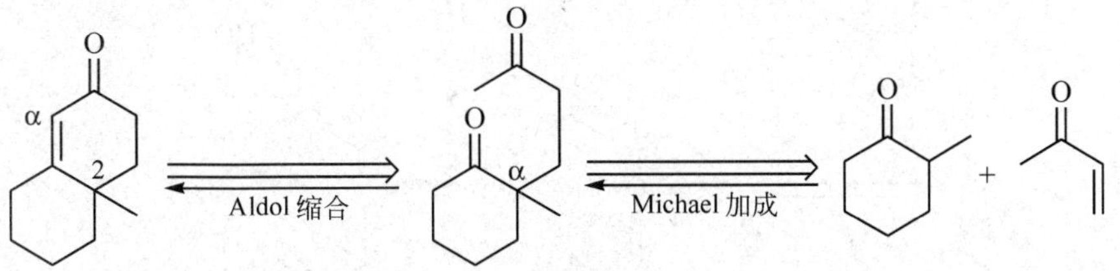

(3) 在共同碳原子处拆开

共同碳原子(common carbon atom)是指几个环共有的碳原子。在此处拆开可将复杂的多环结构变成较简单的、易合成的结构单元，尤其是环中的桥头共用原子(ring’s bridge)，更应首先拆开。

下式 a,b,c,d 均为共有碳原子,因此在 a,b 之间拆开,使其结构大为简化:

下式在共有碳原子 e,f 两处同时拆开:

(4) 避免大环的合成

因为八元以上大环的化合物不易获得,而这方面的化学反应也很少开发,所以拆解时应尽量避免形成大环的合成基。当然,随着大环化合物合成方法学研究的改进和发展,这个原则将会逐渐被修正。

2.2.2 合成设计实例

例 1 昆虫激素 Brevicomin 的逆合成分析

目标分子有双环,有共有碳原子,可用两种方法制备。

方法之一,在共有碳原子 C1 处拆解,即断开两个 C—O 键之一:

双环结构已被简化成为线状结构,可以比较容易地进一步进行逆合成。

方法之二,拆开另一个 C—O 键,双环结构变成两个非常简单的分子:

Chaquin A. 采用下列步骤合成该昆虫激素的对映体混合物：

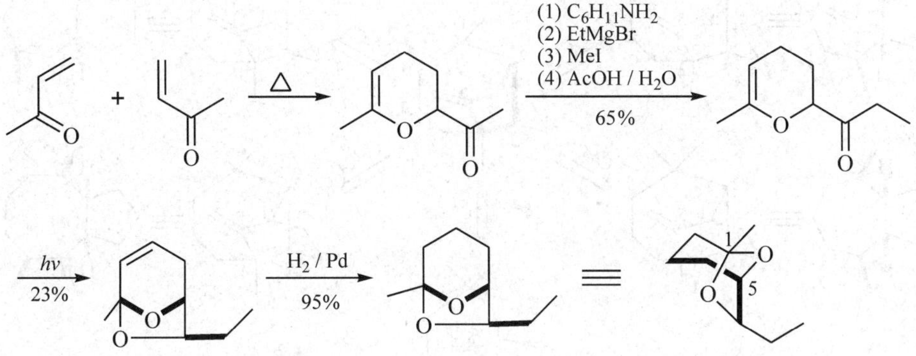

例 2　倍半萜(Longifolene)的逆合成分析：

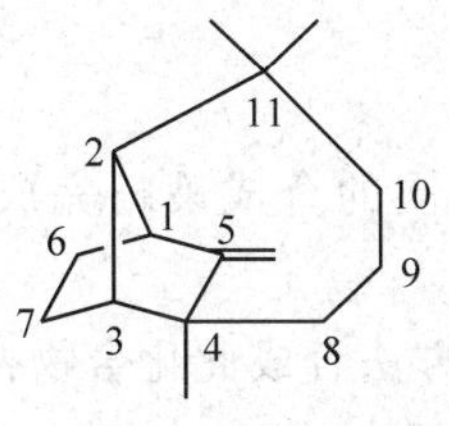

目标化合物是多环结构。其中一个是较大的七元环。官能团只有一个，即乙烯基，在 C5 处。有多个共有碳原子。先在共有碳原子 C1—C2 处开环，再将官能团变换成为较易合成的化合物。

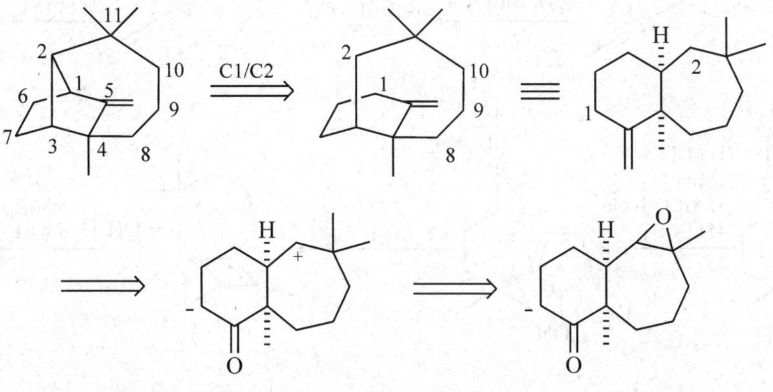

此化合物的其他位置的碳-碳键拆开方式如下所示，但 C2/C3 和 C3/C4 键拆开后，产生需要合成较为困难的八元环状化合物。

先后有 9 个研究组通过不同的合成策略完成了此化合物的合成，在此仅举两例。

Volkmann R. A. 通过下列方法合成此化合物：

Corey E. J. 采用下列路线合成该化合物:

合成路线设计时,特别在用逆合成法反推时,逐步后退,到底退到哪一步,这主要取决于有无合适的原料。

2.3 有机合成反应的选择性

有机合成路线既然是具有逻辑性的,可以预先设计,那么经过设计的合成反应除了要有高产率外,也要具有选择性。选择性很好的反应以产生惟一的目标物为最佳结果,避免化合物分离的困扰。合成反应的选择性大致分为化学选择性(chemoselectivity)、位置选择性(regioselectivity)和立体选择性(stereoselectivity)3种。控制选择性的因素又分为热力学控制(thermodynamic control)和动力学控制(kinetic control)两种。前者与产物的稳定性或能量有关;后者是反应活化能的比较,常受电子效应和空间效应的影响。

2.3.1 选择性

按3种分述如下。

1. 化学选择性

不同的官能团有不同的化学活性。如果反应中使用的某种试剂对一个有多种官能团的分子起反应时,只对其中一个官能团作用。这种特定的选择性就是化学选择性。

例如，硼氢化钠可将4-氧戊酸乙酯还原成4-羟基戊酸乙酯。这表示硼氢化钠可对羰基进行选择性还原，只对酮基起作用，而不作用于酯基。相反地，氢化锂铝同时对酮基及酯基进行还原，生成1,4-戊二醇：

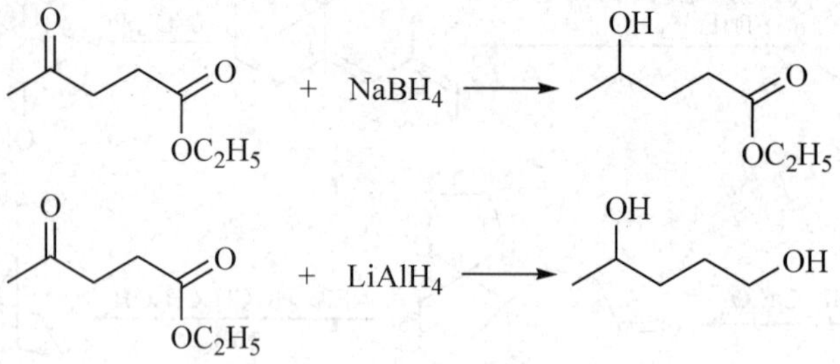

2. 区域选择性

相同的官能团在同一分子的不同位置上，发生化学反应时反应速率有差异，也有产物稳定性的不同。若某一试剂只能与分子的某一特定位置上的官能团作用，而不与其他位置上相同的官能团发生反应。这就是位置选择性的反应。

例如，下列甾体化合物有多个羟基，其中一个是烯丙位的羟基。当用活性二氧化锰进行氧化时，只在烯丙位的羟基被氧化，而其他位置上的羟基无变化：

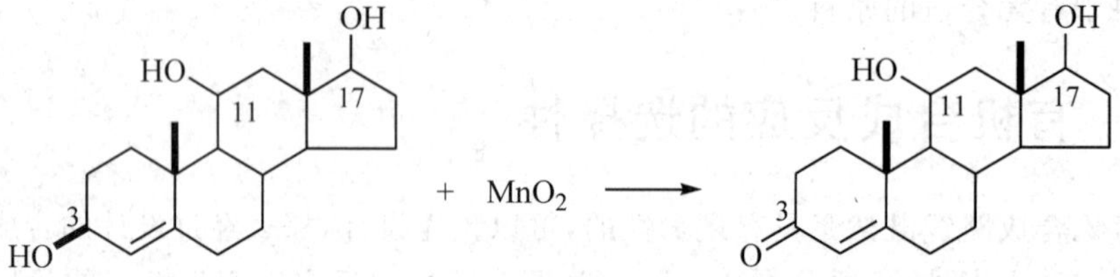

又如，Trost B. M. 和 Tsuji J. 研究取代烯丙基乙酸体系在催化作用下形成 π-烯丙基体系时，催化剂的不同会产生区域选择性的反应：

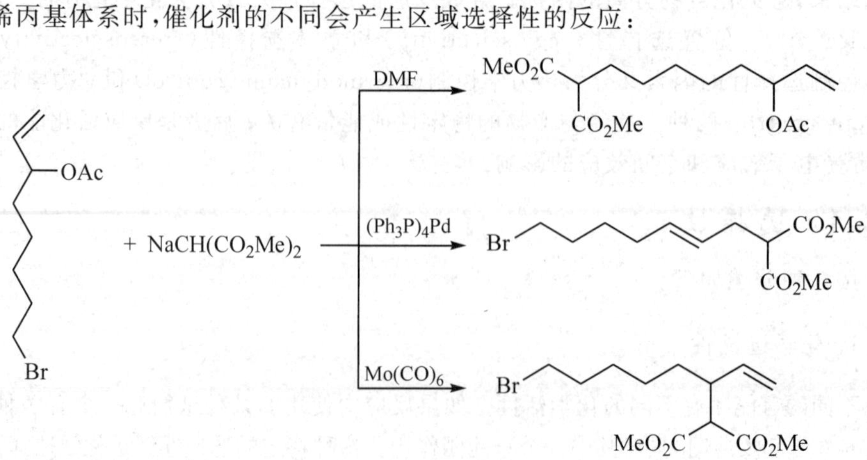

3. 立体选择性

一个化合物在反应中能生成两个空间结构不同的立体异构体,如果此反应无立体选择性,则产物中两种异构体是等量的;有立体选择性的反应,两者不等量。一个含量大于另一个;量的差别愈大,反应的立体选择性愈好。如果这种立体异构体是对映异构体,就称对映选择性(entioselectivity);如果某个反应只生成一种,而没有另一种,就叫立体专一性反应。例如,樟脑酮被氢化锂铝还原时,所得两种羟基构型不同的醇,其比例是 9∶1,这是由于樟脑酮分子的立体结构不对称性所造成的。在羰基的两侧起反应时,试剂受到的空间位阻是不同的。反应时,空间阻力小的产物(羟基在外,exa 型),比空间位阻大的产物(羟基在内,endo 型)的量大得多。

生物体内有一类手性催化酶。它不仅催化能力强,而且立体选择性也很强,甚至单一地生成某一种立体结构,即可以将非手性的化合物转化为单一的手性衍生物。这就是立体专一性反应。例如,反式-丁烯二酸酶(fumarase)可以将反式-丁烯二酸水合成(S)-(−)-苹果酸,而其对映体(R)-(+)-苹果酸含量小于 1%。此酶就是手性催化剂。

手性催化试剂不只限于天然的酶,也有人工制成的。如手性氢化锂铝可将非手性的苯乙酮还原得到 100% 的(−)-1-苯基丁醇,而没有其对映异构体产生。这也是立体专一选择性反应。

在立体化学中,对映异构体的纯度,常用对映过量(enatiomeric excess,ee%)的百分比表示。如两个对映体产物的比是 92∶8,则 ee% 是 92－8＝84(或 ee＝84%)。立体(或对映)专一性反应的 ee＝100% 或接近 100%。

2.3.2 反应的控制因素

当一个有机反应有可能进行两种或两种以上反应途径时,其产物的分布可以是依据各种产物的稳定性来确定,也可以依据各个反应的速率来确定。若前者是确定因素,此反应是热力学控制的;若后者是确定因素,此反应是动力学控制的。

如下列反应是热力学控制反应:

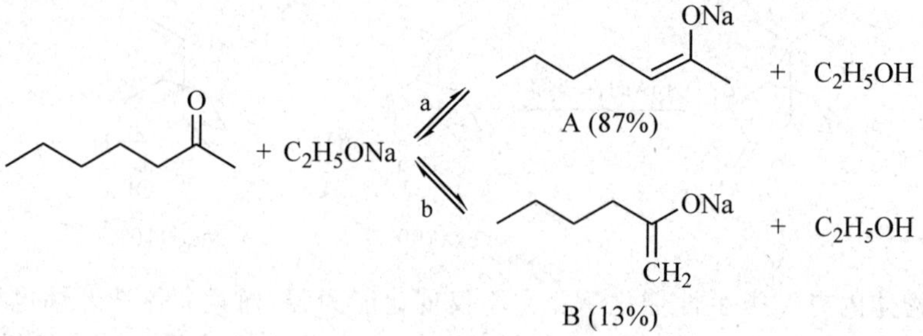

以上反应中 2-庚酮与乙醇钠在乙醇中作用可经 a,b 两条途径,而且都有可逆反应。在长时期达到平衡时,产物 A 与 B 的比值是 87∶13。这一事实表示此反应是热力学控制的。较稳定的 A(三取代烯)生成较多,而较不稳定的 B(二取代烯)生成较少。

2-庚酮与过量的三苯甲基锂在无水的四氢呋喃中作用也有两条途径,a′和 b′,但都不是可逆的。这一反应就是动力学控制的。试剂三苯甲基锂是在反应物的分子中羰基的 α 位(有两个位置)上起反应的。由于空间位阻的作用,它与碳链顶端的碳原子反应较易,因而产物中 B′的量比 A′多。见如下反应:

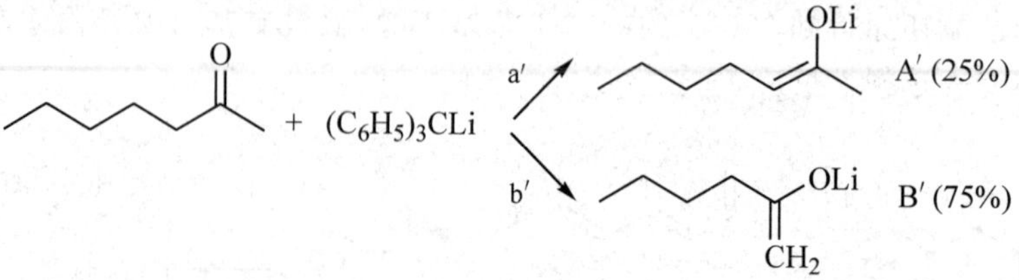

2 有机合成与路线设计的基础知识

当反应受动力学控制时,主要影响因素是电子效应和空间效应。观察下列反应:

（反应式 1：环己烯醇 + PhCO₃H → 环氧化产物，环氧与羟基同侧）(1)

（反应式 2：环己烯基乙酸酯 + PhCO₃H → 环氧化产物，环氧与OCOCH₃异侧）(2)

在反应(1)中,由于羟基的协助,过氧苯甲酸在同侧(*syn*)向烯键进攻,产物分子中环氧与羟基在同侧。这就是电子效应引起的立体选择性。反应(2)中,烯键的邻位是—OCOCH$_3$,体积大,氧(过氧苯甲酸)进攻时在异侧(*anti*),产物中环氧也就在异侧。这就是空间效应引起的立体选择性。很多反应同时具有电子效应和空间效应,则叫做空间电子效应(stereoelectronic effect)。

3 分子的拆开

3.1 优先考虑骨架的形成

设计复杂分子的合成路线是有机化学中最困难问题之一，且不必说结构非常复杂的分子，如天然产物化合物的结构，即是结构不太复杂的，在它们的合成过程中也总包含有骨架与官能团的变化，这样就产生了一个问题：在解决骨架与官能团都有变化的合成问题时应该优先考虑什么？

有机化合物的性质主要是由分子中官能团决定的，但是在解决骨架与官能团都有变化的合成问题时，要优先考虑的是骨架的形成，这是因为官能团是附着于骨架上的，骨架不建立起来，官能团也就没有归宿。

考虑骨架的形成是研究目标分子的骨架是由哪些较小的碎片（fragment）的骨架，通过碳-碳或碳-杂原子成键反应结合形成；较小碎片的骨架又是由哪些更小的碎片的骨架结合而成，依此类推，直到得出最小碎片的骨架，也就是应该使用的原料的骨架。

但是考虑的过程中又不能脱离官能团。反应是在官能团上，或由于官能团的影响所产生的活泼部位（例如在羰基或双键的 α-位）上发生的，因此，要发生碳-碳成键反应（通过小分子才能变成大分子），碎片中心须有适当的官能团存在，并且不同的碳-碳成键反应需要不同的官能团。

例如：

$$R\text{-}X + R\text{-}X \xrightarrow{Na} R\text{-}R$$

碎片中需要有卤素基存在。又如：

$$RCH_2CHO + RCH_2CHO \xrightarrow{OH^-} RCH_2CH(OH)CHRCHO$$

碎片中都需要有羰基和 α-氢原子存在。因此，在考虑骨架形成时必须考虑官能团的变化。

3.2 分子的拆开法和注意点

在解决分子骨架由小变大的合成问题时,应该在回推过程中的适当阶段,设法使分子骨架由大变小,这可以采用拆开的方法。拆开是结构分析的一种处理办法,想象在目标分子中的某个价键被打断,因而能够推断出合成目标分子所需使用的原料。因为复杂分子的合成中都包含有分子骨架由小到大的变化,所以正确运用拆开法就成为解决复杂分子合成问题的关键。

所谓正确运用拆开法是指能够正确选择要拆断的价键,决不能任意拆开。这是因为在反推时的"拆开",是为了合成时能够有效地"连接","拆"是手段,"合"是目的,因此在进行"拆开"之前必须做到"胸有成竹",就是要有合适的使碎片连接的方法,才可以在此拆开。为此要学"拆",必须先学"合",能"合"才能"拆"。

有机合成的基础是各种各样的碳-碳成键和官能团转化反应,至今,化学家大约已发展了数以千计的合成反应,其中包括习惯以人名命名的反应约 500 多种。一个合成反应能够形成一定的分子结构,反过来,只有掌握了形成这一定分子结构的反应后才能将它拆开。因此,只有熟悉和掌握的合成反应愈多,才能够更有效、更合理地拆开各种复杂分子结构。

如何才能将一个合成反应用于分子的拆开呢?最重要的是抓住反应的基本特征,即反应前后分子结构的变化,掌握这个特点,就可以用于分子的拆开。

例如,充分理解 Diels-Alder 反应的原理与规则才能将下面目标物拆开:

下面讨论在拆开分子时应该注意的问题。

3.2.1 在不同部位拆开分子的比较

分子拆开部位的选择是否合适,对合成的成败有着决定性的影响。可能一个分子有一个以上合适的拆开部位,但更多的情况下,在某一部位拆开比在其他部位更为优越,甚至还有这种情况,在其他部位拆开会导致合成的失败。因此,必须尝试在不同部位将分子拆开,以便从中选出最合理的合成路线。

下面用一些实例来比较不同拆分方式的优缺点:

例 1　二甲基环己基甲醇合成路线的设计。

在 a 处拆开:

在 b 处拆开：

显然，b 路线比 a 路线短，而且更为合理。

例 2 3,4-甲二氧苯基苄基甲酮合成路线的设计。

在 a 处拆开：

烷基溴

3 分子的拆开

在 b 处拆开：

[反应式：亚甲二氧基苯基酮在b处拆开 ⟹ 苯乙酰氯（酰氯）+ 亚甲二氧基苯（被活化的苯环）]

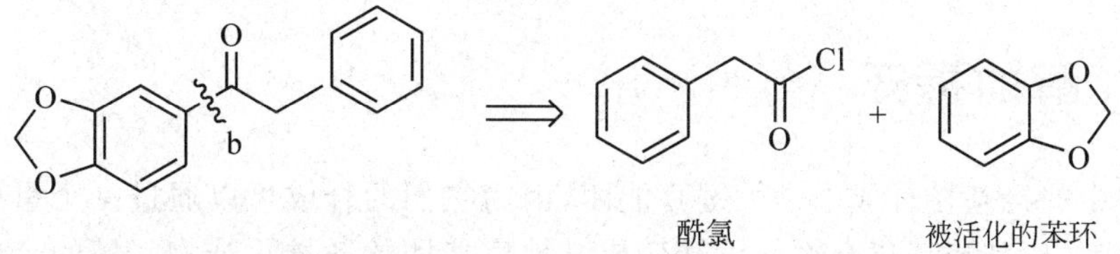

酰氯比烷基溴活泼，显然，路线 b 要优于路线 a。

3.2.2 考虑问题要全面

在判断分子的拆开部位时，考虑问题要全面。例如，要考虑如何减少，甚至避免可能发生的副反应。例如用 Williamson 合成法合成异丙基正丁醚，这个醚有两个可以拆开的部位：

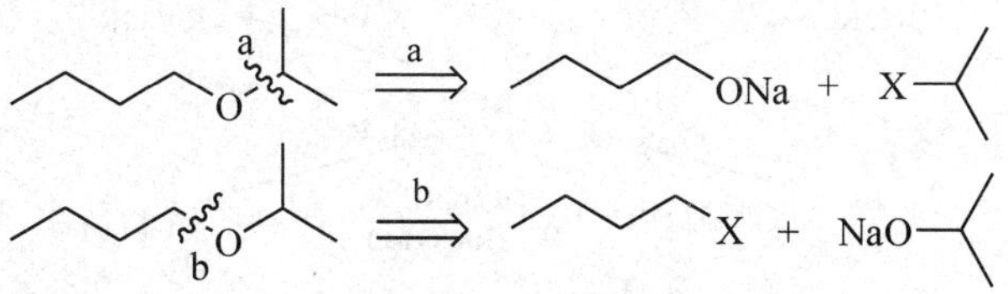

[反应式 a：正丁氧基异丙基醚 ⟹ 正丁氧钠 + X-异丙基]
[反应式 b：正丁氧基异丙基醚 ⟹ 正丁基-X + NaO-异丙基]

在醇钠（碱性试剂）存在下，烷基卤会发生消除反应脱卤化氢，其倾向是仲烷基卤大于伯烷基卤，因此，为减少副反应的发生，应选择在 b 处拆开更为合适。

3.2.3 要在回推的适当阶段将分子拆开

应该在回推过程的适当阶段考虑分子的拆开。为什么要提出在适当阶段呢？这是因为有的目标分子并不是直接由碎片构成，碎片构成的只是它的前体，而这个前体在形成后，又经历了包括分子内骨架的各种变化才能成为目标分子。因此，在回推时应先将目标分子变回到它的前体（也就是回推达到适当阶段），然后再进行分子的拆开，如：

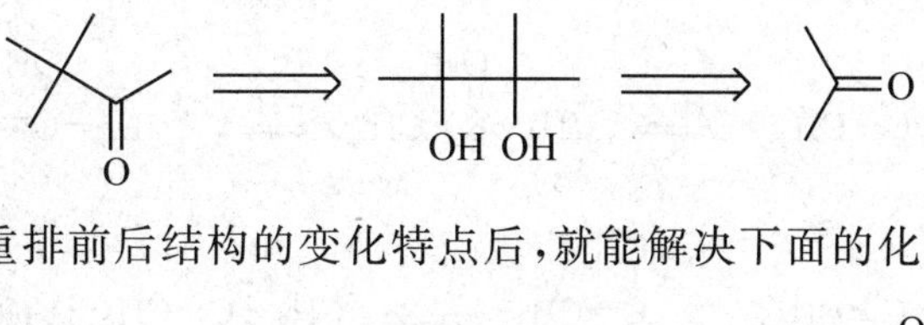

[反应式：频哪酮 ⟹ 频哪醇 ⟹ 丙酮]

注意频哪醇重排前后结构的变化特点后，就能解决下面的化合物的合成问题：

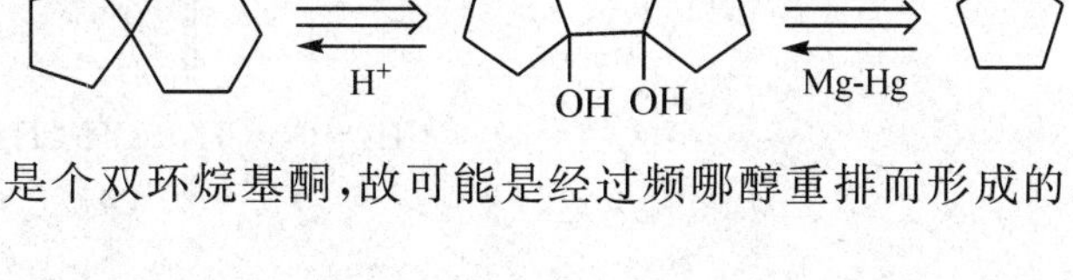

[反应式：双环戊基螺酮 ⇌(H+) 双环戊基频哪醇 ⇌(Mg-Hg) 环戊酮]

目标分子是个双环烷基酮，故可能是经过频哪醇重排而形成的。

下面各节将分别介绍各类有机化合物分子的拆分方法。

3.3 醇的拆开

醇中的羟基在合成中是关键官能团,因为它们的合成可以通过一个重要的拆开来设计,而且羟基化合物又可转变成其他官能团的各类化合物。醇的合成方法很多,可通过羰基化合物、环氧化合物、卤代烃等化合物官能团转换制得,也可通过烯、炔加成合成。在此将问题简化,可用下列合成法将醇分子结构拆开:

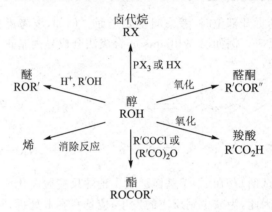

3.4 β-羟基羰基化合物和 α,β-不饱和羰基化合物的拆开

3.4.1 β-羟基羰基化合物的拆开

β-羟基羰基化合物可用羟醛(型)缩合反应制备。羟醛缩合反应是指有 α-氢原子的醛或酮,在稀碱或稀酸的催化下,缩合成 β-羟基酮或酮的反应。这类反应是可逆的。

羟醛缩合也可被酸催化,其反应机理如下:

$$CH_3-\overset{O}{\overset{\|}{C}}-CH_3 \xrightleftharpoons{H^+} CH_3-\overset{OH^+}{\overset{\|}{C}}-CH_3 \xrightleftharpoons{-H^+} CH_3-\overset{OH}{\overset{|}{C}}=CH_2$$

$$CH_3-\underset{:\overset{..}{\text{O}}:H}{\overset{}{C}}=CH_2 + \overset{CH_3}{\underset{OH^+}{\overset{\|}{C}}-CH_3} \rightleftharpoons CH_3-\overset{}{\underset{OH^+}{\overset{\|}{C}}}-CH_2-\overset{}{\underset{OH}{\overset{|}{C}}}H(CH_3)_2$$

$$\Updownarrow -H^+$$

$$CH_3-\underset{O}{\overset{\|}{C}}-CH_2-\underset{OH}{\overset{|}{C}}H(CH_3)_2$$

当醛和酮缩合时,是由醛供给羰基而酮供给 α-氢,例如:

$$CH_3CHO + CH_3COCH_3 \xrightarrow[25\%]{NaOH-H_2O} CH_3\underset{OH}{CH}CH_2COCH_3$$

4-羟基戊酮-2 的收率不高是由于反应中还有乙醛及丙酮的自缩合产物形成。

为了将 β-羟基羰基化合物拆开,需要注意分子形成前后的结构变化:

$$RCH_2CHO + RCH_2CHO \xrightarrow{OH^-} RCH_2\underset{OH}{\overset{\beta}{C}H}\overset{\alpha}{C}HRCHO$$

这样就得到如下拆分法:

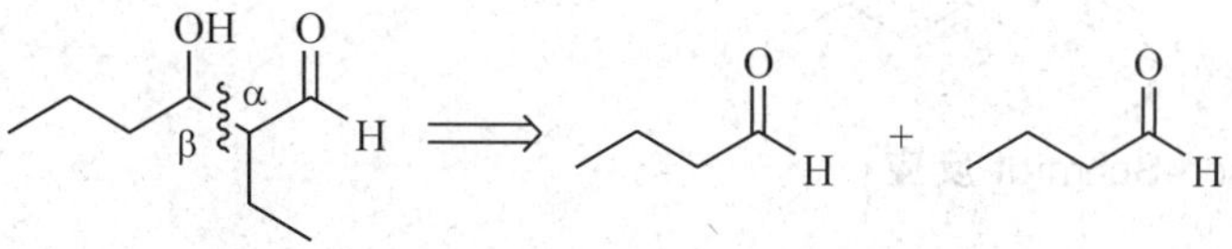

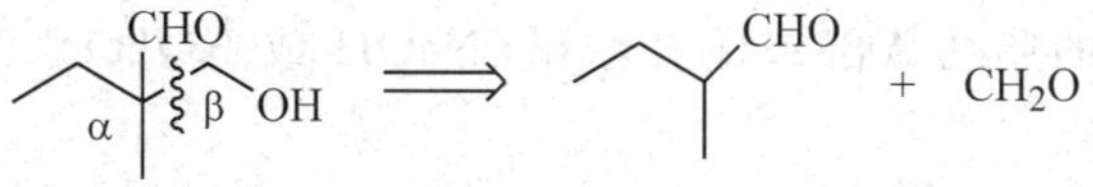

[结构式：β-羟基醛拆分为两分子丁醛]

[结构式：2-甲基-3-羟基丁醛拆分为 2-甲基丁醛 + CH₂O]

3.4.2 α,β-不饱和醛或酮的拆开

β-羟基醛或酮易于脱水而生成 α,β-不饱和的醛或酮。这种易于脱水的特性,是与 β-羟基醛或酮分子中 α-氢原子具有活泼性,以及脱水后形成 π-π 共轭稳定体系密切有关。

这样,我们可以对任何一个 α,β-不饱和羰基化合物沿着双键切断,在一端写上 CH_2,另一端写上 C=O:

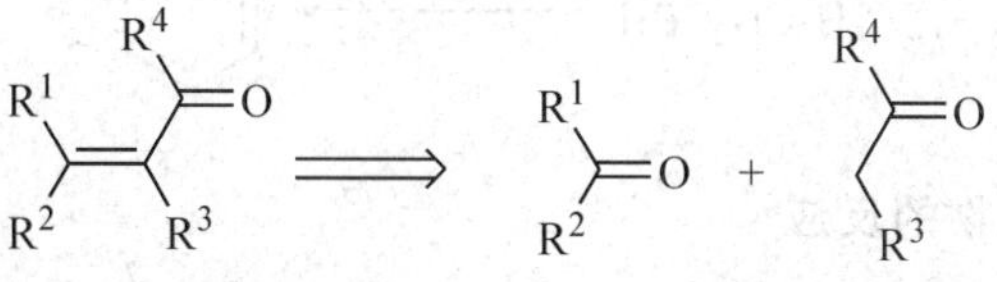

[结构式：α,β-不饱和羰基化合物拆分示意]

为此,可采用下列不同的方法用于 α,β-不饱和醛或酮的拆开。

1. 通过分子内的羟醛缩合的方法

在碱或酸的催化下,分子内发生的羟醛缩合,继之以脱水,是制备环状 α,β-不饱和酮广泛应用的方法,尤其是在形成五元及六元环酮时反应更容易发生。注意,下列拆开图示中,左、右两个化合物均可由中间化合物缩合而成,反应条件稍有差别:

[结构式:3-甲基-2-环戊烯酮 ⟹ 2,4-戊二酮 ⟸ 3-羟基-3-甲基环戊酮]

在温和的反应条件下(通常是碱)产生醇,在较剧烈的反应条件下(酸或碱)则产生 α,β-不饱和酮。

[结构式:4-羟基-2-戊酮 及 4-戊烯-2-酮 ⟹ 乙醛 + 丙酮]

2. Claisen-Schmidt 反应

另外一个形成 α,β-不饱和醛或酮的反应是 Claisen-Schmidt 反应:芳醛和含有两个 α-氢原子的脂肪族醛或酮在浓碱(NaOH 或 KOH)水溶液中缩合,形成 α,β-不饱和醛或酮。

芳醛与 CH_3COCH_2R 进行缩合反应时,CO 一侧的 CH_3 比另一侧的 CH_2 优先生成脱水缩合产物:

$$PhCHO + CH_3COCH_2CH_3 \xrightarrow[99\%]{NaOH-H_2O} PhCH=CHCOCH_2CH_3$$

$$PhCHO + C_6H_5CH_2COCH_3 \xrightarrow{KOH-H_2O} PhCH=CHCOCH_2C_6H_5$$

3. 亚甲基化合物的反应

具有与丙二酸酯类反应性相当的亚甲基化合物,也能在比较温和的碱性条件下与芳醛发生缩合、脱水、又脱羧反应。如:

[结构式:2,3-二甲氧基苯甲醛 + $CH_2(CO_2H)_2$ $\xrightarrow{Py, \Delta}$ 2,3-二甲氧基肉桂酸]

$$RCHO + \underset{CO_2H}{\overset{CN}{\diagdown}}CH_2 \xrightarrow[-H_2O]{OH^-} \underset{CO_2H}{\overset{CN}{\diagdown}}C=CHR \xrightarrow[-CO_2]{\Delta} RCH=CHCN$$

4. 其他使 α-氢活化的方法

能使 α-氢活化的基团不只是限于羰基基团,也可以是其他强吸电子基团,因此,本类型反应有着极为丰富的内容,在有机合成上很重要,例如:

$$CH_3CH_2CH_2CHO + CH_3NO_2 \xrightarrow[71\%]{NaOH-H_2O} CH_3CH_2CH_2CH(OH)CH_2NO_2$$

3.5 1,3-二羰基化合物的拆开

Claisen 缩合是制备 1,3-二羰基化合物的重要反应。

克莱森缩合是在碱性催化剂作用下,以酯为酰化剂,酰化含活泼氢化合物的反应,反应的结果是活泼氢原子被酯的酰基置换。

碱性催化剂是醇钠、三苯基甲钠等。含活泼氢的化合物是含有 α-氢的酯、酮、腈等。

克莱森缩合包括几个方面内容。

3.5.1 相同酯间的缩合

例如,乙酰乙酸乙酯是通过双分子乙酸乙酯,在乙醇钠存在下缩合形成:

$$CH_3\overset{O}{\overset{\|}{C}}\text{-}\!\!\!\!\!\xi\text{-}\!\!\!\!\!CH_2\text{-}\overset{O}{\overset{\|}{C}}\text{-}OCH_2CH_3$$

$$\Downarrow$$

$$CH_3\overset{O}{\overset{\|}{C}}\text{-}OCH_2CH_3 + {}^-CH_2\text{-}\overset{O}{\overset{\|}{C}}\text{-}OCH_2CH_3$$

乙酰丙酮可由双分子丙酮在碱性条件下缩合形成:

3.5.2 酯分子内缩合

能够环化成五元环或六元环的二元酸酯,在碱性催化剂作用下发生的分子内的酯缩合,生成环状的 β-酮酸酯,此反应称为迪克曼缩合或环化(Dieckmann condensation)。它实质上是分子内的克莱森缩合反应。

在发生迪克曼缩合时,是 α-亚甲基而不是 α-次甲基中的氢被酰基转换。

3.5.3 不同酯间缩合

如果两个不同的酯都有 α-氢,在碱性条件下,除发生相互缩合外,还能够发生自身缩合,则反应产物应有 4 种,因此,在合成上意义不大。

如果两个酯中只有一个有 α-氢,另一个是较活泼的酯但却没有 α-氢,或虽有 α-氢但在反应条件下不能发生自缩合,则产物虽有两种,但有一种是主要的,此反应可用作合成。

例 1

$$\begin{matrix} \text{O} \\ \| \\ \text{C--OCH}_3 \\ | \\ \text{C--OCH}_3 \\ \| \\ \text{O} \end{matrix} + CH_3COCH_2CH_3 \xrightarrow{a} \begin{matrix} COCH_2CO_2CH_2CH_3 \\ CO_2C_2H_5 \end{matrix}$$

$$\downarrow b$$

$$CH_3COCH_2CO_2CH_2CH_3$$

a 方式产物是主要的。

3 分子的拆开

例 2

$$\text{PhCH}(CO_2CH_2CH_3)_2 \Longrightarrow \text{PhCH}^-\text{-}CO_2CH_2CH_3 + \overset{+}{C}(=O)(OCH_2CH_3)$$

$$\underset{\Longrightarrow\!\!\!\!/}{} \text{PhX} + {}^-CH(CO_2CH_2CH_3)_2$$

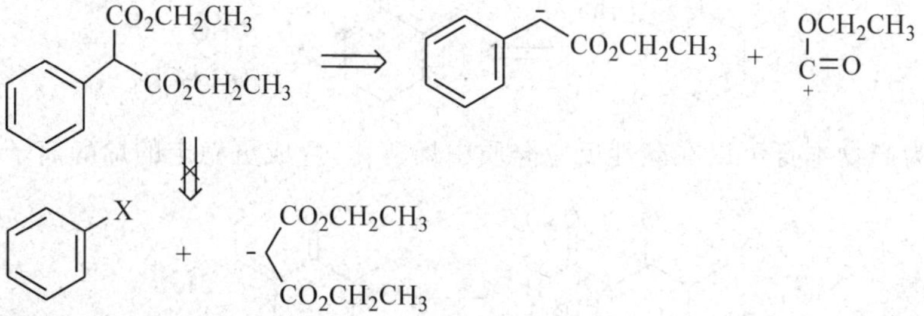

因为芳基卤代物是不活泼的卤化物,在进行亲核取代反应时需要特殊的条件。

例 3

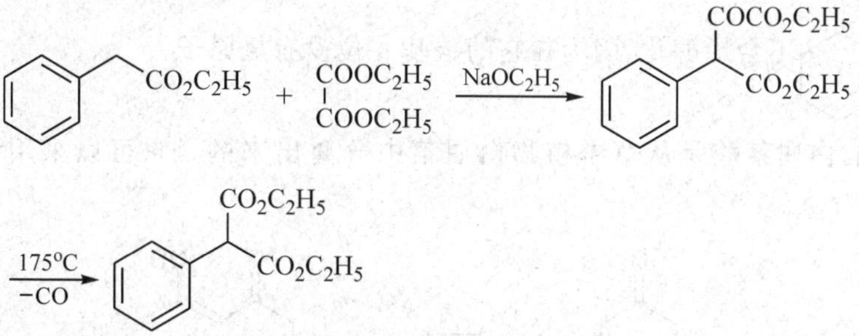

$$\text{PhCH}_2CO_2C_2H_5 + \underset{COOC_2H_5}{COOC_2H_5} \xrightarrow{NaOC_2H_5} \text{PhCH}(COCO_2C_2H_5)(CO_2C_2H_5)$$

$$\xrightarrow[-CO]{175^\circ C} \text{PhCH}(CO_2C_2H_5)_2$$

α-乙草酰酯受热放出一氧化碳(脱去羰基),此特性在合成上非常有用,由此可以制备不能由丙二酸酯缩合得到的一系列丙二酸酯类化合物。

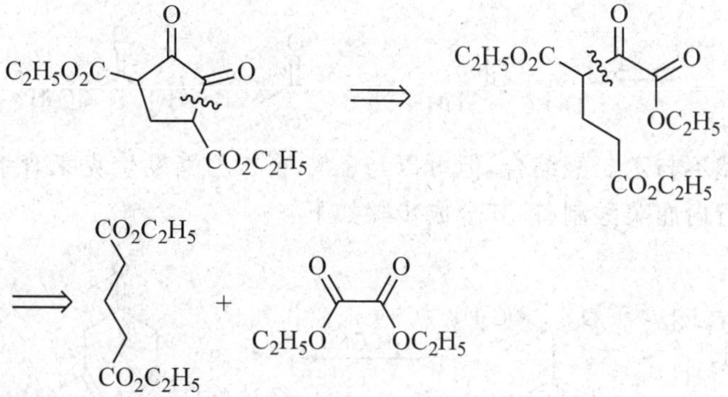

环戊酮衍生物 $\Longrightarrow$ 开链中间体 $\Longrightarrow$ 二酯 + 草酸二乙酯

3.5.4 酮与酯缩合

许多酮可用酯酰化为 β-二酮或 β-酮醛。CH_3COCH_2R 型的酮,其中 α-甲基可被甲酸酯以外所有的酯优先酰化,甲酸酯则主要酰化 α-亚甲基。

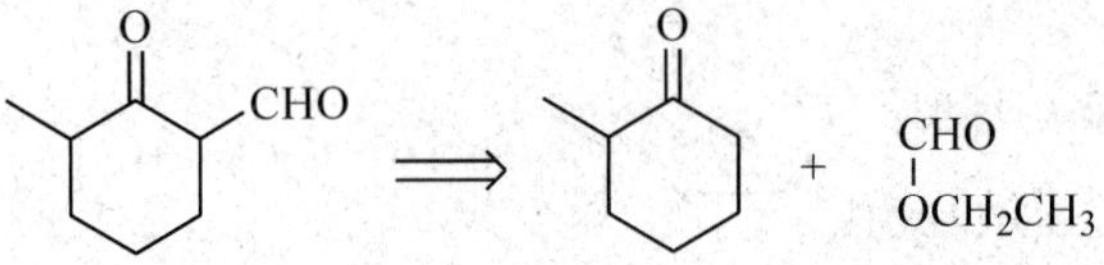

[结构式] ⟹ [结构式] + CHO–OCH₃ 结构

这是因为产物本身可以在碱性反应介质中烯醇化，生成更稳定的烯醇离子 A。

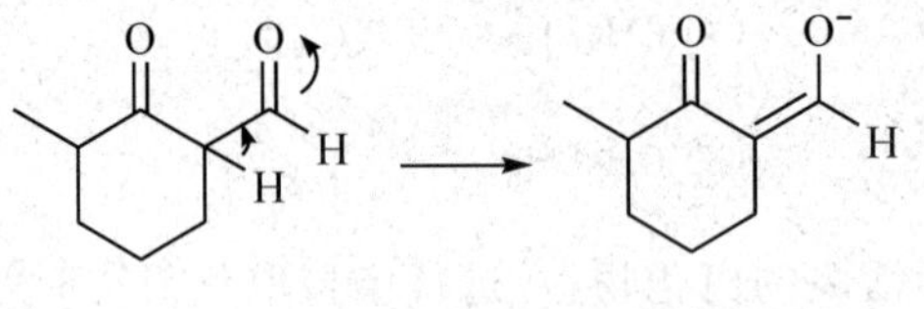

[结构式反应图]

A

而 [结构式] 不会烯醇化，因为在它的羰基 α-位没有氢原子。

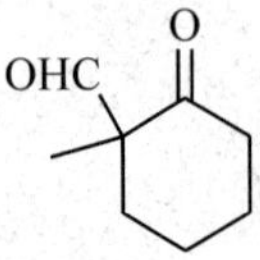

又如，白屈菜酸是从草本植物白屈菜中分离出来的。它可以采用下列方法拆开：

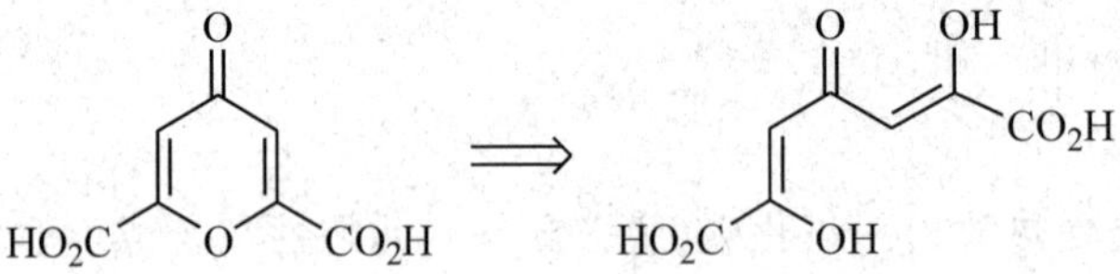

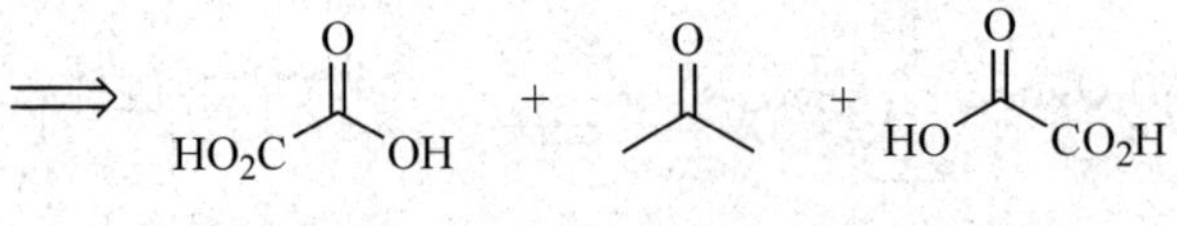

[结构式拆解图]

⟹ HO₂C—COOH + 丙酮 + HO₂C—CO₂H

丙酮虽然不与乙二酸缩合，但可以与乙二酸二乙酯发生克莱森缩合。利用酮与酯缩合进行白屈菜酸制备，其合成步骤如下：

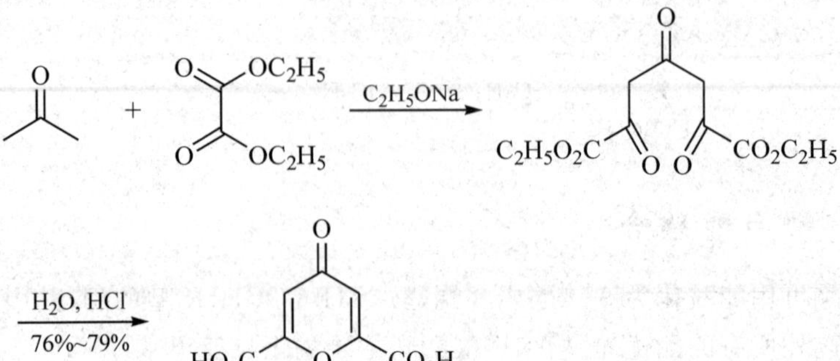

丙酮 + (CO₂C₂H₅)₂ $\xrightarrow{C_2H_5ONa}$ C₂H₅O₂C—CO—CH₂—CO—CH₂—CO—CO₂C₂H₅

$\xrightarrow[76\%\sim79\%]{H_2O,\ HCl}$ [白屈菜酸结构式] HO₂C—(吡喃酮)—CO₂H

某些相对稳定的负离子片段,有时可以用来指导拆开,例如,切断能够给出一个对称的稳定负离子(从容易制得的丙二酸酯衍生而来)。

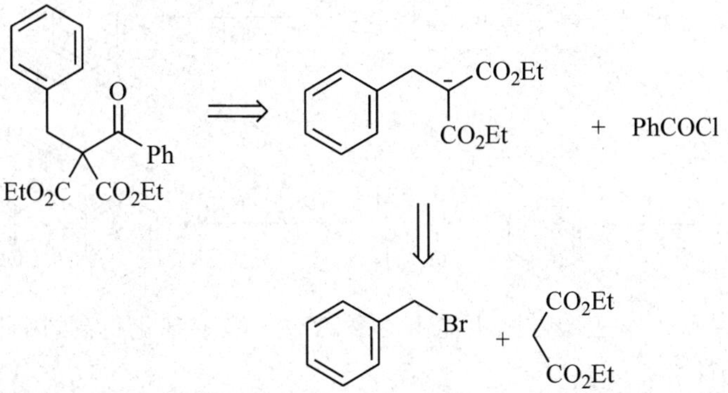

各种各样的甲基酮可以用甲酸酯和醇钠成功加以酰化,产物理应为 β-酮醛,但它们是与 α-羟亚甲基酮成互变异构,并几乎完全以后一种形式存在:

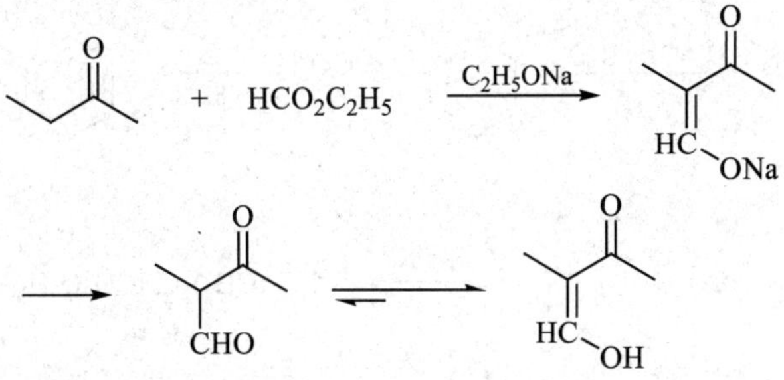

又如:

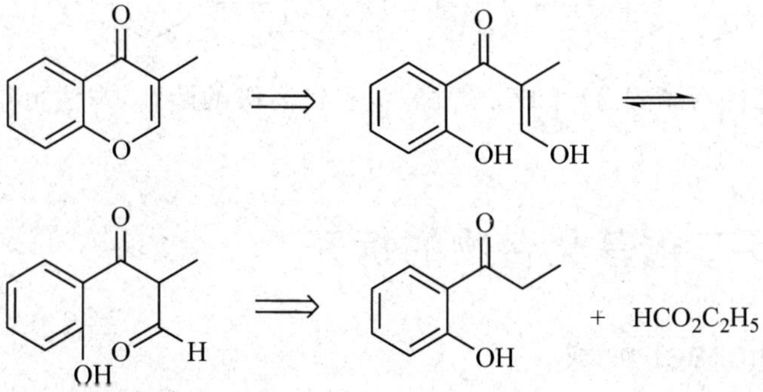

3.5.5 酯与腈缩合

当酯与腈缩合,就生成 β-酮腈,例如:

[反应式：乙酰乙酸乙酯 + 苄基氰 →(C₂H₅ONa, 63%~73%) α-苯基乙酰乙腈]

[反应式：HCl-C₂H₅OH → 亚胺中间体 →(H₂SO₄-H₂O) α-苯基乙酰乙酸乙酯]

因为 α-苯基乙酰乙酸乙酯不能由乙酰乙酸乙酯苯基化得到，因此上述方法在合成上有价值。

甲基苄基甲酮可以由 α-苯基乙酰乙腈水解得到。

[反应式：α-苯基乙酰乙腈 →(H₂SO₄-H₂O) 酸 →(Δ, 82%) 甲基苄基甲酮]

[反应式：碳酸二乙酯 + CH₃(CH₂)₆CN →(C₂H₅ONa) CH₃(CH₂)₅CH(CN)CO₂C₂H₅]

[逆合成分析式]

碳酸二乙酯与腈缩合，生成 α-氰酯，对于较高级的酯腈，本法可得到很高收率的产物。

3.6　1,5-二羰基化合物的拆开

3.6.1　Michael 加成

Michael 加成，也称为 Michael 反应，是合成 1,5-二羰基化合物的重要反应。含有活性氢化合物在 α,β-不饱和羰基化合物上的共轭加成，可用通式表示如下：

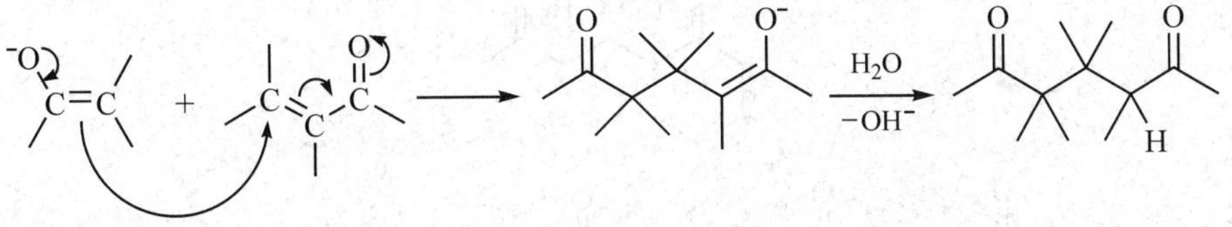

3 分子的拆开

[反应机理示意图]

合成是在碱性催化剂,如胺(最常用哌啶)、醇钠、氢氧化钠、三苯基甲钠等作用下进行的;提供活泼氢的化合物主要是丙二酸酯、氰乙酸酯、乙酰乙酸乙酯、一元羧酸酯、酮、腈、硝基烷、砜等含有羰基、氰基、硝基、砜基的化合物。

α,β-不饱和羰基化合物是 α,β-不饱和醛、酮酯、酰胺,还有 α,β-不饱和的腈、硝基物、砜等。

在此,实际上我们利用了 α,β-不饱和羰基化合物作为亲电试剂,来扩大我们先前介绍的用进攻羰基的方法,使烯醇负离子与另一羰基化合物结合起来。

Michael 加成反应的机理,可以帮助我们更好地理解 1,5-二羰基化合物的形成过程:

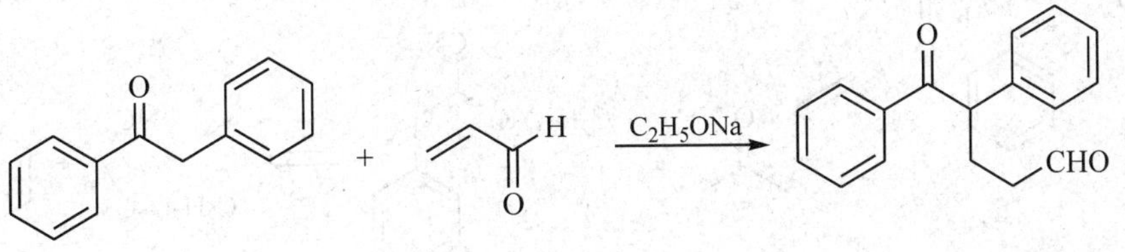

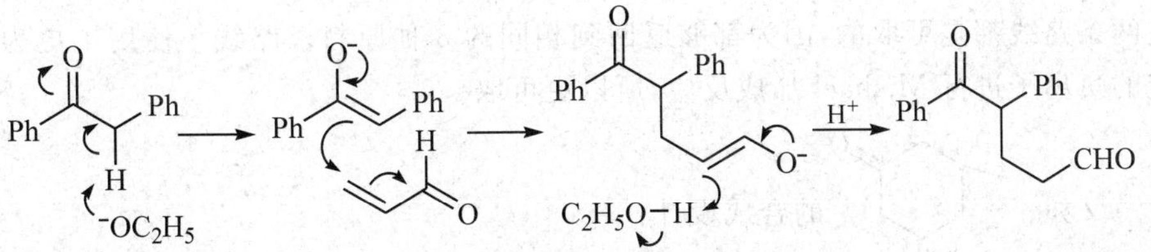

[反应式图]

由此可以出,Michael 共轭加成反应制得的是 1,5-二羰基化合物,因此可以对任何这类化合物中的两个中间键之一进行切断:

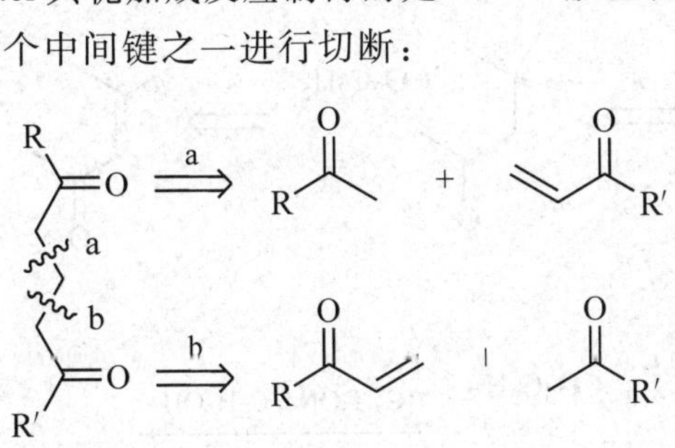

[拆分反应式图 a、b]

有时两种切断中只有一种是可能性,例如合成

— 45 —

这样的拆分之所以好,还因为:①它给出一个稳定的负离子;②两种原料都可以方便地用以前介绍的方法制备。

有时我们必须在两种反应机理上选择合理的切断,如:

这两条路线都是可取的,因为都够返回到相同的 3 种原料。路线 a 使用了更为稳定的负离子进行 Michael 加成反应,所以更可取。

又如: 的合成设计:

合成:

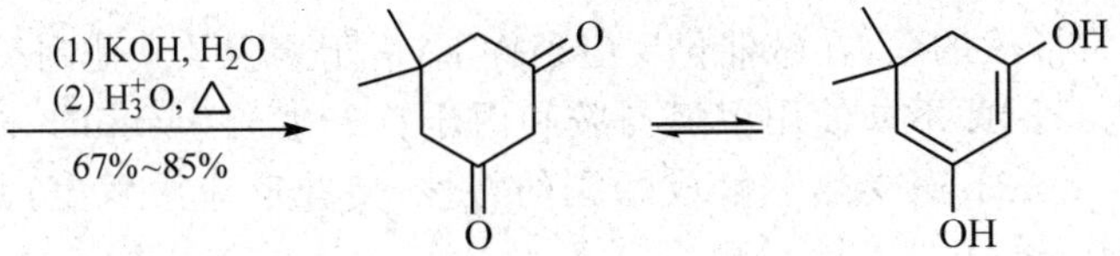

$$\xrightarrow[67\%\sim 85\%]{\substack{(1)\ KOH,\ H_2O \\ (2)\ H_3^+O,\ \Delta}}$$

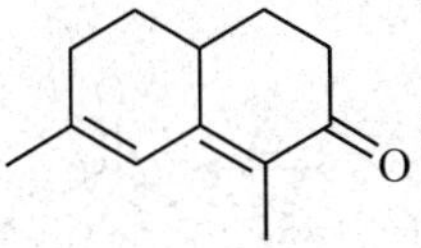

又如： [结构式] 的逆合成分析：

[逆合成分析图示]

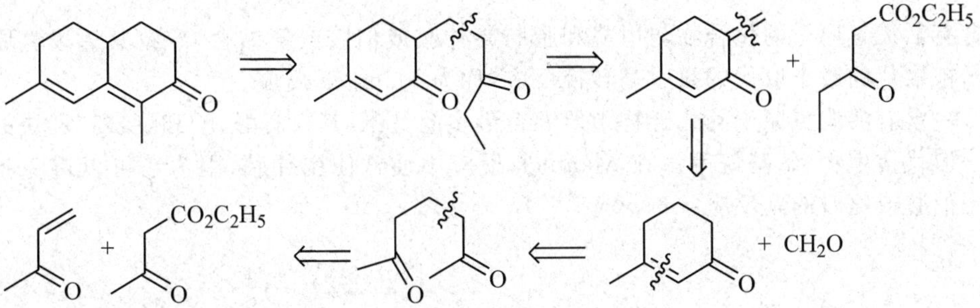

3.6.2 Mannich 反应的应用

先看一个以苯甲醛为起始原料合成 1,4-二苯基-2,6-二氧代哌啶-3-羧酸乙酯的实例：

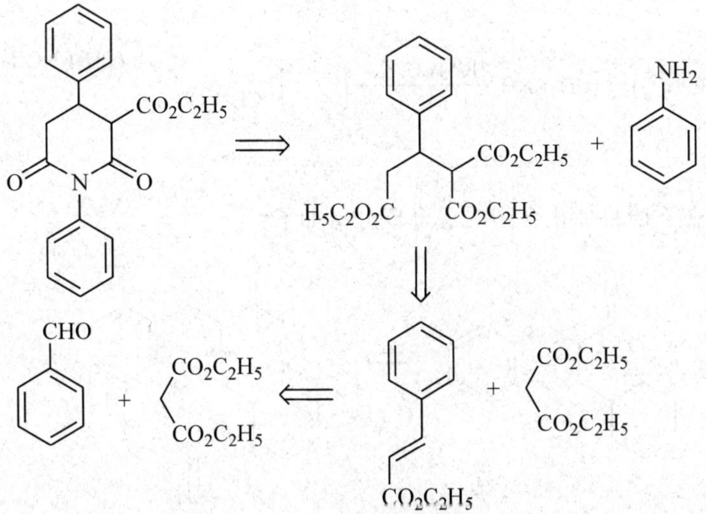

[合成路线图示]

这一个 α,β-不饱和羰基化合物可用甲醛来制备：

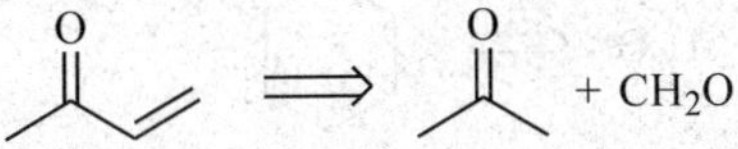

[结构式] $\Longrightarrow$ [结构式] $+\ CH_2O$

但是,甲醛是非常活泼的醛,在碱催化反应条件下,由于聚合及其他副反应发生,以致烯酮的产率低。因此不如使用甲醛与胺和丙酮首先生成 Mannich 碱(Mannich base),再利用 Mannich 碱受热分解成烯酮的特性,使在反应中发生,并随即用于 Michael 加成反应中。

含有活泼氢原子的化合物与甲醛和脂肪族仲胺或伯胺或氨缩合,导致其活泼氢原子被取代的或未取代的氨甲基转换反应,称为 Mannich 反应。

含有活泼氢原子的化合物中研究得最多的是酮,其次有醛、酸和酯、酚、乙炔的一取代衍生物、硝基烷等。在 Mannich 反应中通常使用仲胺,因为它可以避免当用伯胺或氨时的副反应:

对于不对称酮,缩合主要发生在取代程度较高的 α 位置上:

例如,在下面目标化合物的逆合成分析如下:

在该化合物的合成中应用 Mannich 反应形成 α,β-不饱和羰基化合物,再利用碱性条件下迈克尔加成反应及酮分子内缩合反应来制备:

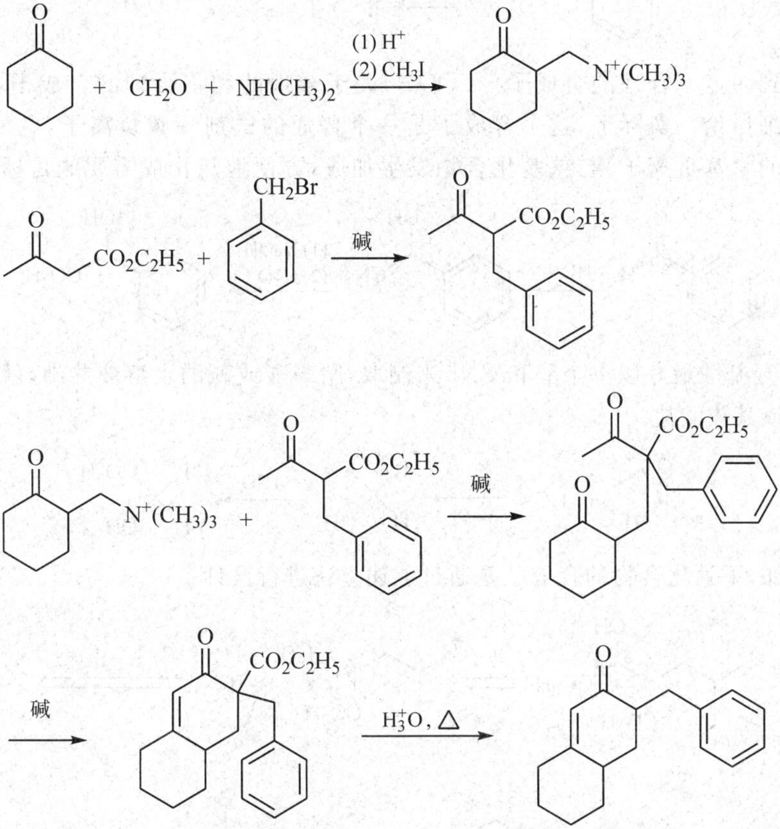

3.7 α-羟基羰基化合物(1,2-二氧代化合物)的拆开

3.7.1 α-羟基酸的拆开

1. 基本方法

迄今为止,讨论的所有二基团切断都是有合理的合成子,这些合成子都在适当的位置上借助官能团来稳定负离子和正离子。但是,这种情况并不是一成不变的,如:

$$\text{PhCH(OH)CO}_2\text{H} \Longrightarrow \text{PhCHO} + {}^-\text{CO}_2\text{H}$$

然而得到明显不合理的合成子 $^-$COOH，关于合理的和不合理的合成子，在第 5 章将详细讨论。实际上，这个合成子是一个普通的试剂—碳负离子，它能够（如下例中的氰基负离子）与羰基化合物发生加成，方便地转化成需要的目标产物。

$$\text{PhCHO} \xrightarrow{\text{HCN}} \text{PhCH(OH)CN} \xrightarrow[(2)\ \text{H}_3^+\text{O}]{(1)\ \text{NaOH}} \text{PhCH(OH)CO}_2\text{H}$$

因此，α-羟基酸最好以一个醛和 CN$^-$ 来制取，腈与酸或碱的水溶液共沸，就水解得到羧酸或其羧酸盐。

$$\text{RCHO} + \text{HCN} \longrightarrow \text{RCH(OH)CN} \xrightarrow{\text{H}_3^+\text{O}} \text{RCH(OH)CO}_2\text{H}$$

例如，下列化合物的合成就是通过上述方法进行设计：

[逆合成分析图：目标分子 → 醛 + $^-$CN，1,3-二羰基断键]

[逆合成：HCO$_2$C$_2$H$_5$ + 异丁基片段 ⟹ 异丁基溴 + $^-$CH$_2$COOH]

合成：

异丁基溴 + CH$_2$(CO$_2$C$_2$H$_5$)$_2$ $\xrightarrow[(2)\ \text{H}_3^+\text{O}]{(1)\ \text{NaOC}_2\text{H}_5}$ 4-甲基戊酸乙酯

$\xrightarrow[(2)\ \text{HCO}_2\text{C}_2\text{H}_5]{(1)\ \text{NaOC}_2\text{H}_5}$ α-甲酰基酯 $\xrightarrow[(2)\ \text{H}_3^+\text{O}]{(1)\ \text{HCN}}$ α-羟基-β-羧基-4-甲基戊酸

又如 [结构式] 的合成,同样也是基于 α-羟基酸进行合成:

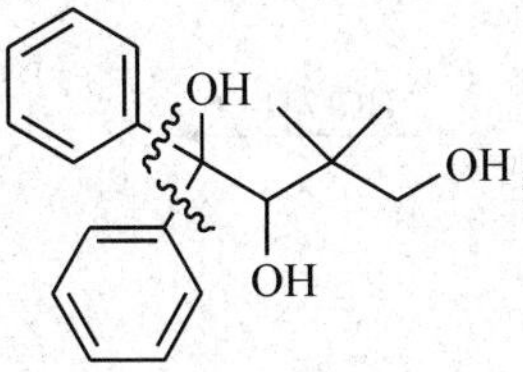

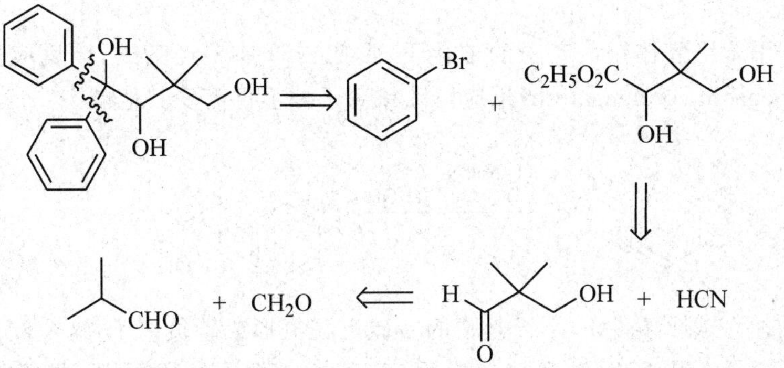

[逆合成分析图]

合成:

[合成反应式]

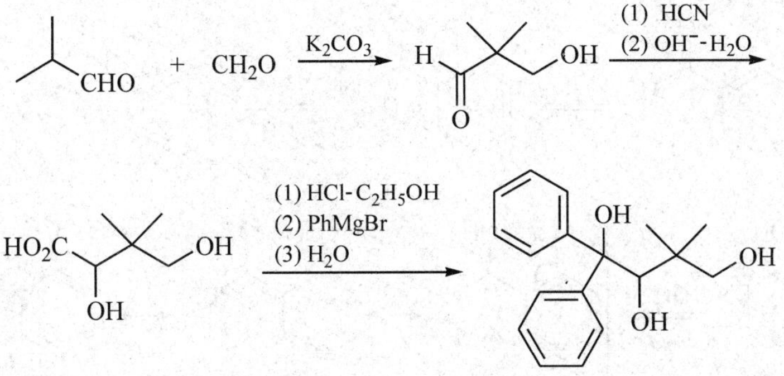

2. 应用于氨基酸的合成

α-羟基酸的合成方法经精心的改变就可以得到合成氨基酸的通法,此方法又称为 Strecker 氨基酸合成法。在氨存在下,醛和氰化物进行反应,产物是一个 α-氨基腈,进一步水解可以得到 α-氨基酸。

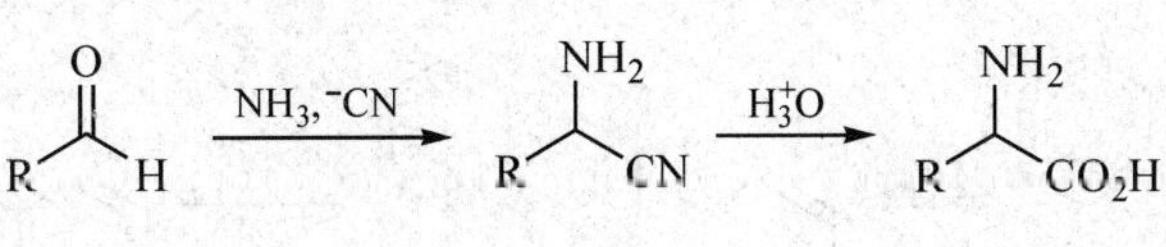

$$RCHO \xrightarrow{NH_3, {}^-CN} R\text{-}CH(NH_2)\text{-}CN \xrightarrow{H_3O^+} R\text{-}CH(NH_2)\text{-}CO_2H$$

实际上,被氰离子所捕获的是亚胺中间体:

3. 苯偶姻的合成

两分子苯甲醛在氰负离子的催化下,形成二苯基 α-羟基酮,该反应称为苯偶姻缩合(benzoin condensation)反应。除氰离子外不再需要其他碱。

其机理为碱性条件下,α-羟基腈的 α-碳上脱氢形成碳负离子,这个碳负离子可与另一个分子苯甲醛发生亲核加成反应,碱性条件下脱除氰基,最终给出 α-羟基酮:

例如：四苯基环戊二烯酮的合成设计中用到苯偶姻缩合反应：

$$\text{四苯基环戊烯酮} \Longrightarrow \text{PhCH}_2\text{COCH}_2\text{Ph} + \text{PhCOCOPh} \Longrightarrow \text{PhCH(OH)COPh}$$

$$\text{PhCH}_2\text{MgBr} + \text{HCO}_2\text{C}_2\text{H}_5 \Longleftarrow \text{PhCH}_2\text{CH(OH)CH}_2\text{Ph}$$

3.7.2 α-羟基酮的拆开

1. α-羟基酮可由以下反应合成：

$$\text{CH}_3\text{COCH}_3 + \text{HC} \equiv \text{CNa} \longrightarrow (\text{CH}_3)_2\text{C(OH)C} \equiv \text{CH}$$

$$\text{RC} \equiv \text{CH} + \text{H}_2\text{O} \xrightarrow{\text{Hg}^{2+}\text{-H}_2\text{SO}_4} \left[\begin{array}{c} R \\ \diagup \diagdown \\ \text{OH} \end{array} \text{C=CH}_2 \right] \longrightarrow \text{RCOCH}_3$$

因此，它可用下面所示的方法拆开。

例 1

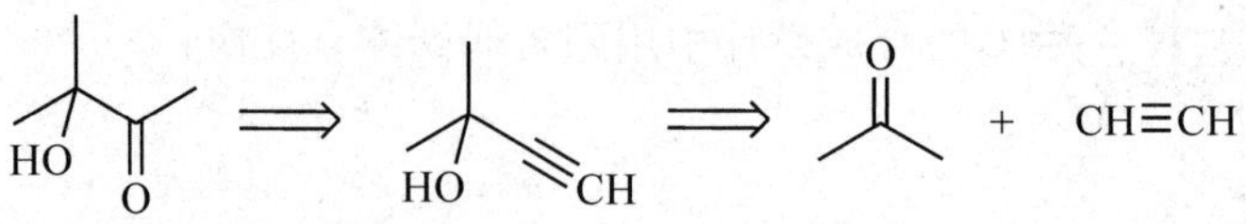

例 2

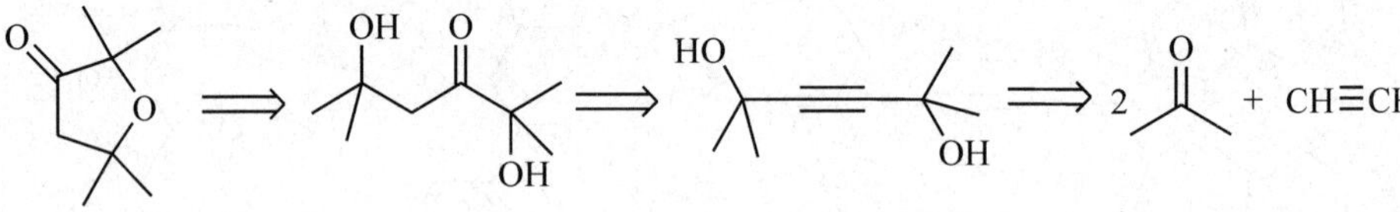

例 3

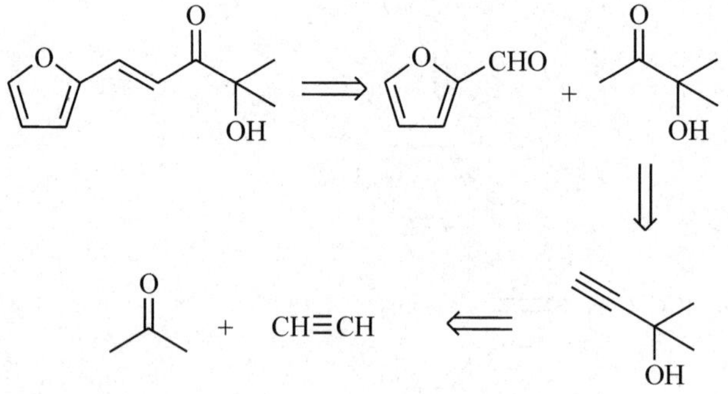

2. 酮醇缩合反应制备 α-羟基酮

脂肪酸酯和金属钠在乙醚或甲苯中,在 N_2 保护下搅拌和回流,发生双分子还原,生成 α-羟基酮化合物,此反应称为酮醇缩合(acyloin condensation)。二元酸酯在此条件下,会发生分子内的缩合形成 α-羟基环酮化合物,如:

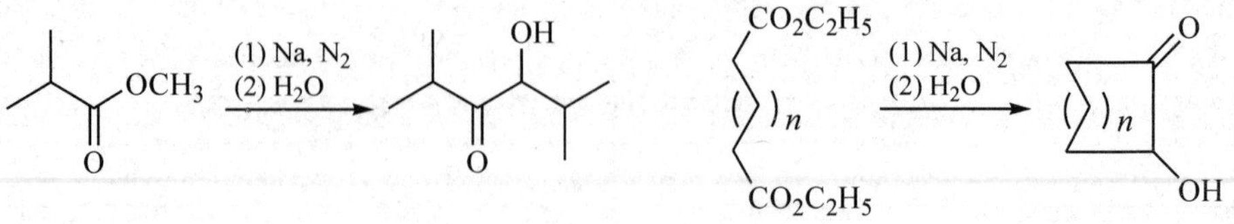

如制备 [结构式],首先切断酮醇缩合产物,其结果显然是由 Diels-Alder 反应制得:

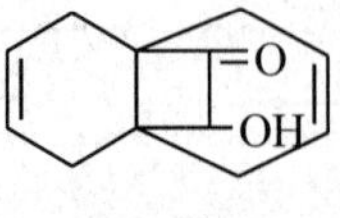

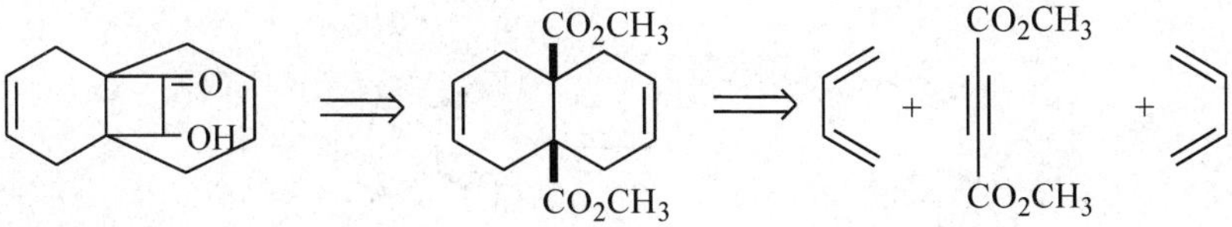

实际完成该化合物合成的条件是：

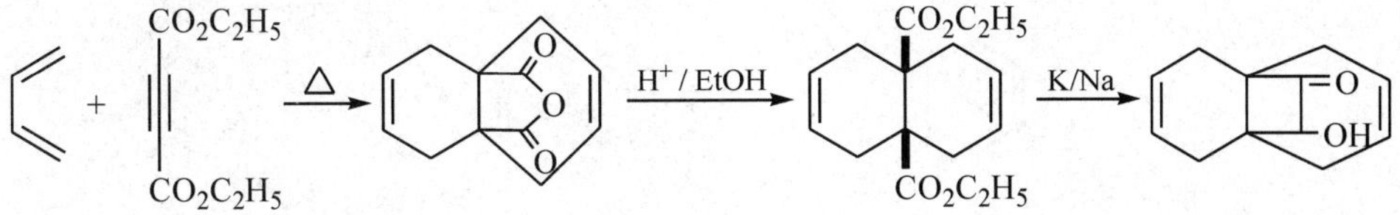

3.7.3 1,2-二醇

1. 烯烃氧化制备邻二醇

制备 1,2-二醇的最好方法是将烯烃用诸如 OsO_4 或 $KMnO_4$ 等氧化试剂进行羟基化反应。烯烃可以从 Wittig 反应制得。

邻二醇可以通过下列方式进行拆开：

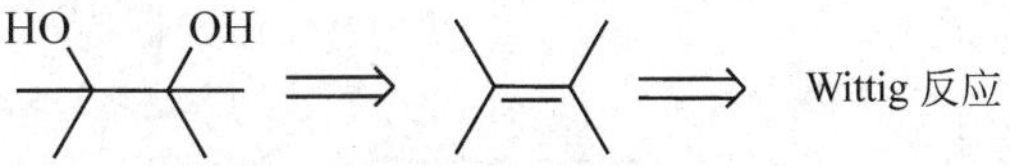

采用上述分析可以方便地制得下列化合物：

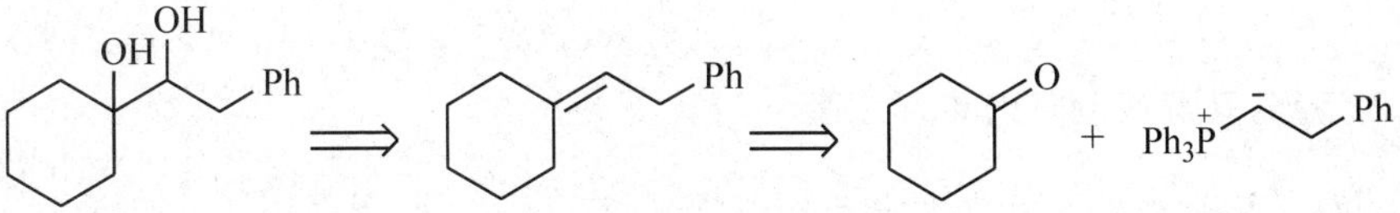

合成：

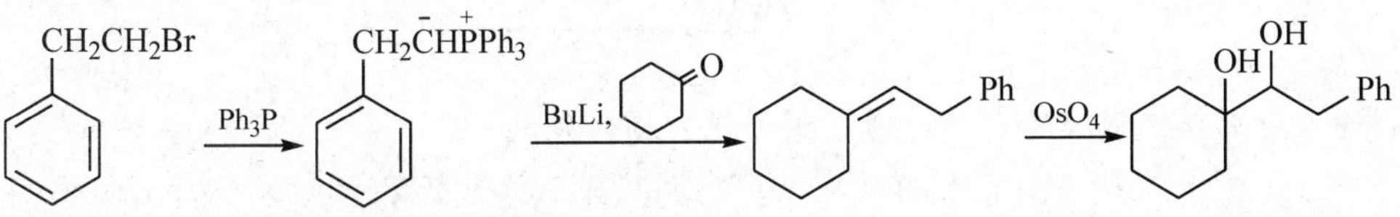

这种羟基化反应对双键是顺式加成。

又如： 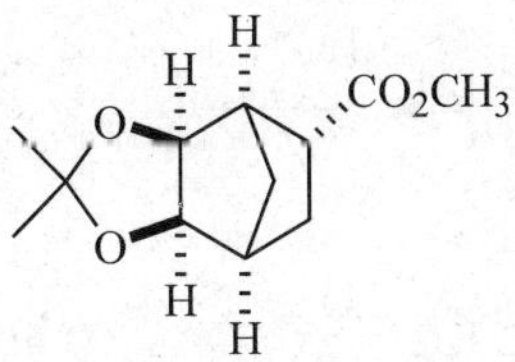　　　　　　　　　的合成设计,先除去缩醛保护基：

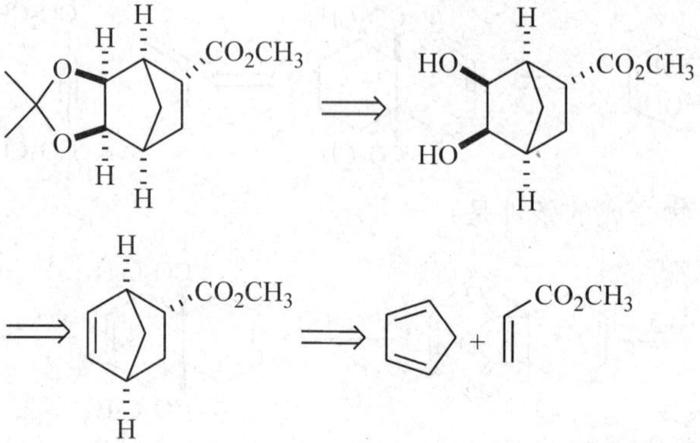

假如 Diels-Alder 反应和羟基化反应都具有正常的立体选择性,则该目标化合物可用下列步骤合成:

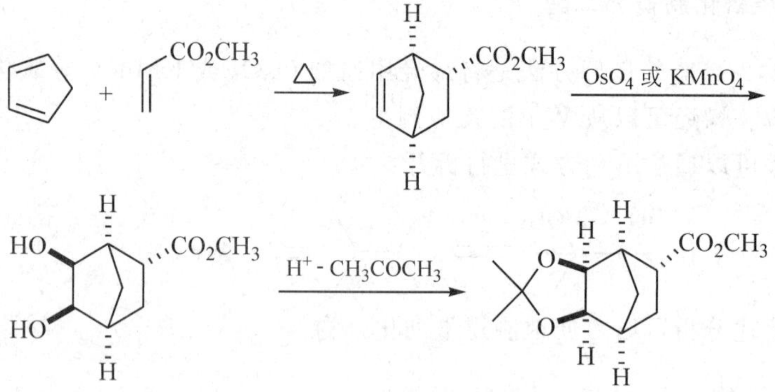

2. 游离基反应制备对称邻二醇

对称二醇化合物可用游离基反应制取:

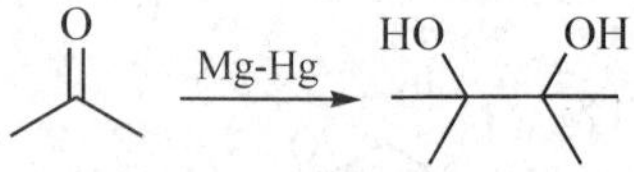

显然,对称邻二叔醇的拆开是通过酮类化合物得到的。

这一反应之所以不平凡,在于它的产物能起邻二叔醇重排(pinacol rearrangement)反应:

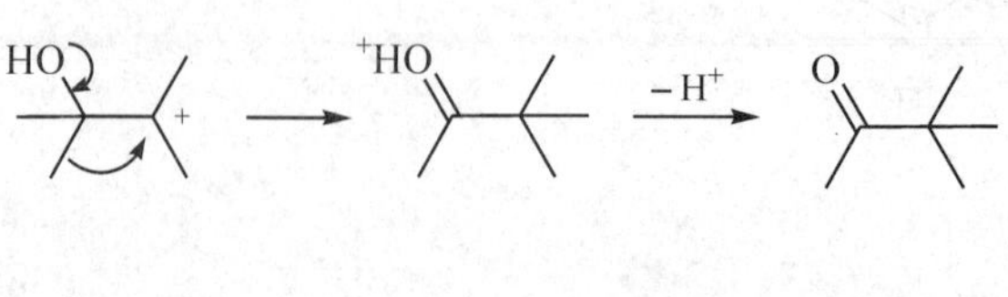

例如：合成 [结构式] 这是一个叔烷基酮，所以可用邻二叔醇重排方法来制备：

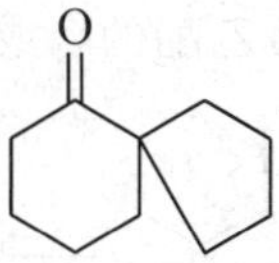

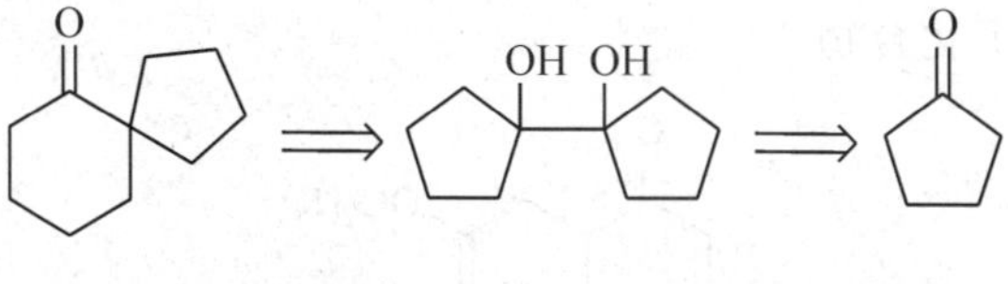

[逆合成分析图：螺环酮 ⇒ 邻二叔醇 ⇒ 环戊酮]

合成：由于这个邻二叔醇是对称结构，所以只有一种产物生成：

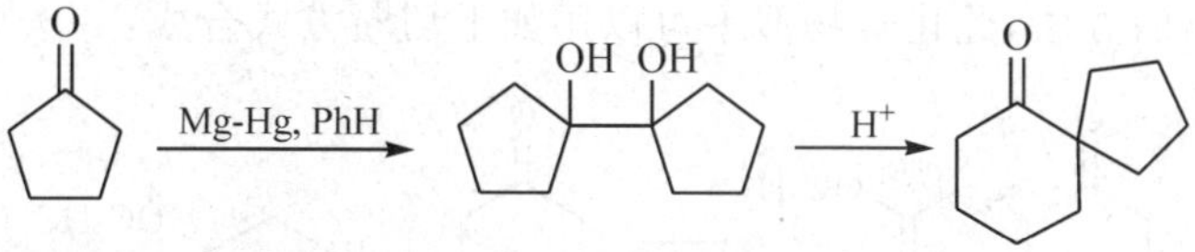

[合成路线图：环戊酮 —(Mg-Hg, PhH)→ 邻二叔醇 —(H⁺)→ 螺环酮]

3.8 1,4-和1,6-二羰基化合物的拆开

3.8.1 1,4-二羰基化合物的拆开

丙酮基丙酮是最简单的1,4-二酮，由下列它的合成法中可以体会出1,4-二酮应该怎样来拆开：

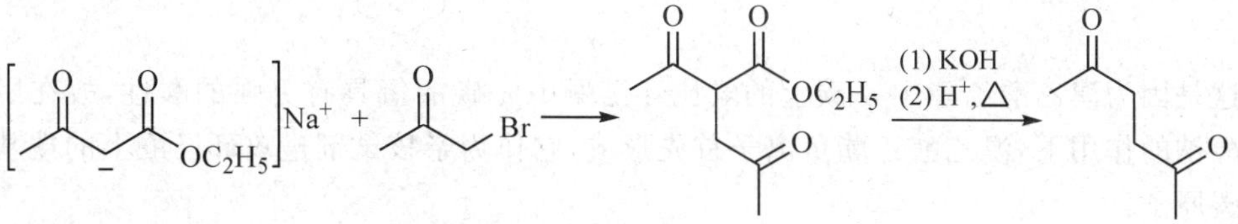

[反应式：乙酰乙酸乙酯钠盐 + 溴代丙酮 → 烷基化产物 —(1) KOH (2) H⁺, Δ→ 1,4-二酮]

可以看出，1,4-二羰基化合物的拆开是：

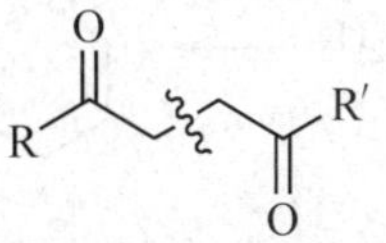

[结构式：R-CO-CH₂~CH₂-CO-R']

提供α-氢原子，提供α-卤原子

后半部的酮的 α 氢原子可以被氯或溴取代成一卤代、二卤代或三卤代化合物。反应可用酸或碱催化。在酸催化的反应中可以分离出一卤代、二卤代、三卤代衍生物，而在碱性溶液中则分离出来三卤代丙酮衍生物及卤仿，说明引入的卤原子会增加同碳上剩余氢原子的酸性。

由此可方便地设计出 2-乙酰基-3-甲基-4-氧代戊酸乙酯的合成路线：

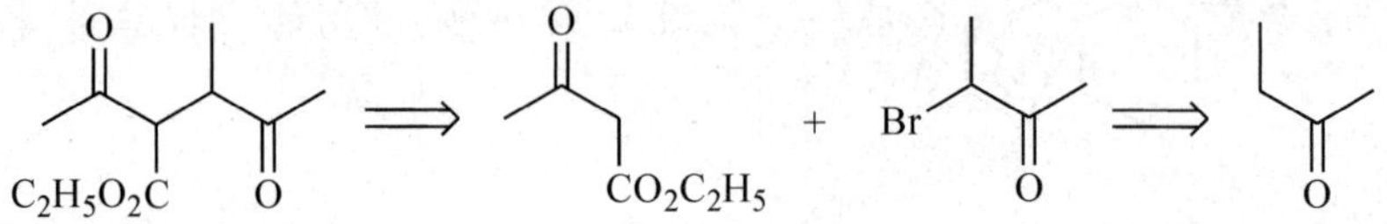

例如，合成如下化合物：

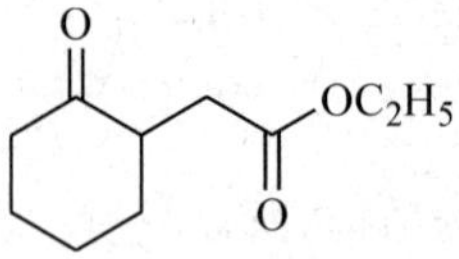

按照前面介绍的方法，此化合物似乎可以用如下切断方式合成：

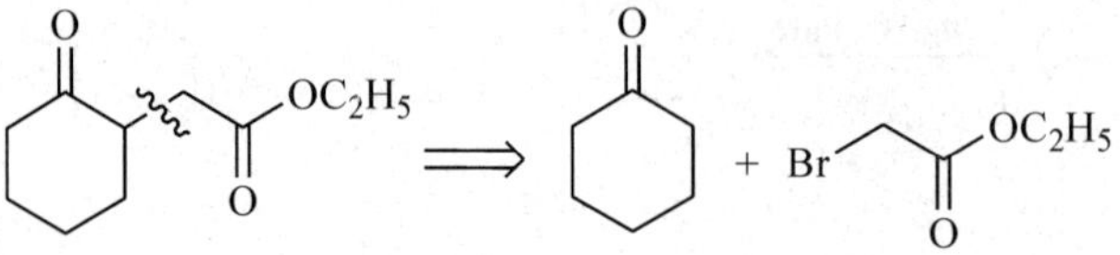

但是，在甲醇钠存在下，当使用环己酮与溴代乙酸乙酯反应时，却得到 α,β-环氧酸酯：

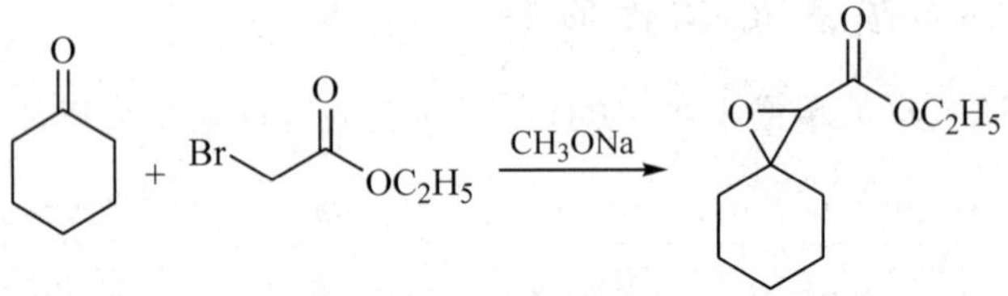

这是因为溴乙酸乙酯中 α-碳上的氢比环己酮中 α-碳的氢具有更强的酸性，故在甲醇钠的作用下，溴乙酸乙酯负离子首先形成，它作为亲核试剂进攻环己酮上的羰基碳原子：

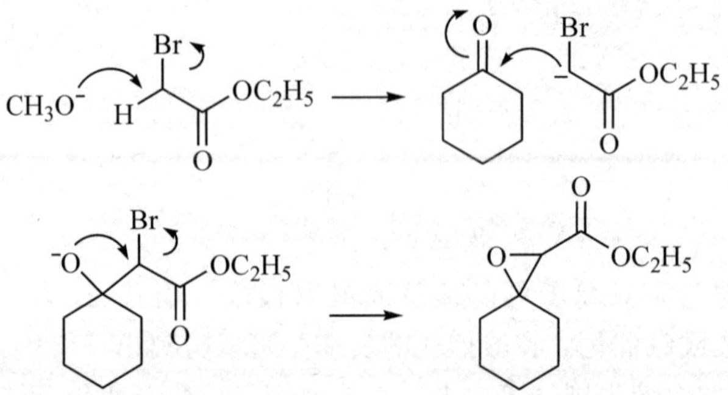

那么，我们必须采用某些方法使得酮在起始的缩合反应中扮演亲核试剂的角

色。一个有效的方法就是将其变成烯胺：

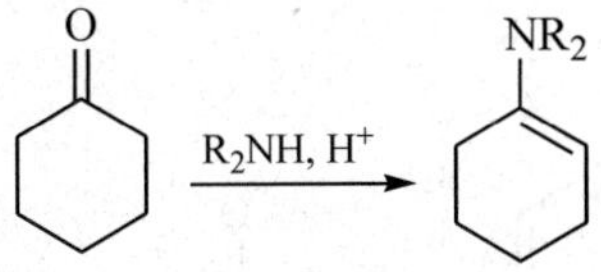

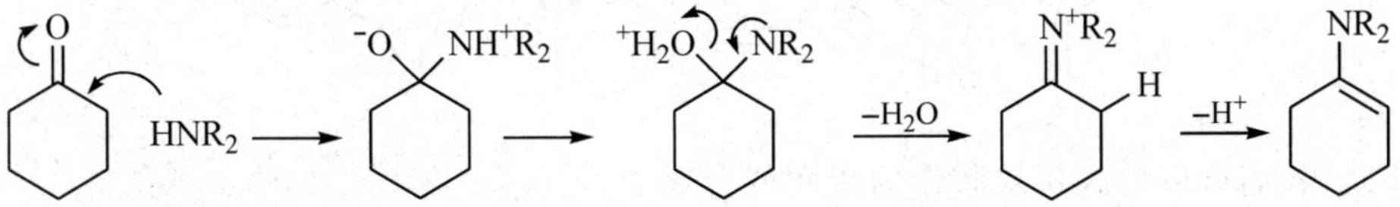

从而通过下列反应就可以得到所需的目标产物：

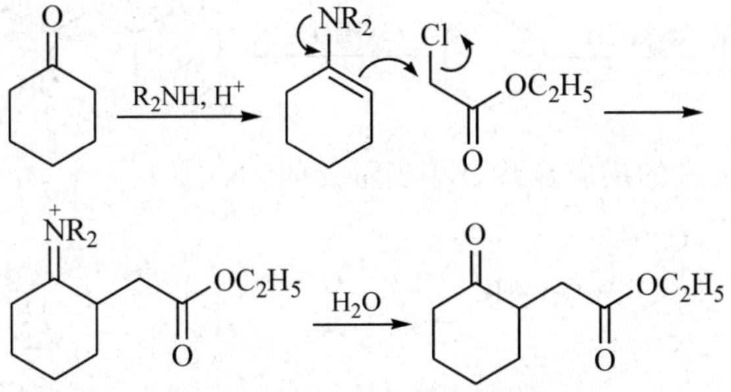

在此，是烯胺进攻活泼的 α-羰基卤代物，而不是羰基本身。

又如：合成

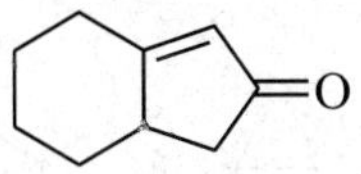

根据前面的介绍，可以从 α,β-不饱和酮入手，于是得到一个 1,4-二酮，因此必须用到上述方法：

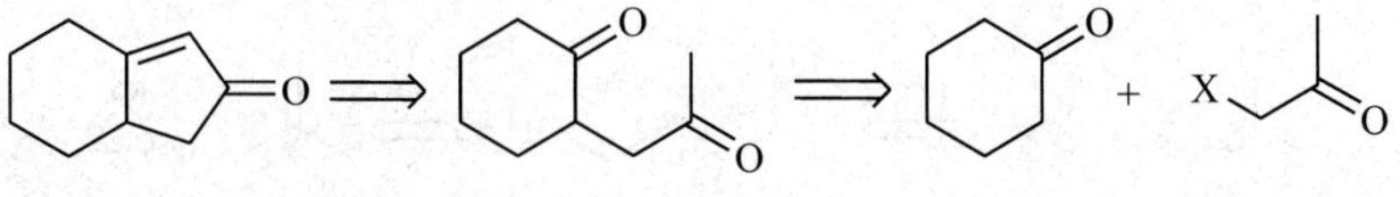

实际上，此目标化合物是通过下列化合物合成：

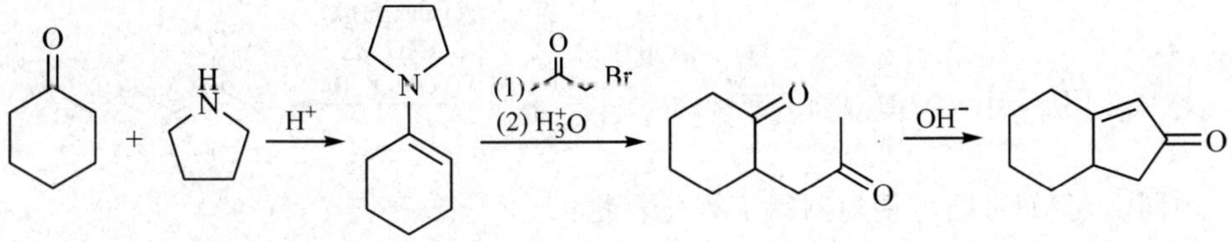

3.8.2 γ-羟基羰基化合物拆开

例如：

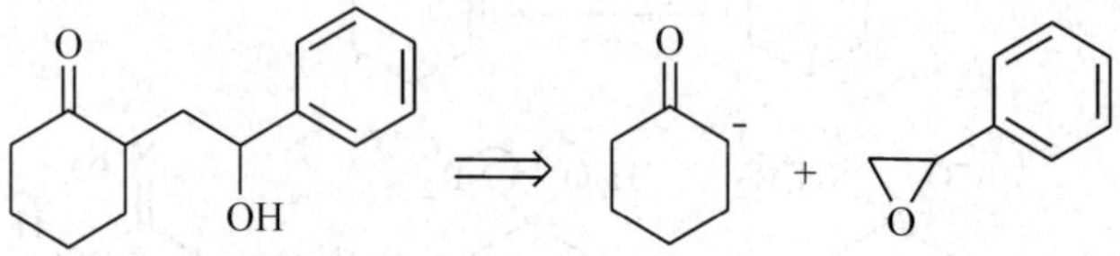

[反应式图]

在此，我们可以再次用烯胺作为烯醇的合成子：

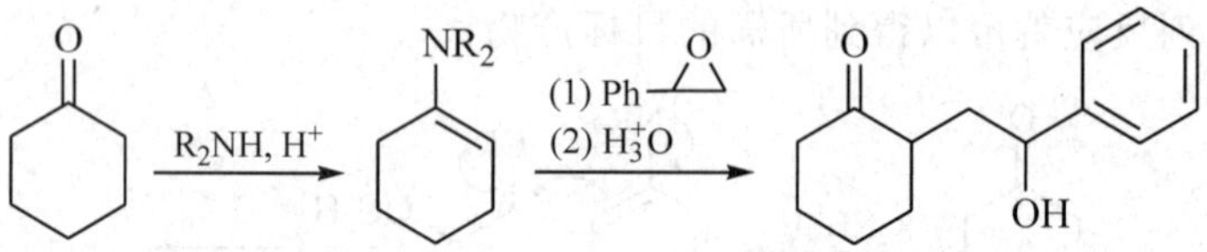

[反应式图]

属于这个类型的反应的反应步骤是相当重要的，如：

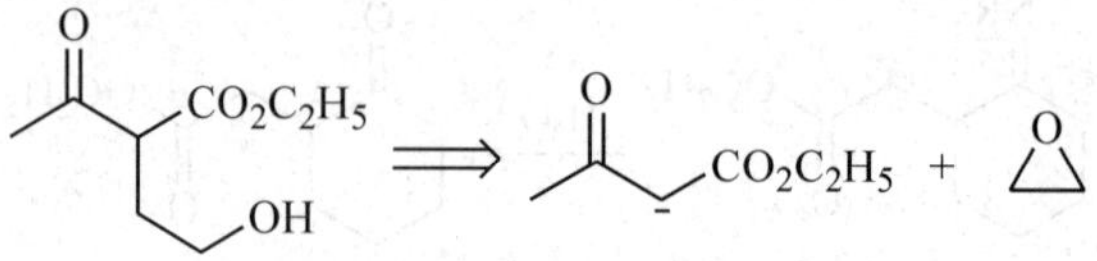

[反应式图]

但实际上，这两个试剂结合并不产生原来的化合物，而是先形成一个内酯化合物：

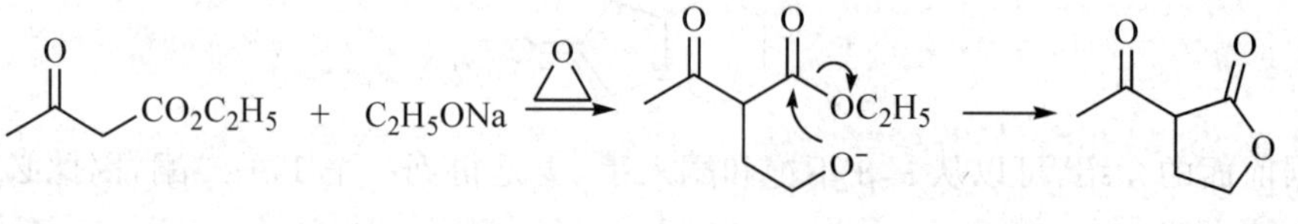

[反应式图]

这个内酯非常有用，如制备 5-溴代-2-戊酮，按照官能团转化的方式：

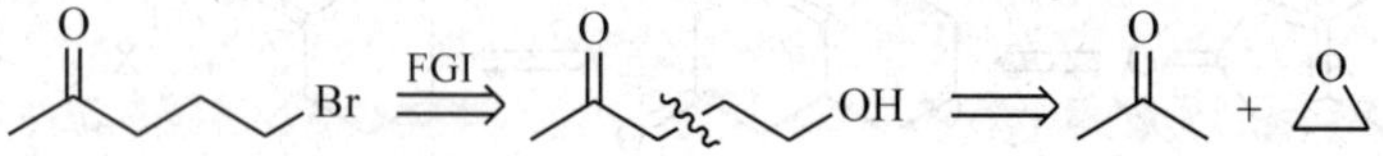

[反应式图]

在合成时，用—$CO_2C_2H_5$ 作为致活基生成一个内酯，再水解，脱羧，溴代。

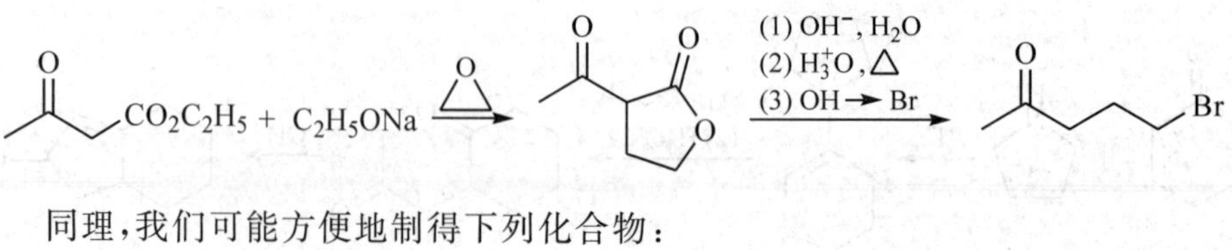

[反应式图]

同理，我们可能方便地制得下列化合物：

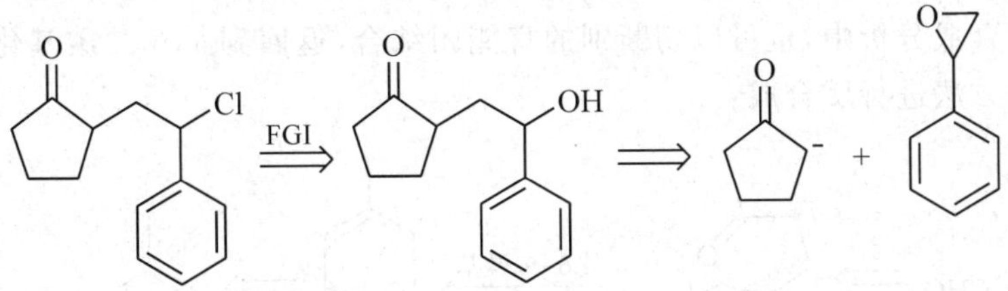

[反应式：环戊酮衍生物的合成 — 由α-氯代物经FGI到羟基化合物，再切断为环戊酮负离子 + 苯基环氧乙烷]

合成：

[合成路线：2-氧代环戊烷甲酸乙酯 + C_2H_5ONa，与苯基环氧乙烷反应，再经 H_3^+O 水解脱羧得目标产物]

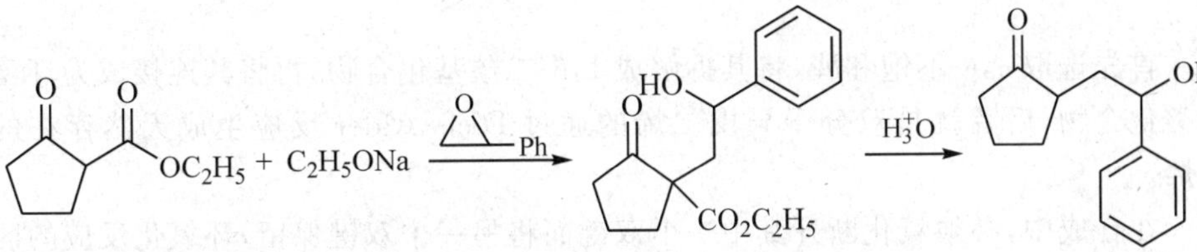

3.8.3 1,6-二羰基化合物的拆开

1. 利用环己烯断键形成二酮

显然，这些化合物也将是"不合理的切断"，然而我们可用不同的方法来回避这个问题，那就是使用一个所谓的"切断"，而这个"切断"实际上是把两个羰基连接起来：

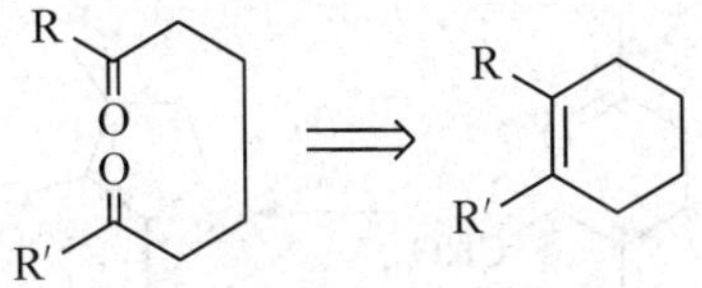

[逆合成式：1,6-二羰基化合物 ⟹ 取代环己烯]

取代环己烯化合物可以臭氧等氧化剂氧化断裂，形成 1,6-二羰基化合物来完成。因为环己烯衍生物可方便地由用 Diels-Alder 反应制得，因此，采用此方法可以容易制取各类 1,6-二羰基化合物。

如在下面化合物的设计中：

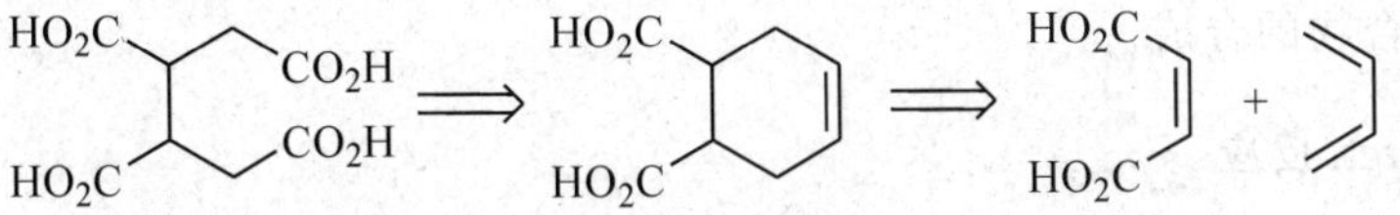

[逆合成分析：四羧酸化合物 ⟹ 环己烯二羧酸 ⟹ 顺丁烯二酸 + 丁二烯]

在 Diels-Alder 反应中，顺丁烯二酸酐是最好的试剂：

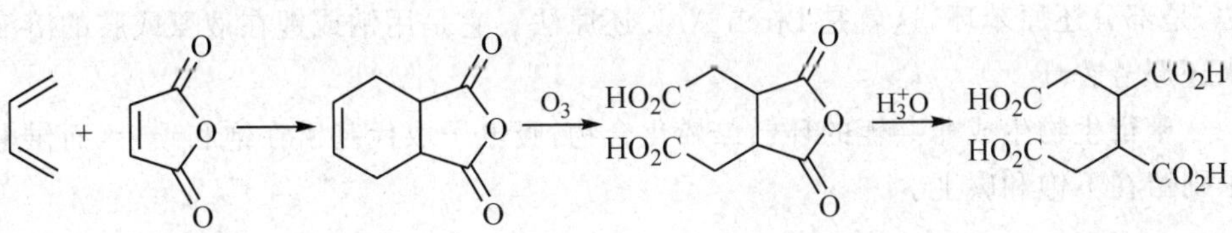

[合成路线：丁二烯 + 顺丁烯二酸酐 → 环己烯二酸酐 →(O_3)→ 三羰基中间体 →(H_3^+O)→ 四羧酸产物]

在逆合成分析中，也可以切断别的官能团结合，返回到 1,6-二羰基化合物，再采用上述方法进行反合成：

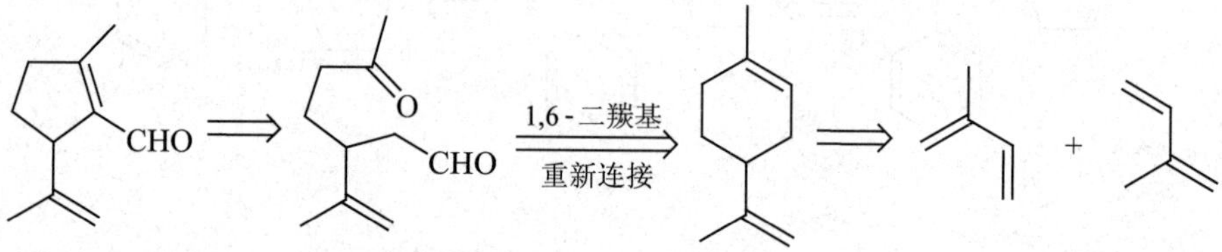

首先选取 α,β-不饱和醛，将其拆解成 1,6-二羰基化合物，再将其连接成为环己烯类化合物，后者就是双分子异戊二烯的通过 Diels-Alder 反应生成天然存在的萜烯。

在合成中，必须氧化断开其中一个双键而将另一个双键保留，环氧化反应的区域性可使此设计路线得以实施：

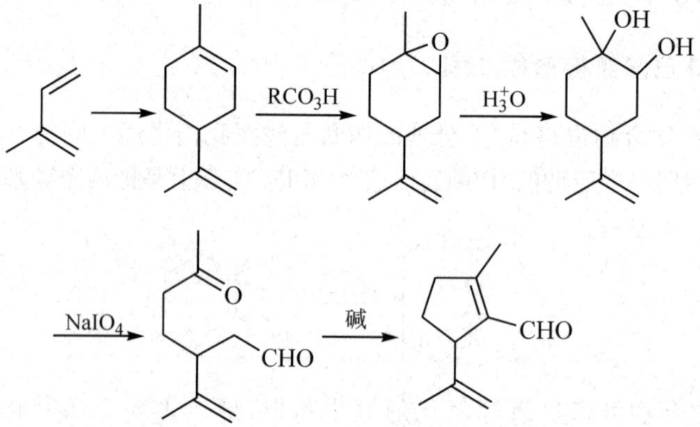

注意，缩合反应的条件应尽量温和，因为我们只想得到两个可能的烯醇中最稳定的（来自醛）。尽管不能预言双键的开裂或缩合反应的确切条件，但是，应该看到，由于这两种情况中的两个官能团已有足够的差别，因而控制反应条件是可以实现目标化合物的合成。

2. Birch 反应

与 1,6-二羰基化合物的合成有关的，还有另外一个制备环己二烯化合物的方法，是部分还原苯环，这就是 Birch A.J. 还原法。它是用钠或锂在液氨或胺的溶液来还原芳香环。

苯衍生物生成非共轭的环己二烯化合物，吸电子取代基留在饱和碳上，而供电子则留在不饱和碳上。

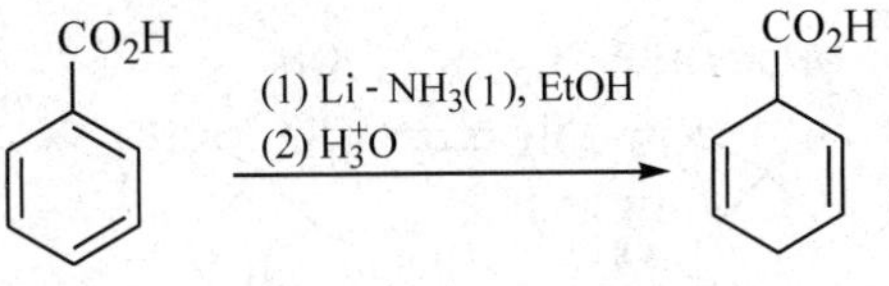

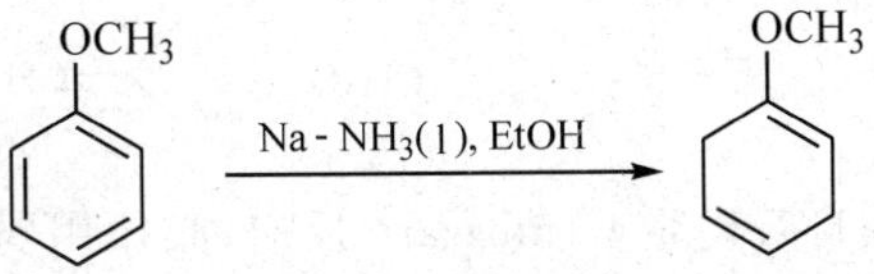

$$\text{PhCO}_2\text{H} \xrightarrow{\text{(1) Li-NH}_3\text{(l), EtOH}}_{\text{(2) H}_3^+\text{O}} \text{1,4-dihydrobenzoic acid}$$

$$\text{PhOCH}_3 \xrightarrow{\text{Na-NH}_3\text{(l), EtOH}} \text{1-methoxy-2,5-cyclohexadiene}$$

如:

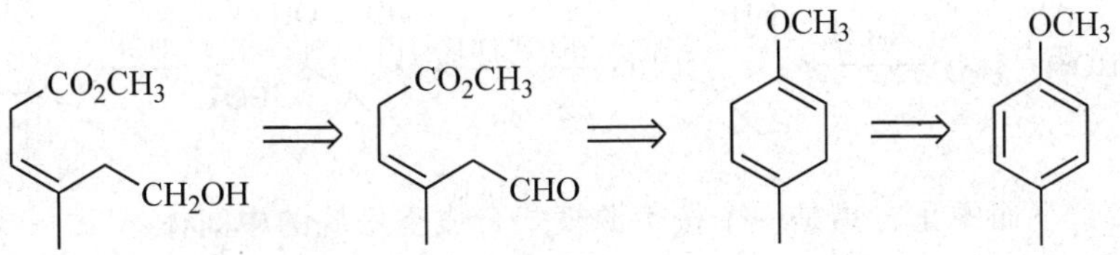

（逆合成分析示意图：目标化合物 methyl ester with CH$_2$OH ⇒ methyl ester with CHO ⇒ 4-methoxy-1-methyl-1,4-cyclohexadiene ⇒ 4-methoxytoluene）

合成:

（合成路线：4-methoxytoluene $\xrightarrow{\text{Na-NH}_3\text{(l), }t\text{-BuOH}}$ dihydro中间体 $\xrightarrow{\text{O}_3}$ 开环醛酯 $\xrightarrow{\text{NaBH}_4}$ 羟基酯）

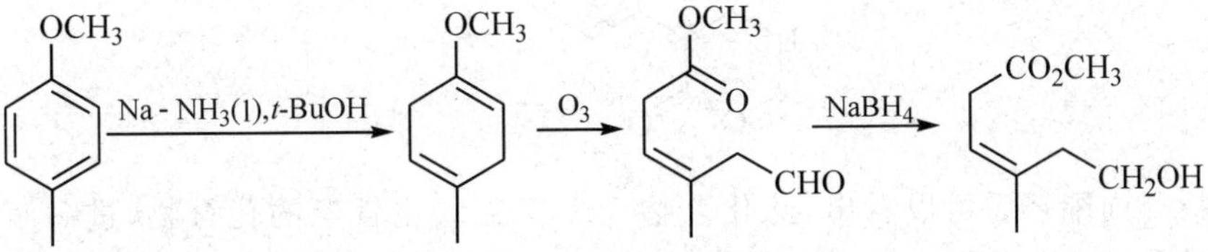

在臭氧化反应中,首先氧化断裂的是电子云密度大的 C=C 双键。

3.9 内酯合成

以上我们把所有简单的二基团切断都讨论过了,应该能合理地设计很多小分子的合成。在本节中专门讨论有关内酯化合物的合成,通过几个内酯合成的实例介绍内酯的合成设计方法。

例 1 合成如下化合物,该化合物为 Khorana 辅酶 A 合成的中间体:

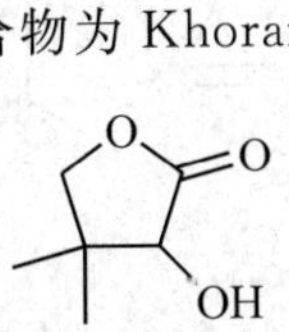

（结构式：β,β-二甲基-γ-丁内酯带 α-OH）

首先打开内酯,揭示其真正的目标物为 1,2-二氧代和 1,3-二氧代化合物。因此,可采用下述方法拆断:

[逆合成分析图：内酯 ⇒ 三羟基羧酸 ⇒ 羟基醛 + ⁻COOH ⇒ ⁻CN，其中羟基醛 ⇒ CH₂O + (CH₃)₂CHCHO]

合成：为避免甲醛自身发生 Cannizzaro 反应，必须用弱碱。醛与氰基加成经水解生成的羟基羰基化合物不用被分离，在酸性条件下能自动闭环形成内酯。

(CH₃)₂CHCHO + CH₂O $\xrightarrow{K_2CO_3}$ 羟基醛 $\xrightarrow{KCN, OH^-}$ 羟基羧酸盐 $\xrightarrow{HCl}$ 内酯

例 2 下面的化合物是一个按生源模式合成香松烷的中间体：

[带 OCH₂Ph 取代基的 δ-内酯结构，编号 1-5]

拆开内酯环后可以看出，此化合物为 1,5-二氧化骨架的化合物，进一步的官能团转化（FGI）给出 1,5-二羰基化合物：

[逆合成分析：内酯 ⇒ 羟基酸 ⇒ 酮酸 ⇒ 甲基乙烯基酮 + 对苄氧基苯乙酸]

合成：需用一个致活基团来控制 Michael 反应。常用方法是用两个酯基连接在同一碳原子上，从而可活化该碳原子上的氢：

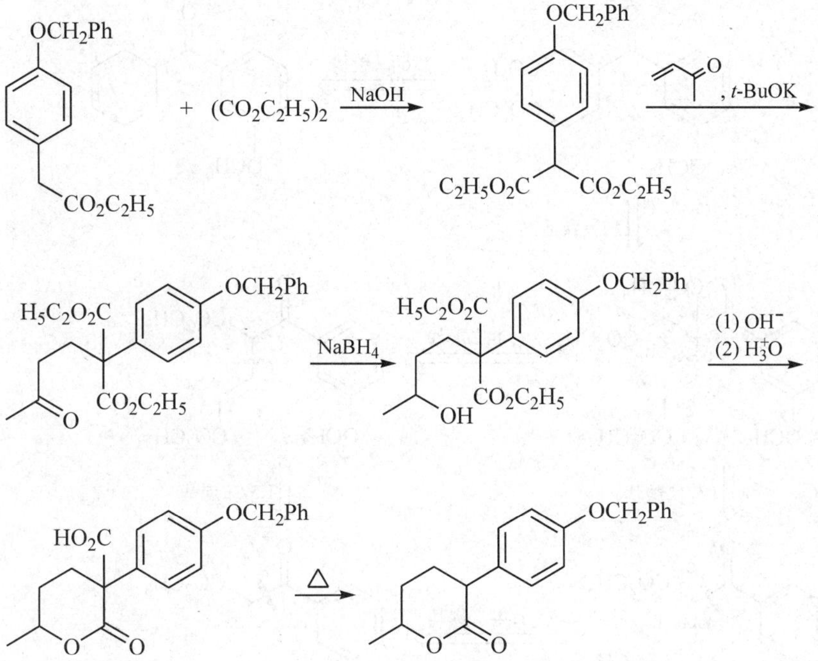

[反应式图略]

例 3 下面化合物是 Woodward R.B. 在合成四环素时的一个中间体：

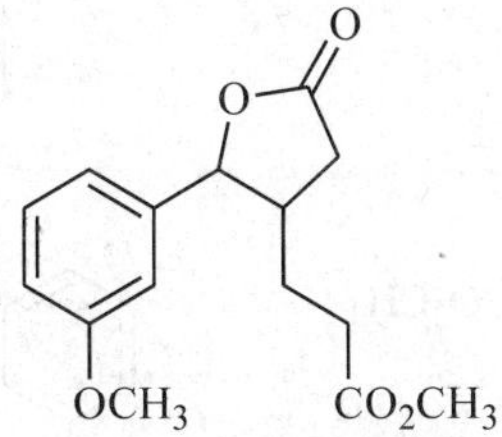

[结构式略]

首先断开内酯环，再利用官能团互换，可将该化合物转化成为下面的前体：

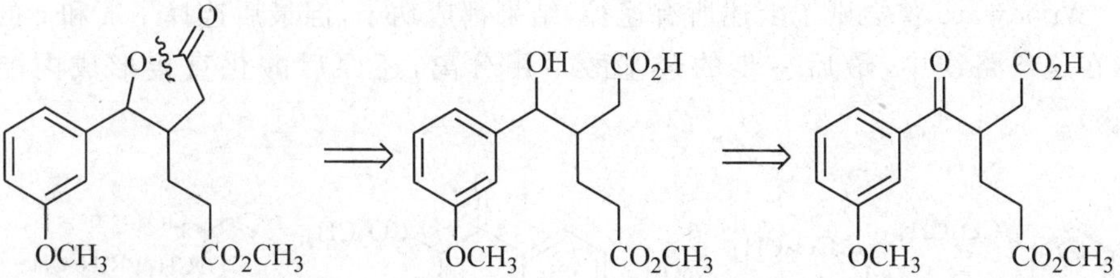

[结构式略]

这个前体中包括 1,4-、1,5-、1,6-二羰基等骨架的关系，所以有多种可能的切断方式，分别采用不同的拆开途径，总结于下列关系式中：

Woodward 曾尝试了上述所有途径,结果都成功了,但最后选择了 a 和 c 的路线(在这条路线中,最后一步的羟基酸不用分离,还原后酸化直接形成内酯化合物)。

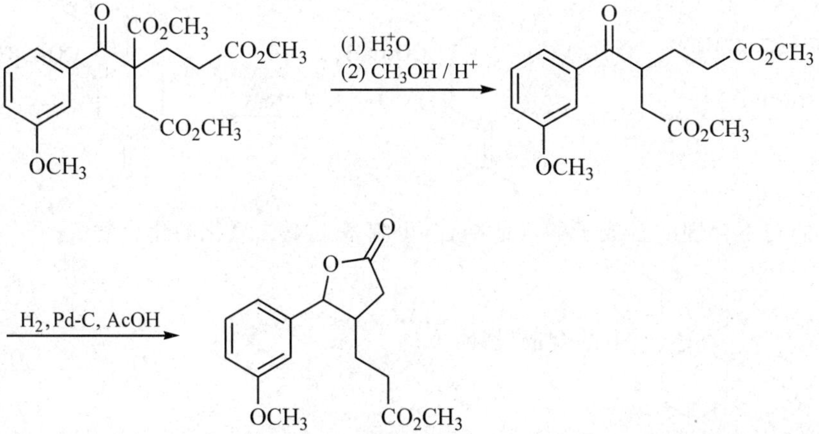

[反应式图]

至此，我们已介绍了含氧化合物的一些主要合成方法和切断。在此，再介绍两例有关合成设计中对称性的应用。

例 4 [结构式] 的合成设计：

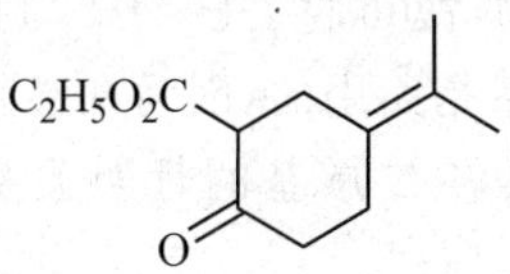

如果不考虑相隔较远的而且是不起作用的成键，此化合物便可看作为 1,3-二羰基的化合物骨架，其拆开方式如下：

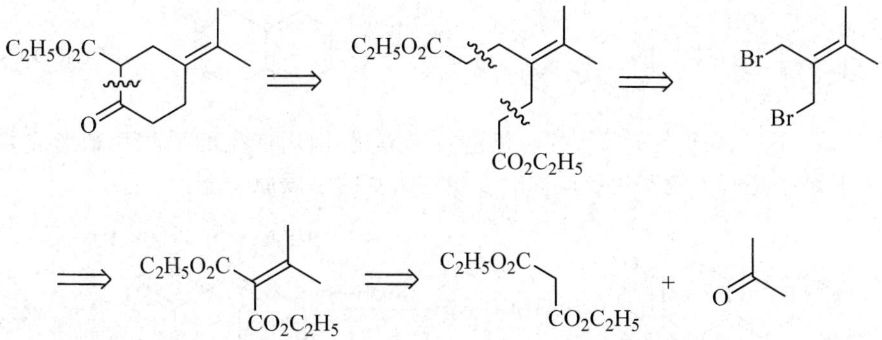

[拆解图]

在此注意到 1,3-二羰基的化合物的拆开后会形成对称性骨架。在烯丙位处进行双切断仍然保持其对称性。

合成：

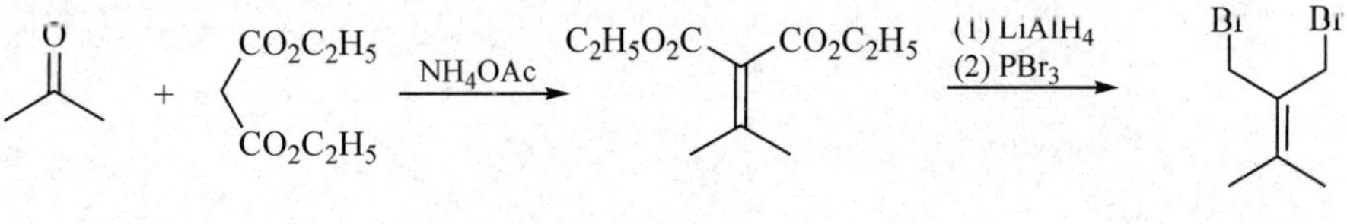

[合成路线图]

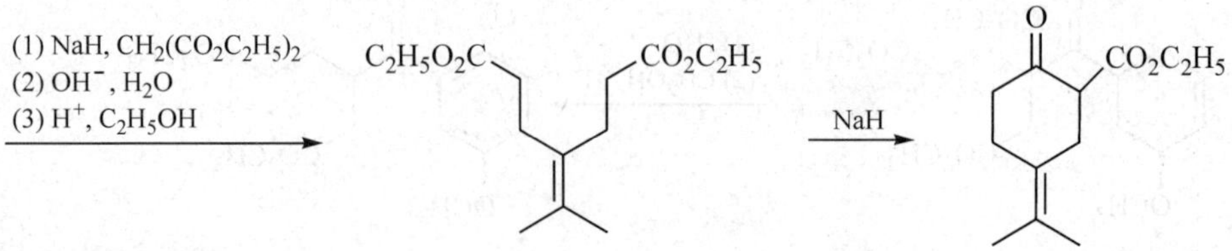

(1) NaH, CH$_2$(CO$_2$C$_2$H$_5$)$_2$
(2) OH$^-$, H$_2$O
(3) H$^+$, C$_2$H$_5$OH

其实合理的与不合理的合成子的其他结合，可制备 1,4-二氧化的化合物。

例 5 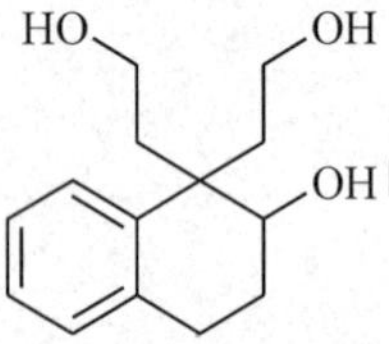 的合成设计：

这是一个三元醇，可以分别看作是由 1,4- 或 1,5-二氧化的骨架构成化合物，事实上，只有其中之一可供利用。

分析：我们必须返回到相应的三羰基化合物，故可将 CH$_2$OH 写成 CHO 或 CO。这样就很容易看出 1,5-二羰基化合物的关系是无用的，因为在必须写出的前体中没有可容纳双键的余地。我们不得不仅用 1,4-二羰基的骨架关系拆解该化合物：

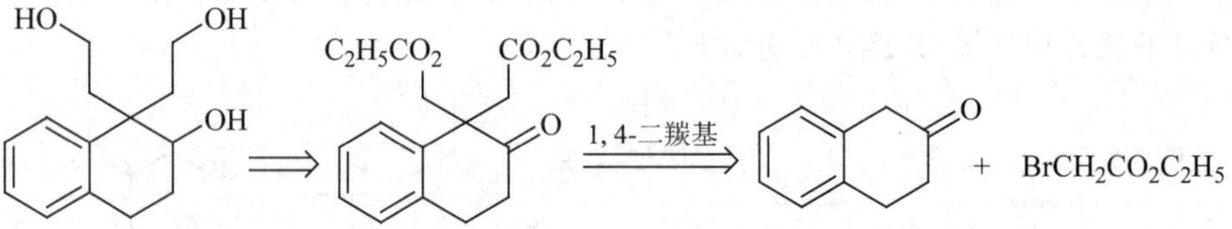

合成：这个酮会在所期望的一侧进行烯醇化，因为产生的烯醇和苯形成共轭体系，其结果是两个烷基化反应同时发生在羰基的 α-碳原子上：

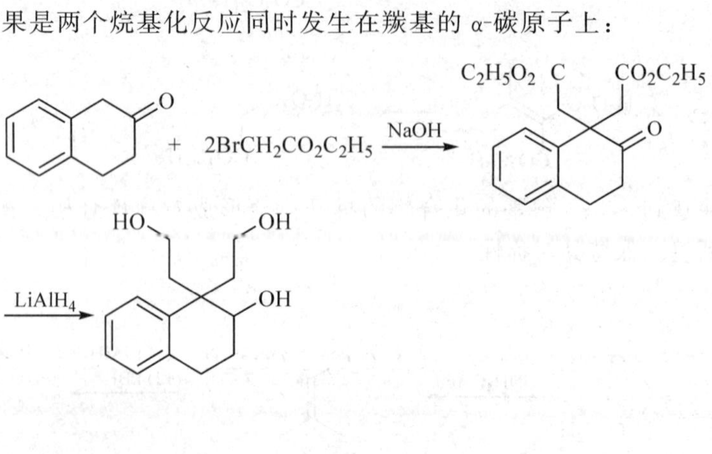

4　导向基的引入

为了说明有机合成中导向基的作用,我们不妨先从设计合成 1,3,5-三溴苯的具体实例来说明:

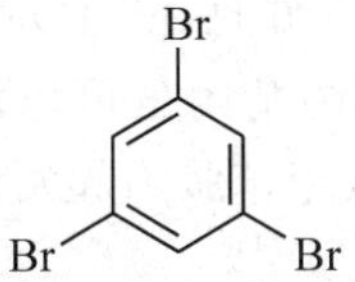

我们知道,在苯环上的亲电取代反应中,溴原子是一个邻、对位定位基,而待合成的化合物中溴原子互为间位,显然,不能够由溴苯中溴原子本身的定位效应来直接引入另外两个溴原子。它们互居间位,可以推测这是由于有一个具有强的邻、对位定位基存在,它的定位效应比溴原子大,使溴原子在发生芳基亲电取代时,分别进入了该定位基的邻、对位,从而使溴基团本身处于互为间位。不过在产物中并没有这个基团的存在,显然它是在合成过程中引入,任务完成后去掉的。此基团在有机合成中称之为导向基。

那么,什么基团可以满足上述要求? 显然,根据我们所学的知识会想到氨基,它是一个强的邻、对位定位基,即便于如下方式引入:

$$—H \longrightarrow —NO_2 \longrightarrow —NH_2$$

也可以通过如下方式除去:

$$—NH_2 \longrightarrow —N_2^+OSO_3H \longrightarrow —H$$

因此,1,3,5-三溴苯的合成采用了如下的合成路线:

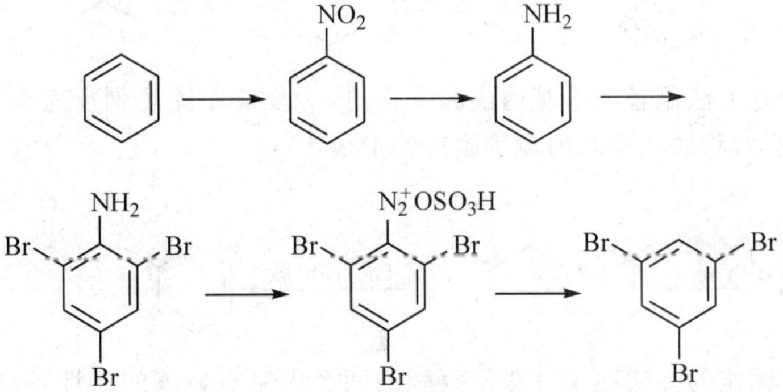

总产率为 64%~71%。

为了帮助体会此类技巧,我们不妨用大家都熟悉的《三国演义》中的"借东风"故事来比喻。在上面的合成中氨基就起了"东风"的作用。在此之所以要"借",是为了实现特定的目的,因此在任务完成后就应该"还";所谓"还",是指还原其本来的面目,也就是将"借"来的基团去掉。

但并非任何基团都能在合成过程中起到导向基的作用。要起这种作用,在"借"与"还"上还必须能够尽量满足下列要求:就是"招之即来,挥之即去"。如果不是这样,而是"千呼万唤始出来",并且还"主人忘归客不发",这样的基团是不配充做"东风"的。不过有时要"借"的基团也可以设法使它已存在于所使用的原料中。如在上面的例子中,直接可改用苯胺为起始原料。

4.1 活化是导向的主要手段

同样是为了导向,有时需要采用不同的手段。在上例中氨基所以能充任导向基,是由于它对邻、对位有较强的活化作用。反之,要想在芳环上间位进行取代,就要用硝基、羰基等。但总的来说,利用活化作用导向手段是使用最多的。除芳环取代外,直链化合物的取代,也可用引入活化基的办法,下面举例说明。

例1 合成苄基丙酮:

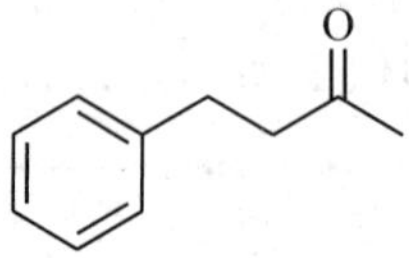

分析:

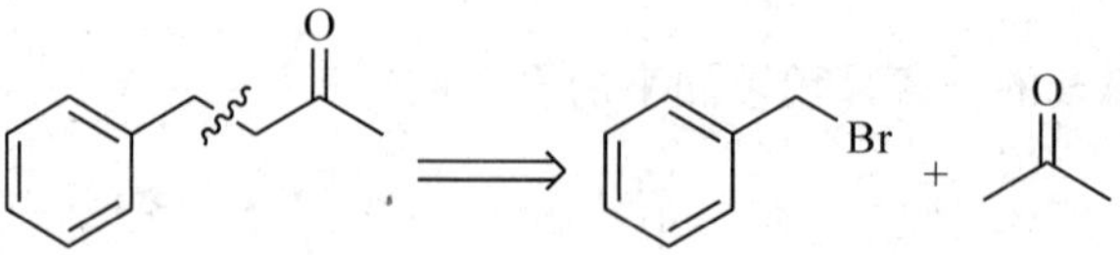

直接采用上述方法制备的苄基丙酮收率低,因为反应中除了副反应丙酮的自身缩合外,还会有对称的二苄基丙酮等副产物形成:

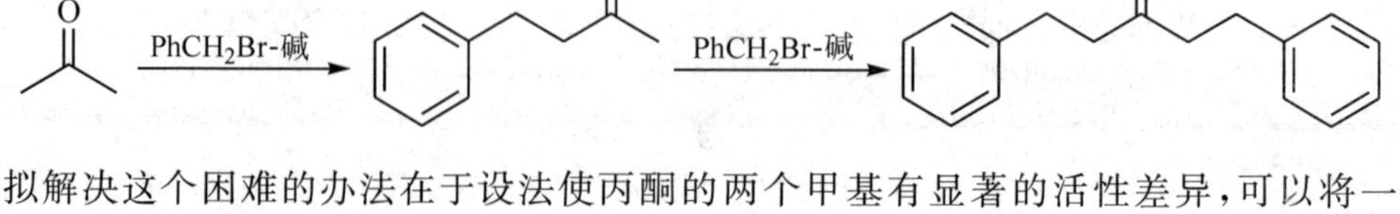

拟解决这个困难的办法在于设法使丙酮的两个甲基有显著的活性差异,可以将一

个乙酯基(导向基)引入到丙酮的一个甲基上,这样就使所在碳上的氢较另一个甲基中的氢有大得多的活性,使这个碳成为苄基溴进攻的部位,因此在合成时使用的原料是乙酰乙酸乙酯而不是丙酮。任务完成后将乙酯基水解成羰基,再利用 β-酮酸易于脱羧的性质(一般在室温或略高于室温即可脱羧)将导向基去掉。

合成:

$$\text{CH}_3\text{COCH}_2\text{CO}_2\text{C}_2\text{H}_5 \xrightarrow{\text{C}_2\text{H}_5\text{ONa}} [\text{CH}_3\text{COCHCO}_2\text{C}_2\text{H}_5]^- \text{Na}^+ \xrightarrow{\text{PhCH}_2\text{Br}}$$

$$\text{CH}_3\text{COCH(CH}_2\text{Ph)CO}_2\text{C}_2\text{H}_5 \xrightarrow{\text{KOH}, \Delta} \text{CH}_3\text{COCH(CH}_2\text{Ph)CO}_2\text{K} \xrightarrow{\text{H}_3^+\text{O}, \Delta} \text{CH}_3\text{COCH}_2\text{CH}_2\text{Ph}$$

例 2 设计下列化合物:

(3-环己烯基)-CH$_2$CH$_2$CO$_2$H

分析:

(环己烯)-CH$_2$⁂CO$_2$H $\Longrightarrow$ (环己烯)-CH$_2$Br + CH$_3$CO$_2$H

但是乙酸的 α-H 不够活泼,为使烷基化在 α-碳上发生,需经引入乙酯基(导向基)使 α-H 活化,于是用丙二酸二乙酯为原料。任务完成后将酯基水解成羧基,再利用两个羧基连在同一碳上受热容易失去 CO_2 的特征将导向基去掉:

$$\text{CH}_2(\text{CO}_2\text{H})_2 \xrightarrow{140\sim150°C} \text{CH}_3\text{CO}_2\text{H} + \text{CO}_2$$

$$\text{R}_2\text{C}(\text{CO}_2\text{H})_2 \xrightarrow{140\sim150°C} \text{R}_2\text{CHCO}_2\text{H} + \text{CO}_2$$

合成:

$$\text{CH}_2=\text{CH-CH=CH}_2 + \text{CH}_2=\text{CHCO}_2\text{C}_2\text{H}_5 \longrightarrow \text{(3-环己烯基)-CO}_2\text{C}_2\text{H}_5 \xrightarrow[(2) \text{PBr}_3]{(1) \text{LiAlH}_4} \text{(3-环己烯基)-CH}_2\text{Br}$$

例3 设计合成 3-叔丁基环戊烯-2-酮-1：

分析：

合成：

例4 设计合成 α-对-苄氧苯基 1,5-己内酯：

4 导向基的引入

分析：

合成：

例 5 设计合成：

分析：

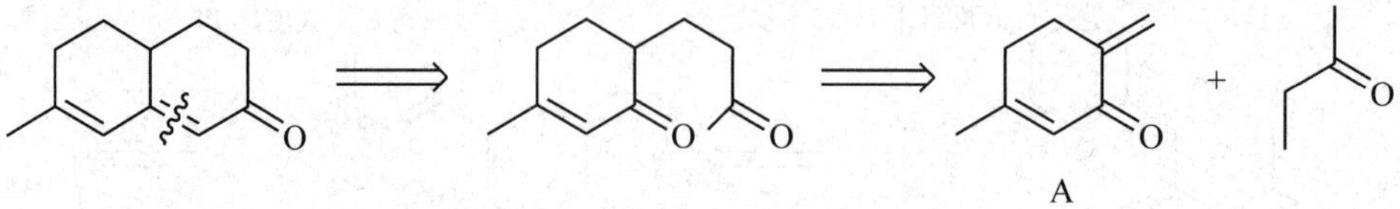

最后化合物 A 要活化导向：

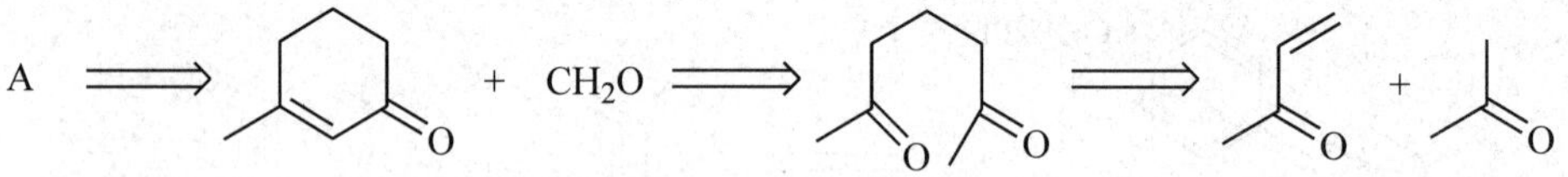

合成：

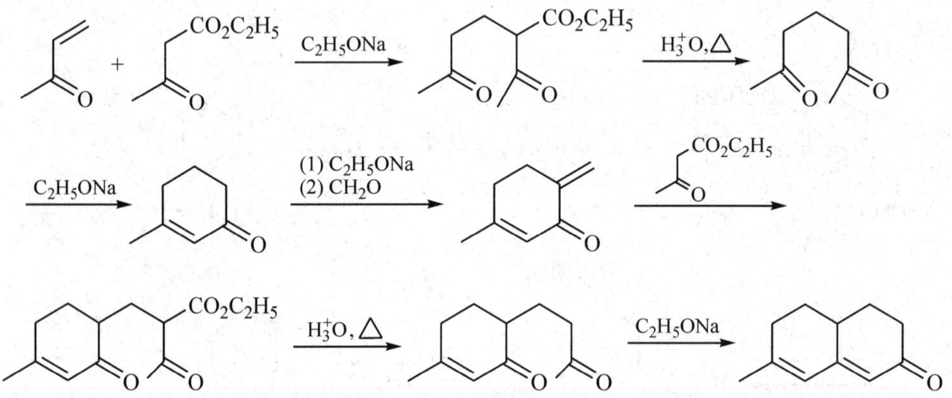

虽然 A 上的迈克尔加成似乎可发生在任何一个双键上，但由于在环外未取代的位置上比在环中二取代的位置要活泼得多，因此，只有所要的反应优先发生。

例 6 设计合成 α-甲基-6-烯丙基环己酮-1：

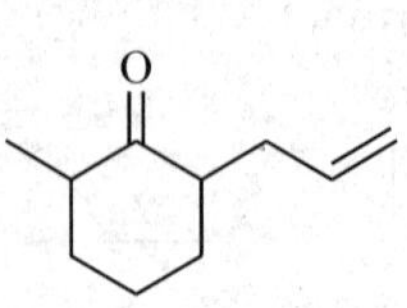

分析：

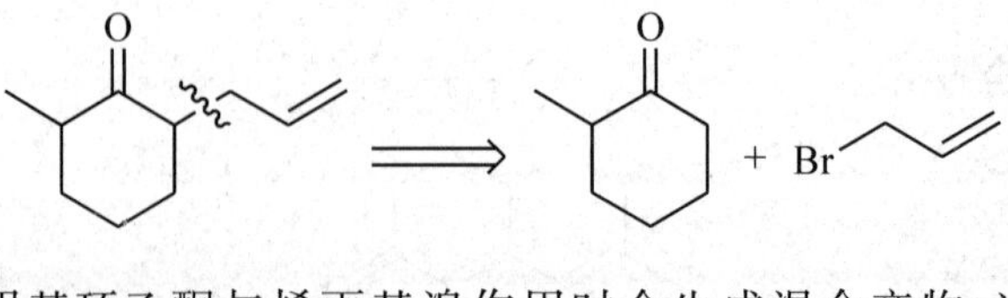

可以预料，当 α-甲基环乙酮与烯丙基溴作用时会生成混合产物，这个困难可以利用活化导向的办法来解决。

合成：

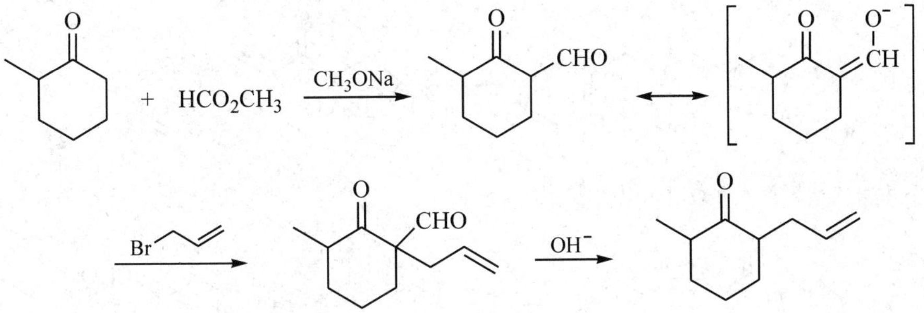

[反应式：2-甲基环己酮 + HCO₂CH₃ →(CH₃ONa) 2-甲酰基-6-甲基环己酮 ↔ 烯醇负离子共振结构]

[反应式：+ CH₂=CHCH₂Br → 2-烯丙基-2-甲酰基-6-甲基环己酮 →(OH⁻) 2-烯丙基-6-甲基环己酮]

脱甲酰基的反应历程如下：

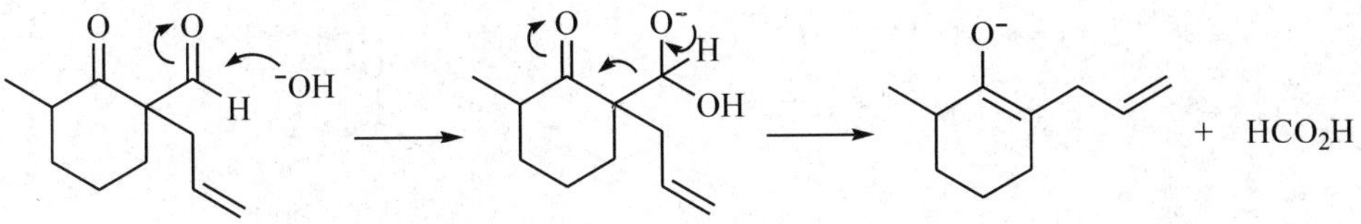

[反应历程图：−OH 进攻甲酰基碳 → 四面体中间体 → 烯醇负离子 + HCO₂H]

例7 试设计 1-环戊基-3-苯基丙烷的合成路线：

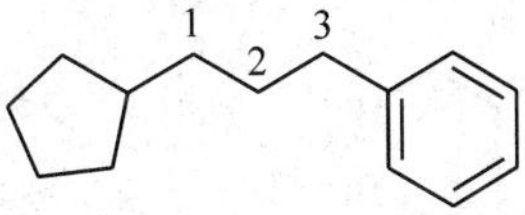

[结构式：环戊基—CH₂(1)—CH₂(2)—CH₂(3)—苯基]

分析：要拆开这个化合物，困难在于它是一个没有官能团的烃类化合物，似乎是"无懈可击"，为将两个环之间的饱和碳链拆开，我们不妨设想在合成过程中碳链上曾存在着官能团，这样就创造了"可乘之机"。

首先设想 C_1 是个羰基的碳原子，做这样的设想是允许的，因为羰基通过下列反应是可以转变成亚甲基。

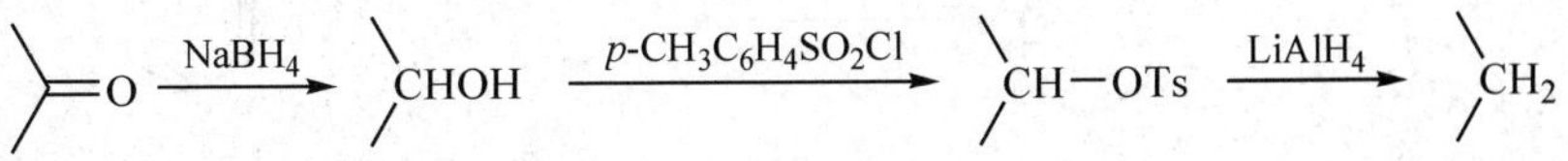

$$\text{C=O} \xrightarrow{NaBH_4} \text{CHOH} \xrightarrow{p\text{-}CH_3C_6H_4SO_2Cl} \text{CH-OTs} \xrightarrow{LiAlH_4} \text{CH}_2$$

再设想在 C_2 与 C_3 之间有个双键，这也是允许的，因为通过催化氢化可以方便地将双键转化为单键：

$$\text{C=C} \xrightarrow{H_2, 催化剂} \text{CH-CH}$$

这样就将 1-环戊基-3-苯基丙烷设想是从环戊基苯乙烯基甲酮变化来的：

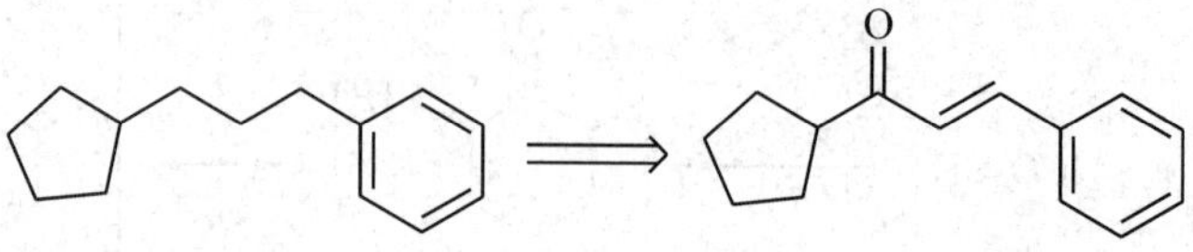

环戊基苯乙烯基甲酮可以如下拆开：

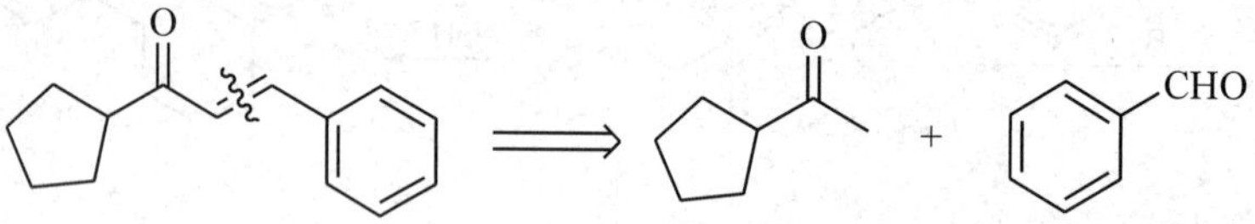

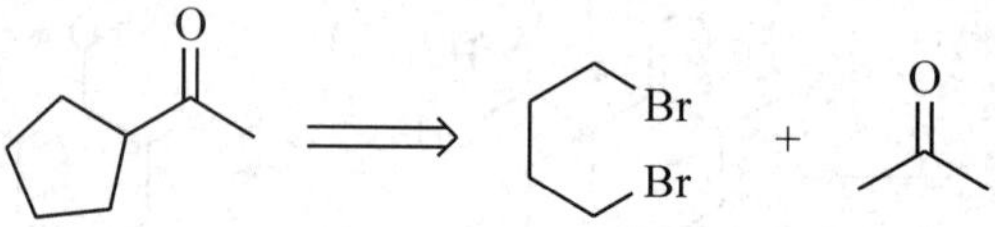

(需要活化导向)

合成：

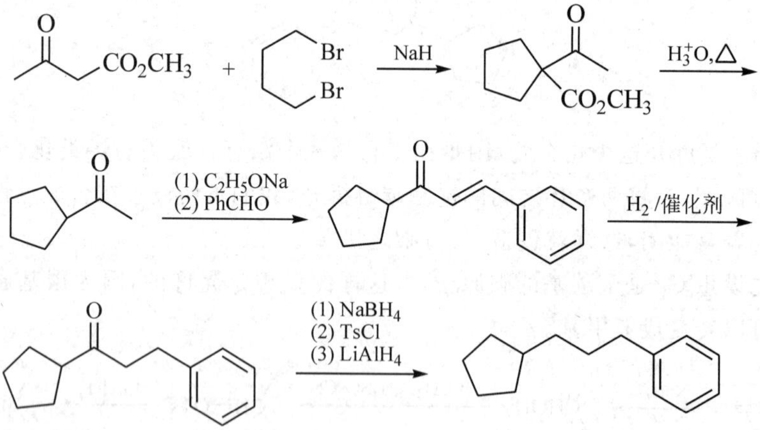

由上面的例子可以认识到，在合成工作中进行合理设想的重要性，因为这样做，才能在"山穷水尽疑无路"时，看到"柳暗花明又一村"。

例 8 设计合成如下化合物：

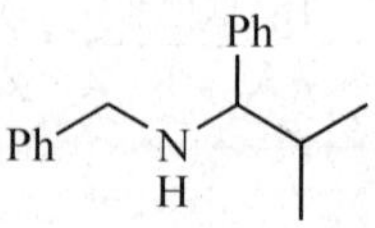

4 导向基的引入

分析：具有支链的伯胺能够由肟还原制备：

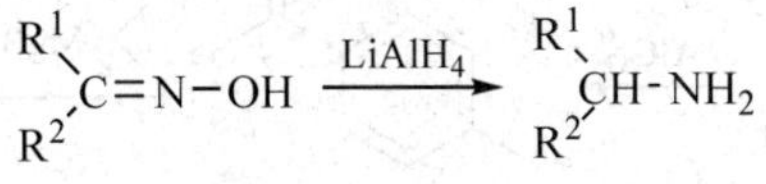

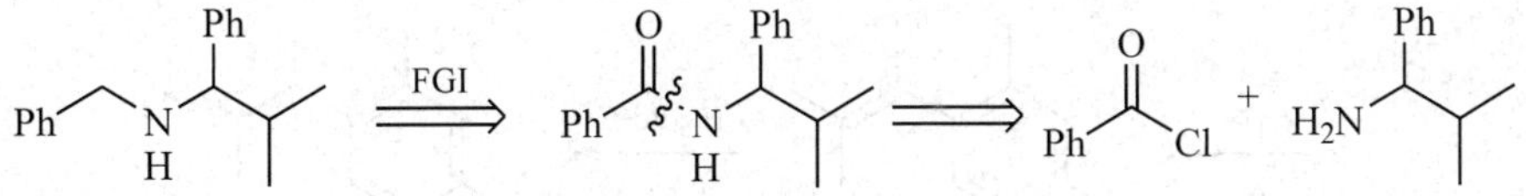

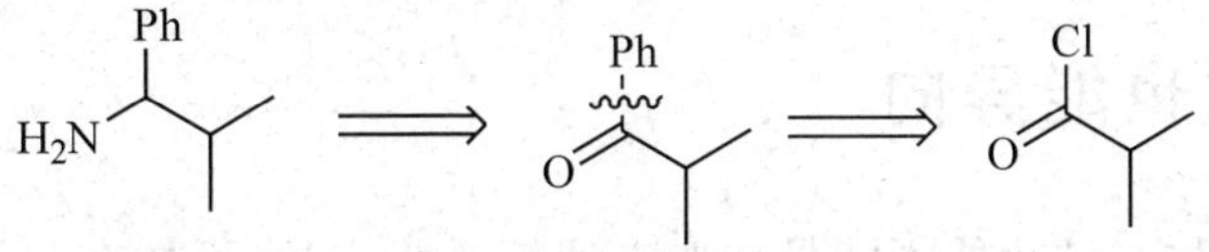

$$R^1R^2C=N-OH \xrightarrow{LiAlH_4} R^1R^2CH-NH_2$$

[逆合成分析路线图]

合成：

[合成路线图，使用 PhH-AlCl₃；(1) NH₂OH-H⁺ (2) LiAlH₄；(1) PhCOCl (2) LiAlH₄]

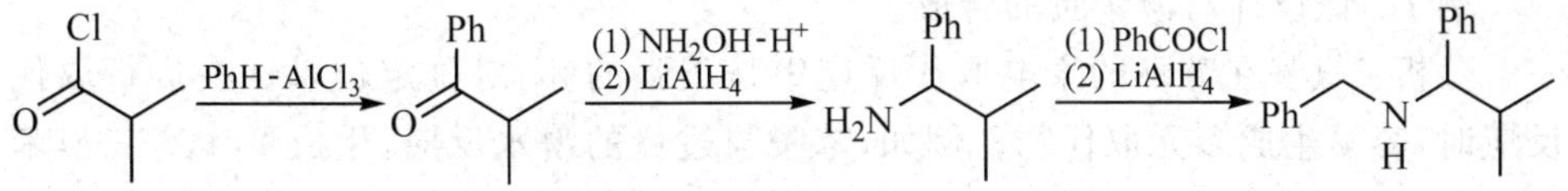

例 9 制备如下化合物：

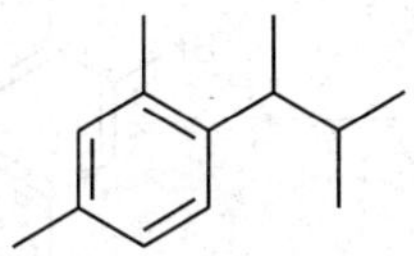

[目标化合物结构图：2,4-二甲基苯基连接仲丁基]

分析：若用最大的侧链中的分支点为指南，就可以放入一个羟基：

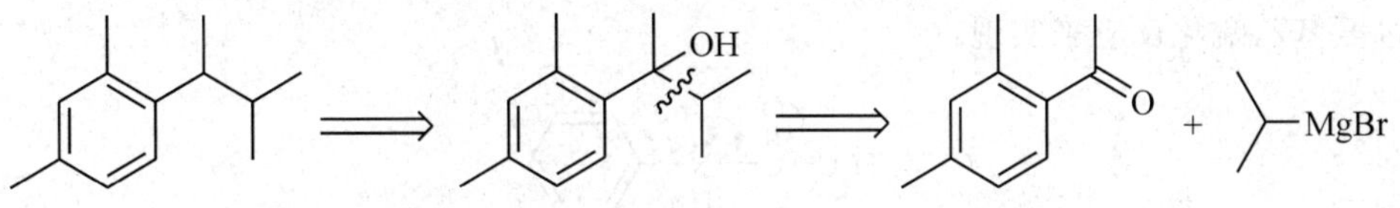

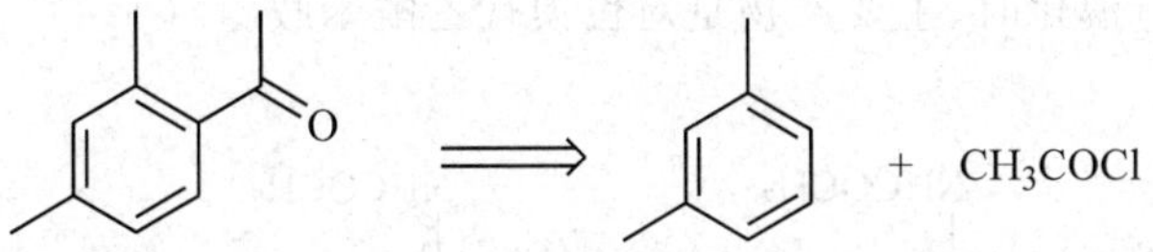

[逆合成分析：目标分子 ⇒ 苄醇 ⇒ 酮 + iPrMgBr]

[继续逆合成：芳基甲基酮 ⇒ 间二甲苯 + CH₃COCl]

合成：要注意，对这个化合物的付氏反应来说，只有被两甲基活化的位置方可发生反应，即两个甲基的邻、对位，而不是两个甲基中间的那个位置（空间位阻影响）。

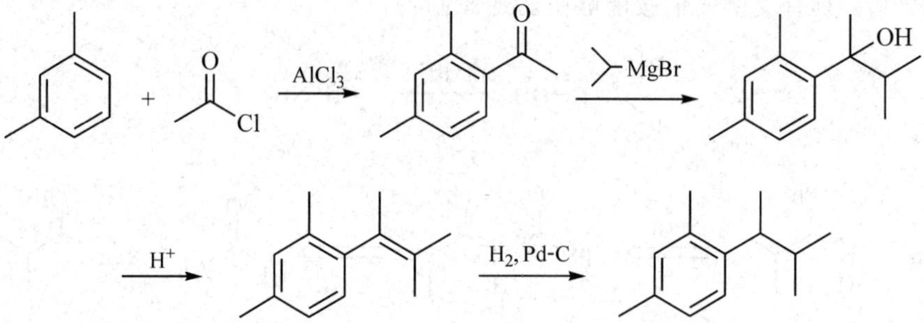

[反应式：间二甲苯 + 乙酰氯 —AlCl₃→ 2,4-二甲基苯乙酮 —iPrMgBr→ 叔醇 —H⁺→ 烯烃 —H₂,Pd-C→ 2-(2,4-二甲基苯基)丁烷]

4.2 钝化也能导向

活化能够导向，钝化能不能导向呢？回答是肯定的，不妨在此举一些例子来说明。

例1 试设计对溴苯胺的合成。

分析：氨基在芳环的亲电取代反应中是很强的邻、对位定位基。在进行取代反应时，容易生成多元取代物。例如，苯胺与过量的溴水反应，生成 2,4,6-三溴苯胺的白色沉淀，此反应是定量的，因此，可用作为苯胺的定性与定量分析：

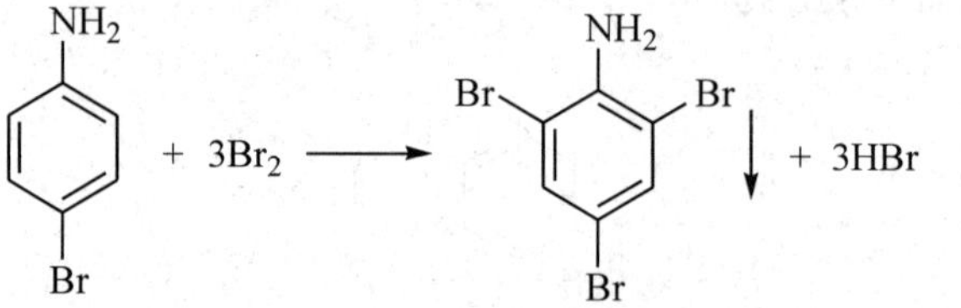

[反应式：苯胺 + 3Br₂ → 2,4,6-三溴苯胺↓ + 3HBr]

要想在苯胺的苯环上只引进一个溴取代基，必须将氨基的活性降低，这可以通过氨基乙酰化反应来实现：

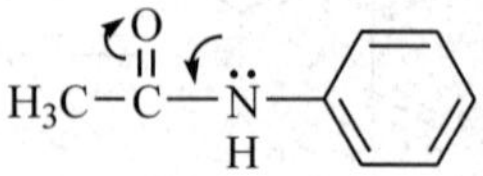

[结构式：$CH_3-C(=O)-N(H)-C_6H_5$，带箭头表示共轭]

当乙酰苯胺进行溴化时，主要产物是对位溴代乙酰苯胺。

合成：

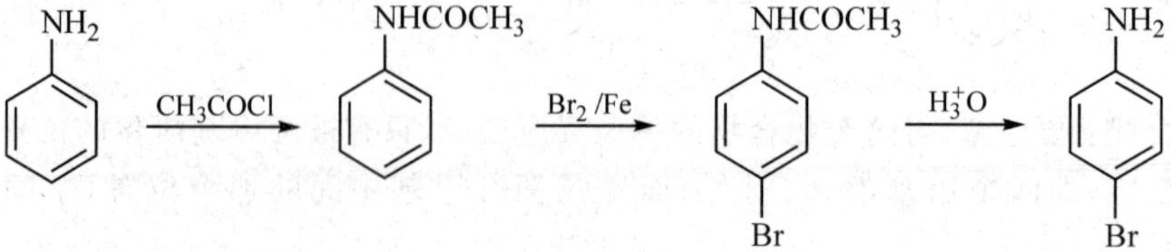

[反应式：苯胺 —CH₃COCl→ 乙酰苯胺 —Br₂/Fe→ 对溴乙酰苯胺 —H₃⁺O→ 对溴苯胺]

4 导向基的引入

例 2 设计 N-丙基苯胺的合成路线。

分析：

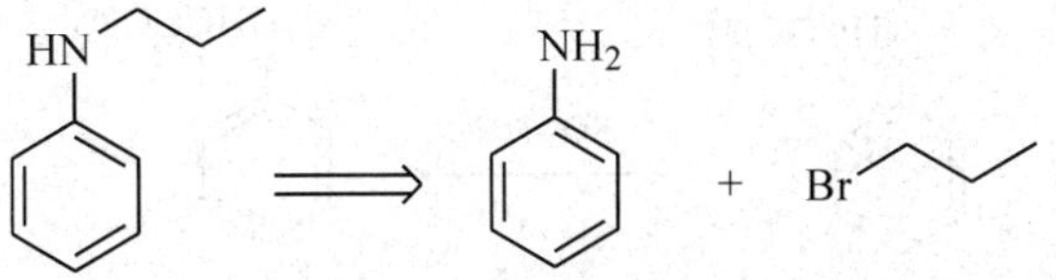

目标分子如上拆开结果不好，因为反应的产物的亲核性比原料的更强，容易发生多烷基化的反应：

$$PhNH_2 \xrightarrow{RBr} PhNHR \xrightarrow{RBr} PhNR_2$$

解决的办法是将苯胺首先酰化，生成的酰胺可用 $LiAlH_4$ 进一步还原成为所需要的胺：

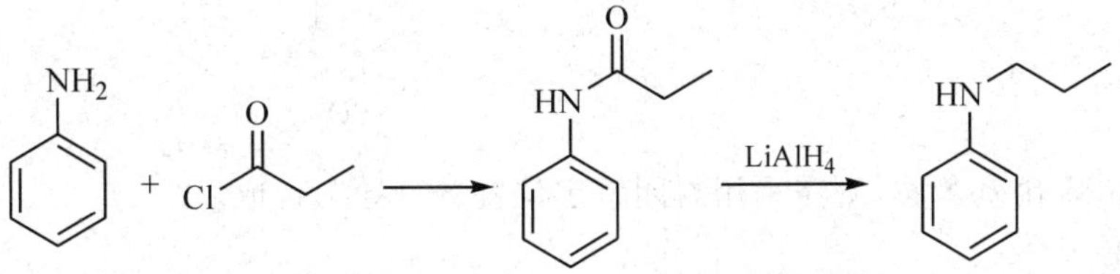

丙酰基苯胺中氮原子上未共享电子对与丙酰基的羰基形成 p-π 共轭，使得丙酰苯胺比原来的苯胺的活性要小，不会形成多酰基化的酰胺。

4.3 利用封闭特定位置进行导向

利用特定位置加以封闭，即是引入阻塞基。

例 1 试设计邻-硝基苯胺的合成路线：

分析：苯胺容易被氧化。如果苯胺直接用硝酸作为硝化剂，则苯胺容易被氧化成为复杂的氧化产物。如果用混酸硝化，则主要产物是间-硝基苯胺：

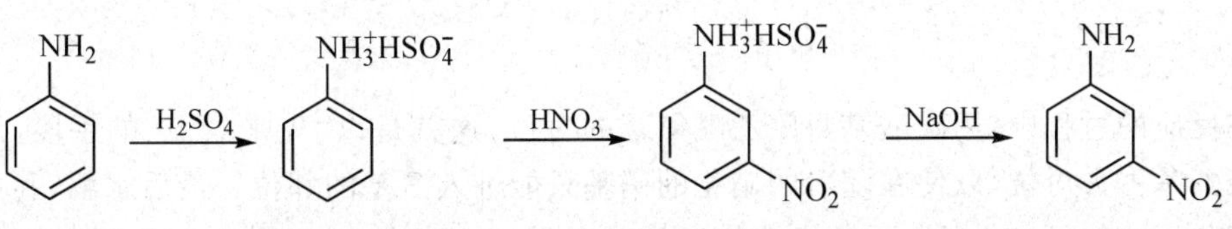

反应同时生成一定量的邻位和对位的硝基苯胺，但间位硝基苯胺的收率则随硫酸的浓度增加而提高。

如果要防止在用硝酸作用时苯胺被氧化，又要使引入的基团主要进入到原来

氨基的邻、对位处,则需要首先使苯胺乙酰化,使苯胺以 N-乙酰基衍生物参加反应,但主要得到的产物是对-硝基苯胺:

$$\text{PhNH}_2 \longrightarrow \text{PhNHCOCH}_3 \xrightarrow{H_2SO_4\text{-}HNO_3} \text{4-}O_2N\text{-}C_6H_4\text{-}NHCOCH_3 (90\%) + \text{2-}O_2N\text{-}C_6H_4\text{-}NHCOCH_3 (微量)$$

$$\xrightarrow{H_3^+O} \text{4-}O_2N\text{-}C_6H_4\text{-}NH_2$$

要想制备邻-硝基苯胺,则需采用封闭特定位置进行导向合成。

合成:

$$\text{PhNH}_2 \longrightarrow \text{PhNHCOCH}_3 \xrightarrow{H_2SO_4} \text{4-}HO_3S\text{-}C_6H_4\text{-}NHCOCH_3$$

$$\xrightarrow{HNO_3} \text{2-}NO_2\text{-4-}HO_3S\text{-}C_6H_3\text{-}NHCOCH_3 \xrightarrow{57\% H_2SO_4} \text{2-}NO_2\text{-}C_6H_4\text{-}NH_2$$

在反应的过程中,用磺酸基封闭乙酰氨基的对位,这就是以"先来居上"的手段,用磺酸基占去对位,以使在随后的硝化的硝基只能进入氨基的邻位。最后水解,利用磺化反应的可逆性质,不仅使占位的磺酸基除去,同时,也能使乙酰胺基水解为氨基。

4 导向基的引入

例 2 设计邻氯甲苯的合成路线。

采取同样的方法可设计出邻氯甲苯的合成路线：

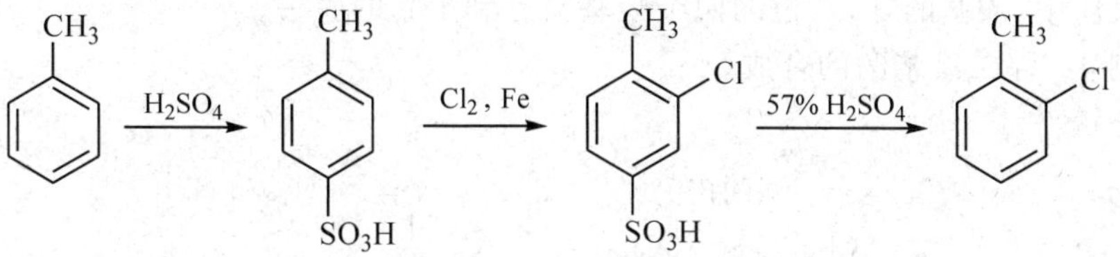

$$\text{甲苯} \xrightarrow{H_2SO_4} \text{对甲苯磺酸} \xrightarrow{Cl_2, Fe} \text{3-氯-4-甲基苯磺酸} \xrightarrow{57\% H_2SO_4} \text{邻氯甲苯}$$

例 3 合成下列化合物：

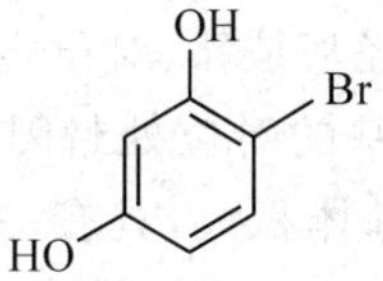

（2-溴-1,3-苯二酚结构式）

分析：

$$\text{2-溴-1,3-苯二酚} \Longrightarrow \text{间苯二酚} + Br_2$$

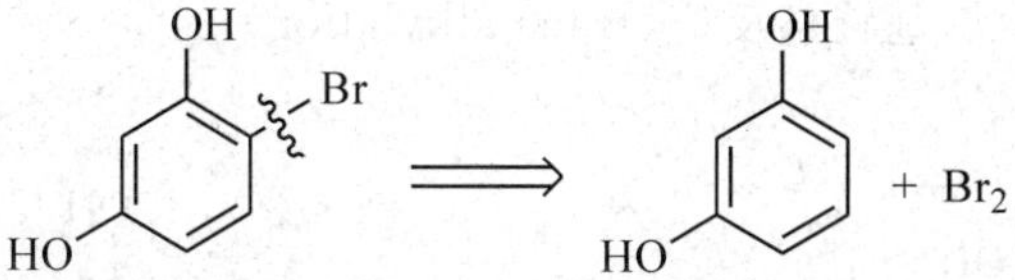

间-苯二酚的直接溴化要控制在一取代是非常困难的，这是因为羟基对芳环有很强的致活效应，而且，由于两羟基互居间位，对其邻、对位具有相互增强活化的作用。解决这一问题的办法是在溴化之前先引入一个羧基，封闭一个溴原子要进入的部位，同时也降低了芳环上亲电取代的活性，溴化完毕后再将羧基除去。

合成：

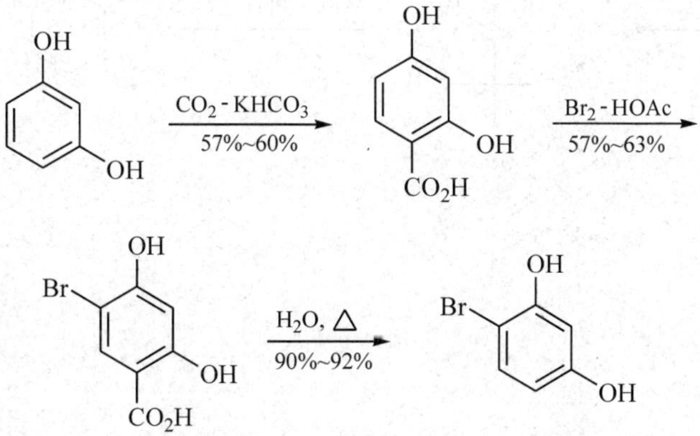

$$\text{间苯二酚} \xrightarrow[57\%\sim 60\%]{CO_2 - KHCO_3} \text{2,4-二羟基苯甲酸} \xrightarrow[57\%\sim 63\%]{Br_2 - HOAc}$$

$$\text{5-溴-2,4-二羟基苯甲酸} \xrightarrow[90\%\sim 92\%]{H_2O, \Delta} \text{2-溴-1,3-苯二酚}$$

本法的巧妙之处在于,无论羧基的引入和脱去都利用了间-苯二酚的结构特点,原来两个互居间位的羟基有利于在芳环上引入羧基(称为 Kolbe 反应)。而在脱羧反应中,羧基的邻、对位的两个羟基又有利于它的脱去。

例 4 邻二氯苯酚的合成。

分析:

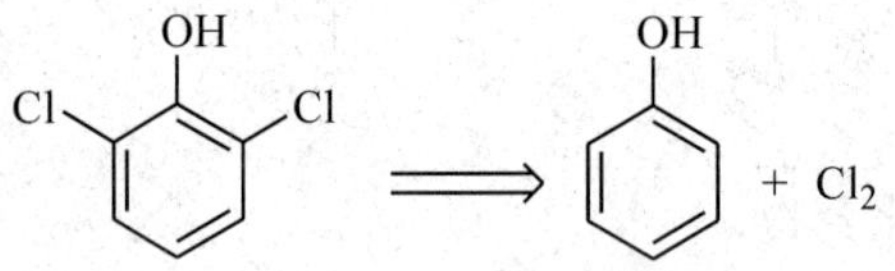

在苯环上的亲电核取代反应中,羟基是邻、对位定位基,要使两个氯原子只进入羟基的两邻位,这就需要首先将羟基的对位处封闭,这个可以利用叔丁基作为阻塞基,它有下列两个特点:①叔丁基体积大,具有一定的空间阻碍效应,不仅可以堵塞它所在的部位,还能旁及左右两侧;②叔丁基易于从环上去掉而不致干扰环上的其他取代基。叔丁基可以通过热解方法除去。更方便的办法是将化合物在苯中与 Al_2O_3 共热,发生烷基转移反应(trans-alkylation)。

合成:

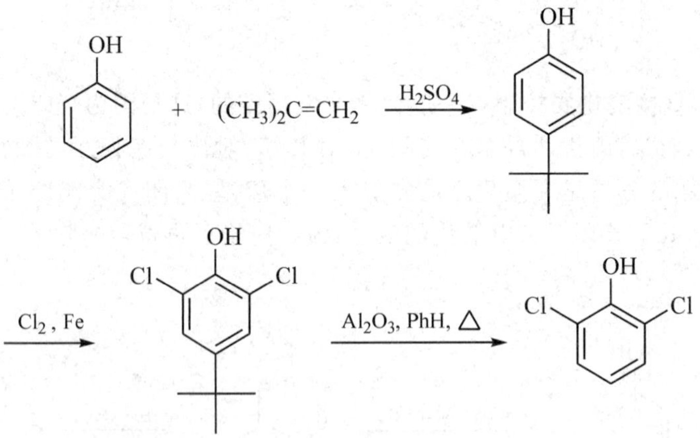

5 合成子与极性转换

5.1 关于合成子的基本理论

合成子(synthon)是进行有机合成路线设计时,经常用的一个概念。在这里先介绍一些有关概念方面的知识以及它们在路线设计中的作用。以后各章中都要深入地讨论如何应用合成子的观点来解决路线设计中的具体问题。

5.1.1 合成子的概念

1. 合成子是有机合成反应中的基本单元

合成反应最普通的表示方式之一是,一个正离子和一个负离子键接在一起成为一个分子:

$$A^- \quad + \quad B^+ \quad \longrightarrow \quad A-B$$

负极性离子　　　　正极性离子　　　　产物分子
(电负性)　　　　　(电正性)　　　　　(中性)
电子供体　　　　　电子受体

这里的 A^- 和 B^+ 就可以称为"合成子"。它们是合成反应中的基本单位。

当然,不一定只有离子反应才有合成子,自由基反应,由于轨道对称性守衡而形成的周环反应中都有相对应的合成子。

2. 合成子的有效性

在拆解一个有机分子时,必然有很多拆解的方法。如下列分子可以进行多处拆开而成很多碎片:

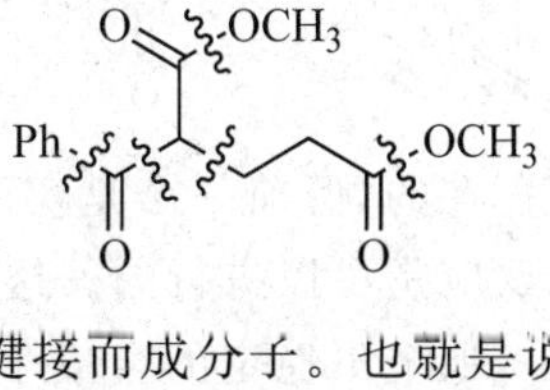

这些碎片不一定都能反过来键接而成分子。也就是说,在有机合成中,它们中有些是有效的,另一些是无效的。当然作为合成子必须是在合成中有效的,也就是说,合成子是分子拆开后在有机合成中确实有效的碎片。上述分子中只有下列两个碎

片才是在有机合成中有效的：

$$\text{Ph-CO-CH}^-\text{-COOCH}_3 \quad , \quad {}^+\text{CH}_2\text{COOCH}_3 \quad \left(\rightleftharpoons \quad \text{CH}_2=\text{CHCOOCH}_3 + \text{H}^+ \right)$$

它们可以通过 Michael 加成反应合成目标物：

$$\text{PhCOCH}_2\text{COOCH}_3 + \text{CH}_2=\text{CHCOOCH}_3 \xrightarrow{\text{EtONa}} \text{PhCO-CH(COOCH}_3\text{)-CH}_2\text{CH}_2\text{COOCH}_3$$

因此，这两个碎片才是这个分子的合成子。

但是，有机合成化学是在不断向前发展的。有的拆开的地方，今天认为不可能作为合成反应的键接处，明天随着某个新的合成反应的发现，就有可能变成一个合适的键接处，到那时就有新的合成子出现。

3. 合成子是否一定实际存在

"合成子"是一个人为的，概念化了的名词。它区别于实际存在的起反应的离子、自由基或分子。合成子可能是实际存在的，如上述反应中的两个合成子。但在有些合成反应中，也可能是一个实际不存在的，抽象化了的东西。如下面的例子（这也是一个 Michael 反应）：

$$\text{环己酮} + \text{CH}_2=\text{CHCOCH}_3 \xrightarrow{\text{碱}} \text{2-(3-氧代丁基)环己酮}$$

碎片是

$$\text{环己酮负离子}^- \quad 与 \quad \text{CH}_2=\text{CHCOCH}_3 \quad (\text{H}^+)$$

这里两个碎片，后一个是实际存在的，但前一个是实际不存在的（至少是很不稳定的）。可是实践证明这个合成反应是可以进行的。这就是说，由于乙烯基甲基酮分子的电子效应使在反应过程中，那个不稳定的合成子（带负电的环己酮离子）可以瞬间存在而起反应。因此，这种负离子仍是一个合理的合成子。

再举一例。从环己烯酮合成 β-乙酰基环己酮。

5 合成子与极性转换

$$\text{环己烯酮} \longrightarrow \text{3-甲氧基环己酮}$$

这时的合成子应是 $CH_3\overset{O}{C}-$，但这是不存在的。合成时，必须用它的对等物（或叫等价物）。它的等价物是实际存在的。尽管它本身是不存在的，但在思考合成路线时，或进行逆合成分析时，仍然认为它是一个合理的合成子。至于到底可用什么等价物，在5.1.2节中再讨论。

总之，在合成路线设计的逻辑思维中，合成子可以是实际存在的，也可以是实际不存在的。因此，我们说，"合成子"是一个"被概念化"了的名词。著名有机合成路线设计者 Corey E. J. 提出了合成子的定义："凡是能用已知的，或合理的操作连接成分子的结构单元均称为合成子"。这里用"已知的，或合理的"，就意味着合成子可能实际存在，也可能很不稳定，但反应过程中能瞬间存在的，还可能是实际不存在，但反应中可用实际存在的等价物。

5.1.2 合成子的极性转换

要理解上述所谓等价物就必须了解合成子的极性转换（umpolung）。

先看卤代烷的例子：

$$\begin{array}{c} R-X \rightleftharpoons R^+ + X^- \\ \text{Mg} \Big\downarrow \text{醚} \quad\quad\quad \xrightarrow{\text{Nu}} R-Nu \quad \text{亲核反应} \\ RMgX \rightleftharpoons R^- + MgX^+ \\ \quad\quad\quad\quad \xrightarrow{E} R-E \quad \text{亲电反应} \end{array}$$

当卤代烷分解成 R^+ 与 X^- 时，烷基是正离子。但当它通过格氏试剂再分解时，烷基就成了负离子。这就叫极性转换。有了极性转换这一技术，同一基团既可成正离子，又可成负离子。这无疑扩大了可能进行的有机合成的范围。

再看前面讲过 β-乙酰基环己酮合成的例子：

$$\text{环己烯酮} \xrightarrow{CH_3\overset{O}{C}{}^-} \text{3-甲氧基环己酮}$$

原料是一个 α,β-不饱和酮。它是亲电的,易与亲核试剂作用。就应该有一个负离子 $CH_3\overset{O}{\overset{\|}{C}}{}^-$(乙酰负离子)与它作用。但这是实际不存在的合成子。平时存在的是 $CH_3\overset{O}{\overset{\|}{C}}{}^+$。这就需要从带正电的结构体通过极性转换,变成带负电的结构体,方法如下:

$$R-\overset{O}{\overset{\|}{C}}-X \xrightarrow{A与B} R-\overset{OA}{\underset{B}{\overset{|}{C}}}-X \longrightarrow R-\overset{OA}{\underset{B}{\overset{|}{C}}}{}^- + X^+$$

然后

关键是选用什么样的 A 与 B。有一种方法是 B 用 —CN,即

$$CH_3CHO + HCN \longrightarrow CH_3\underset{CN}{\overset{OH}{\overset{|}{C}}}H$$

A 用 $-\underset{H}{\overset{OC_2H_5}{\overset{|}{C}}}-CH_3$,即

$$CH_3\underset{CN}{\overset{OH}{\overset{|}{C}}}H + C_2H_5OCH=CH_2 \longrightarrow CH_3\underset{CN}{\overset{H}{\overset{|}{C}}}-O-\underset{H}{\overset{OC_2H_5}{\overset{|}{C}}}-CH_3$$

因此,实际反应步骤是:

$$CH_3CHO \xrightarrow{HCN} \xrightarrow{C_2H_5OCH=CH_2} \xrightarrow{LiNR_2}$$

5.1.3 合成子与稳定性

先看下列分子的拆开：

$$\underset{R'}{\overset{R}{C}}\underset{X}{\overset{OH}{}} \Longrightarrow \underset{R'}{\overset{R}{C}}=O + X^- + H^+$$

这种拆法是否可行，要看 X^- 的稳定性，如：

$$\underset{R'}{\overset{R}{C}}\underset{CN}{\overset{OH}{}} \Longrightarrow \underset{R'}{\overset{R}{C}}=O + CN^- + H^+$$

氰基(CN^-)是很稳定的负离子，易与羰基发生亲核加成反应：

$$\underset{R'}{\overset{R}{C}}=O + CN^- \xrightarrow{H^+} \underset{R'}{\overset{R}{C}}\underset{CN}{\overset{OH}{}}$$

再看另一分子的拆开：

$$\underset{R'}{\overset{R}{C}}\underset{C_2H_5}{\overset{OH}{}} \Longrightarrow \underset{R'}{\overset{R}{C}}=O + C_2H_5^- + H^+$$

一般来说，Et^- 是一个不稳定的负离子，不能直接用于和羰基的反应，但通过格氏试剂(Grignard reagent)能将它稳定起来，即用格氏试剂与酮作用而达到合成的目的：

$$C_2H_5MgBr + \underset{R'}{\overset{R}{C}}=O \xrightarrow{H_3^+O} \underset{R'}{\overset{R}{C}}\underset{C_2H_5}{\overset{OH}{}}$$

因此，一个稳定的合成子，可以直接起反应；而一个不稳定的合成子，就需要用它的稳定的等价物。

5.2 合成子极性转换的具体应用

安息香缩合反应就发生在苯甲醛分子中的合成子极性转换。反应机理如下：

$$\text{Ph-}\overset{\delta^+}{C}(H)=O + CN^- \longrightarrow \left[\text{Ph-}\underset{H}{\overset{O^-}{C}}\text{-CN}\right] \rightleftharpoons \left[\text{Ph-}\underset{}{\overset{OH}{C}}\text{-CN}\right]$$

(亲电合成子)   (亲核合成子)

反应如下进行：

[图：苯甲醛 + HO-C(CN)-Ph⁻ → 中间体 → 经 -CN⁻ → 苯偶姻类产物]

因此，[HO-C(CN)-Ph⁻] 是 [PhCHO] 的等价物。

再看一个由有机金属化合物引起的极性转换的实例，也是生成酰基负离子的等价物。利用烯醚的结构使得带负电的酰基合成子更稳定。金属用的是锂或亚铜。

CH₂=C(OCH₃)H + *t*-BuLi ⟶ CH₂=C(OCH₃)Li⁺ （烯基锂）

CH₂=C(OCH₃)H (1) *t*-BuLi, −65℃ (2) CuI ⟶ CH₂=C(OCH₃)Cu⁺ （烯基亚铜）

这两个化合物都是乙酰基负离子的等价物，因而可进行下列几个反应：

[反应1：烯基锂 + 环戊酮 → 加成产物 →(H₃O⁺, 86%) 1-乙酰基-1-羟基环戊烷]

[反应2：(CH₂=C(OC₂H₅))₂CuLi + 4,4-二甲基-2-环己烯酮 → 共轭加成产物 →(H₃O⁺, 74%) 5-乙酰基-3,3-二甲基环己酮]

有机合成中常用的一类试剂,叫 1,3-二硫杂烷(dithiane),也是利用极性转换的原理:

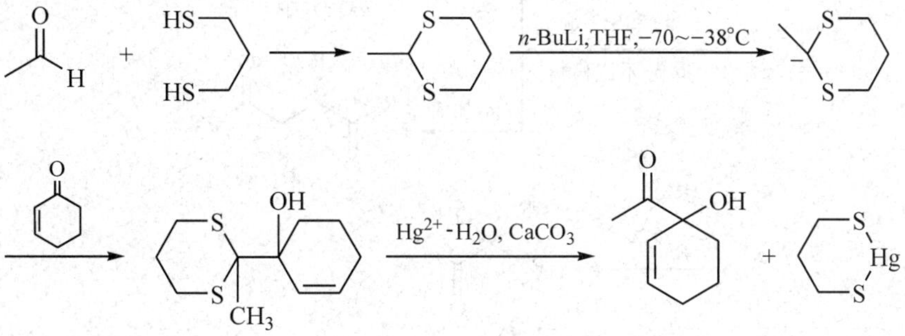

这里,(二硫杂烷负离子) 相当于 (酰基负离子),也是酰基负离子的等价物。

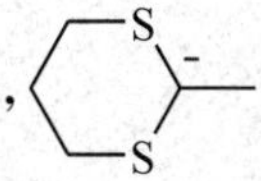

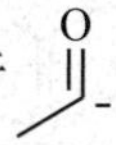

还有一个例子:

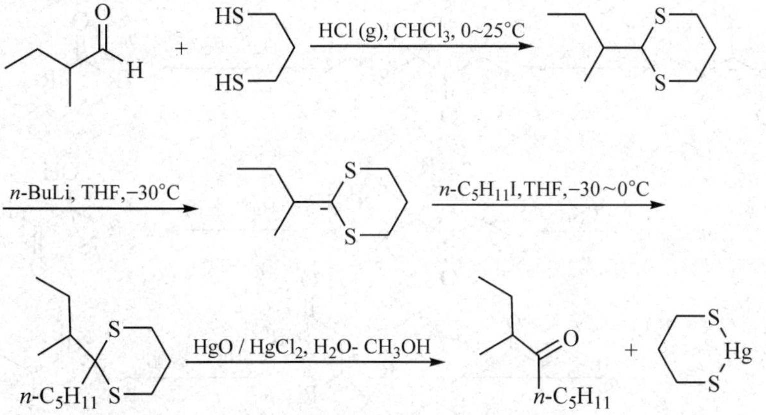

通过此反应,可使醛基被烷基化,或碘代烷的烷基被酰基化。

1,3-二硫杂烷还可发生下列各反应:

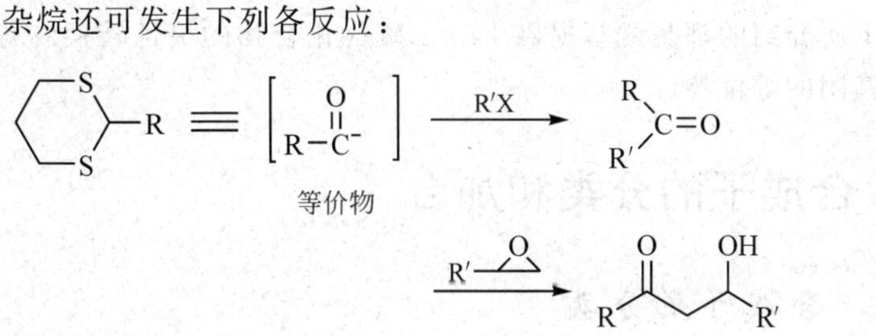

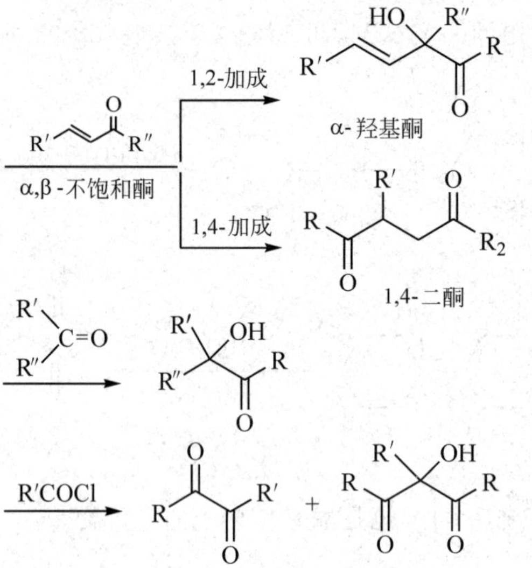

作为带负电的酰基的等价物还有 α-烷硫基亚砜(alkylthiosulfoxide)：

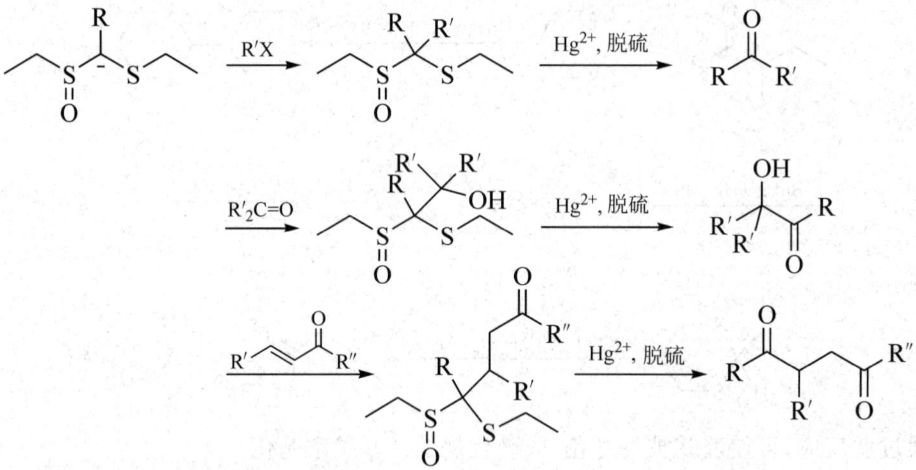

以上所介绍的都是酰基提供1,3-二硫代化合物的极性转换和等价物,还有其他一些基团的等价物。

5.3 合成子的分类和加合

5.3.1 合成子的分类

极性转换中的合成子可分成供电子合成子(以 d 代表)与受电子合成子(以 a 代表)两大类。

见下列有机分子的基本结构：

$$\underset{FG}{\overset{X^0}{\diagup}}\!\!-\!\!\overset{1}{C}\!\!-\!\!\overset{2}{C}\!\!-\!\!\overset{3}{C}\!\!-\!\!\overset{4}{C}$$

其中 FG 表示官能团；X^0 表示促使分子发生极性转换的金属原子或杂原子（Li，Mg 等，或 —O，—N，—S 等）。

碳原子顺序编号 C^1，C^2，C^3，…，如由于极性转换而使 C^1 有供电子能力而形成活性中心，就是 d^1 合成子。C^2 有活性，就是 d^2 合成子，依次类推，给各类 d 合成子编号。但也可能在 C 之前，官能团（FG）或杂原子 X^0 有活性，就是 d^0 合成子。这样供电子合成子就有 d^0，d^1，d^2，d^3 等。

相似地，也有因极性转换使碳原子有受电子能力而形成活性中心的，受电子合成子就有 a^0，a^1，a^2，a^3，… 之分。

见下列实例：

1. d 合成子

	试剂	负离子	合成子	官能团
d^0：	CH_3SH	CH_3S^-	d^0 合成子	—C—S—
		（杂原子 S 有活性）		（烷硫基）
d^1：	KCN	CN^- 负离子	d^1 合成子	—CN
		（杂原子 N 使 C^1 活化）	（在 C^1 上反应）	（氰基）
d^2：	$CH_3CH=O$	$^-CH_2CHO$	d^2 合成子	—CHO
		(α-C 原子活化)	（在 C^2 上反应）	（醛基）
d^3：	$(Li)\overset{+}{C}\equiv C\overset{-}{C}H_2NH_2$	$^-C\equiv CCH_2NH_2$	d^3 合成子	$—C\equiv CCH_2NH_2$
			（在 C^3 上反应）	炔胺基

2. a 合成子

	试剂	正离子	官能团
a^0：	Me_2PCl	$^+PMe_2$	$—PMe_2$
		（活化的是 P）	（二甲膦基）
a^1：	CH_3COCH_3	$\diagdown\!\!\overset{+}{C}\!\!=\!\!O$	$\diagdown\!\!C\!\!=\!\!O$
		羰基碳被活化	羰基
a^2：	$BrCH_2COCH_3$	$^+CH_2COCH_3$	$\diagdown\!\!C\!\!=\!\!O$
		（α 碳被活化）	

a^3： $H_2C=CHCOOR$ $\overset{+}{C}H_2-C=C-OR$ $-COOR, -C=C-$
                      　　　　　　　　 $|\ \ \ |$
                      　　　　　　　　 $H\ \ O^-$
　　　　　　　　　　　　　（β-C 被活化）　　　　　酯基、烯基

除了以上涉及的合成子外，还有烷基合成子，也有供电子和受电子之分。

（1）烷基 d 合成子

甲基锂分解成 CH_3^- 和 Li^+。前者就是烷基 d 合成子，反应中起甲基化作用。格氏试剂中得到的 R^- 当然是烷基 d 合成子。注意，它们不是 d^1 合成子，反应中只起烷基化作用，产物无官能团。

（2）烷基 a 合成子

如二甲硫醚与溴甲烷的加成物能起下列离子化反应：

$$(CH_3)_3SBr \longrightarrow (CH_3)_3S^+ + Br^-$$

此正离子在反应中，由于甲基被活化成 Me^+ 而起了甲基化的作用。它不是 a^1 合成子，而是烷基 a 合成子，产物也无官能团。

5.3.2 合成子的加合——a 合成子与 d 合成子的反应

举出下列几种组合方式。

烷基 a + 烷基 d：

$$CH_3Li + (CH_3)_3SBr \longrightarrow CH_3-CH_3 + (CH_3)_2S + LiBr$$
　　(d)　　　　　(a)

产物为无官能团化合物。

$a^1 + d^1$：

$$R-CHO + HCN \longrightarrow R-CH(OH)(CN) \xrightarrow{[H]} R-CH(OH)-CH_2NH_2$$
　　(a^1)　　　　(d^1)

产物是 1,2-双官能团化合物。

烷基 a + d^2：

$$(CH_3)_3SBr + CH_3CHO \longrightarrow CH_3CH_2CHO + (CH_3)_2S + HBr$$
　　　　　　　　　　　(d^2)

产物是单官能团化合物。

$a^1 + d^2$：

[反应式：丙酮 (a¹) + 乙醛 (d²) → 羟醛加成产物 → α,β-不饱和醛（羟醛缩合）]

产物 α,β-不饱和醛，是 1,3-双官能团化合物。

$a^2 + d^2$：

[反应式：2-甲氧羰基环己酮 (d²) + BrCH₂COCH₂CH₂CO₂CH₃ (a²) —(1) NaOH (2) H₃O⁺→ 产物]

产物是 1,4-双官能团化合物。$a^1 + d^3$，$a^3 + d^1$ 的产物也都是 1,4-双官能团化合物。

$a^3 + d^2$：

[反应式：甲基乙烯基酮 + 环己酮 → Michael 加成产物 → 八氢萘酮（Robinson 成环）]

产物是 1,5-双官能团化合物。

5.3.3 供电子合成子

供电子合成子，即 d 合成子，是亲核试剂。可有下列几种。

1. 烷基(烃基) d 合成子

(1) 碳负离子的烃基可以是烷基、烯基、炔基。它们活性大，稳定性小。形成碳负离子的容易程度是：

$$CH\equiv C- \ > \ CH_2=CH- \ > \ CH_3CH_2-$$

C—H 中 s 成分减少 →

(2) 烃基 d 合成子大都通过有机金属卤化物制得，由 C—Na，C—Li 通过金属交换而得 C—M，如下反应：

$$CH_3CH_2CH_2CH_2Br + 2Li \xrightarrow{THF} CH_3CH_2CH_2CH_2Li + LiBr$$

$$CH_2=CHCl + 2Li \xrightarrow{THF} CH_2=CHLi + LiCl$$

以上反应加 Li/Na(49:1),温度为 0~10℃。

$$\text{CH}_3\text{CH}_2\text{CH}_2\text{CH}_2\text{I} + \text{Mg} \longrightarrow \text{CH}_3\text{CH}_2\text{CH}_2\text{CH}_2\text{MgI} \xrightarrow{\text{ZnCl}_2} \text{CH}_3\text{CH}_2\text{CH}_2\text{CH}_2\text{ZnCl} + \text{MgI}_2$$

$$\text{CH}_3\text{Li} + \text{CuI} \longrightarrow [\text{CH}_3\text{Cu}] \xrightarrow{\text{CH}_3\text{Li}} \text{Li}^+[\text{Cu}(\text{CH}_3)_2]^-$$

(3) 由于烷基 d 合成子不是 d^1 合成子,其本身或产物没有官能团,只起烷基化作用。烯基 d 合成子能起烯基化作用,此时也不生成新的含杂原子的官能团,但因碳碳双键能构成 $d^{1,2}$ 合成子,仍能进一步反应。炔基 d 合成子能起炔基化作用。此时,不仅是炔键能发生加成反应,而且端炔的氢也会进一步发生反应。

2. d^1 合成子

(1) 在 C^1—X^0(杂原子)中,碳的电子对可离域到杂原子上去,就形成较稳定的碳负离子,即 d^1 合成子。HCN(及其钾、钠盐)以及 CH_3NO_2 都能在水溶液中生成 d^1 合成子。

$$H-C\equiv N + OH^- \rightleftharpoons [\bar{C}\equiv N \leftrightarrow C=\bar{N}]$$

$$CH_3-NO_2 + OH^- \rightleftharpoons \left[H_2\bar{C}-N\begin{matrix}O\\\parallel\\O\end{matrix} \leftrightarrow H_2C=N\begin{matrix}O^-\\\\O\end{matrix}\right] + H_2O$$

(2) 利用 Si,S,P 及过渡金属也可生成 d^1 合成子。

烷基硅叶立德:

$$R_3Si-CH_2Cl + 2Li \xrightarrow{-LiCl} [R_3Si=\bar{C}H_2]Li^+$$

1,3-二硫环烷:

$$R-\text{(dithiane)} + n\text{-BuLi} \xrightarrow{-\text{BuH}} \left[R-\overset{S}{\underset{S}{\diagup}}\right]Li^+$$

亚砜与砜:

$$\underset{CH_3}{\overset{O}{\underset{\parallel}{S}}}CH_3 + Na \longrightarrow \left[\underset{CH_2}{\overset{OH}{\underset{\mid}{S}}}CH_3\right]Na^+$$

5 合成子与极性转换

[结构图：降冰片基砜] + *n*-BuLi ⟶ [α-锂代砜]

磷叶立德：

$$Ph_3P-\underset{OCH_3}{\overset{H_2}{C}}-OCH_3 + n\text{-BuLi} \longrightarrow \left[Ph_3P-\underset{OCH_3}{\overset{H}{\bar{C}}} \longleftrightarrow Ph_3\bar{P}=\underset{OCH_3}{\overset{H}{C}} \right] Li^+$$

锍化物：

$$\left[\underset{H_3C}{\overset{+}{CH_3-S-CH_3}} \right] I^- + CH_3-\underset{O}{\overset{O}{S}}-CH_2Na \longrightarrow$$

$$\left[\underset{H_3C}{\overset{\bar{S}}{CH_3-S-CH_2}} \right] Na^+ \longrightarrow \left[\underset{CH_3}{\overset{O}{CH_3-S-CH_2}} \right] Na^+$$

硅与镁、硅与硫、硅与芳基、硅与烯所形成的化合物：

$$(CH_3)_3Si-CH_2Cl + Mg \longrightarrow (CH_3)_3Si-CH_2MgCl \xrightarrow{HgCl_2}$$

$$((CH_3)_3Si-CH_2)_2Hg \xrightarrow{K} (CH_3)_3Si-\bar{C}H_2 K^+$$

$$\underset{(C_2H_5)_3Si}{\overset{Br}{\diagdown}}\!\!=\!\!\diagup + Mg \longrightarrow \underset{(C_2H_5)_3Si}{\overset{MgBr}{\diagdown}}\!\!=\!\!\diagup$$

$$(CH_3)_3Si-\overset{H_2}{C}-SCH_3 + n\text{-BuLi} \longrightarrow \left[(CH_3)_3Si\text{---}\overset{H}{\underset{\bar{C}}{C}}\text{---}SCH_3 \right] Li^+$$

$$(CH_3)_3Si-CH_2Ph + n\text{-BuLi} \longrightarrow \left[(CH_3)_3Si\text{---}\overset{H}{\underset{\bar{C}}{C}}\text{---}Ph \right] Li^+$$

$$Ph_3Si\diagup\!\!\!\diagdown\!\!=\!\! \rightleftharpoons Ph_3Si\diagdown\!\!=\!\!\diagup \xrightarrow{n\text{-BuLi}} \left[Ph_3Si\text{---}\text{---}\text{---} \right] Li^+$$

$$(CH_3)_3Si-CH=CH_2 + t\text{-BuLi} \longrightarrow (CH_3)_3Si-CH(Li)-CH_2-C(CH_3)_3$$

(3) 反应中可能有立体化学反应

以硫化合物为例（由于硫原子体积较大，亚砜存在手性）：

[结构式] + CH₃Li $\xrightarrow{\text{THF}, -60°C}$ (S,S) 94% + (R,S) 6%

(4) 可应用三烷基硼

$$R_3B + \underset{(a)\quad(d)}{\overset{X}{\underset{Z'}{C}}\!-\!Z} \longrightarrow \left[R_3\bar{B}\underset{Z'}{\overset{X}{-C-Z}}\right] \xrightarrow{-X^-} R_2B\underset{Z'}{\overset{R}{-C-Z}}$$

其中 X=卤素、$-\overset{+}{S}Me_2$、$\overset{+}{P}R_3$；Z=H、烷基、芳基、卤素、酯基、氰基等。

$$\begin{array}{c}R_3B\ (a)\\+\\C\equiv O\ (d)\end{array}\Bigg\} \longrightarrow R_3\bar{B}-C\equiv \overset{+}{O} \longrightarrow R_2B-\underset{R}{\overset{O}{C}}\!\!{}^{(d)}_{(a)} \longrightarrow$$

$$R-B\underset{CR_2}{\overset{O}{\diagdown\!\!\diagup}} \longrightarrow \underset{R}{B}\underset{CR_2}{\overset{O^+}{\diagdown\!\!\diagup}}{}_{(d)} \longrightarrow \left(\overset{O}{=}B-CR_3\right)_3$$

3 个 R 逐次从硼原子上位移到碳原子上，因而进一步处理可得 $RCHO$，R_2CO，R_3COH。

3. d^2 合成子

(1) 如 α-碳原子旁有不饱和吸电子基团，α-碳上的碳氢键就会被活化，使此 α-碳成为 d^2 合成子。

不饱和吸电子基团影响 α-碳上碳氢键的活化能力，其大小有如下顺序：

5 合成子与极性转换

$$\underset{R}{\overset{R}{>}}C=\overset{+}{N}R_2 > \underset{R}{\overset{O}{>}}C{-}R > {-}C{\equiv}N > {-}COOR > \underset{R}{\overset{R}{>}}C=NR > Ph > \underset{R}{\overset{R}{>}}C=CR_2$$

d^2 合成子的形成与 C—H 的 pK_a 有很大关系,也与所用试剂的碱性有很大关系。

A $CH_3CH{=}CH_2 \xrightleftharpoons[pK_a \approx 35]{n\text{-BuLi}} {}^-CH_2CH{=}CH_2$

B $PhCH_3 \xrightleftharpoons[pK_a \approx 35]{n\text{-BuLi}} PhCH_2^-$

C $CH_3COOC_2H_5 \xrightleftharpoons[pK_a \approx 25]{n\text{-BuLi}} {}^-CH_2COOC_2H_5$

D $CH_3COCH_3 \xrightleftharpoons[pK_a \approx 20]{LDA} {}^-CH_2COCH_3$

E $H_2C(COOC_2H_5)_2 \xrightleftharpoons[pK_a \approx 13]{EtONa} HC^-(COOC_2H_5)_2$

F $CH_3COCH_2COOC_2H_5 \xrightleftharpoons[pK_a \approx 11]{EtONa} CH_3COCH^-COOC_2H_5$

G $H_2C(CN)_2 \xrightleftharpoons[pK_a \approx 11]{NaOH\text{-}H_2O} HC^-(CN)_2$

H $CH_3COCH_2COCH_3 \xrightleftharpoons[pK_a \approx 9]{K_2CO_3\text{-}H_2O} CH_3COCH^-COCH_3$

因而在反应中就有一个三元体系,即生成碳负离子、碱和溶剂,要互相影响,达到平衡,造成一个对反应最有利的条件。

(2) 如果羰基化合物是一个不对称的酮,左、右两边 α-碳上都有碳氢键,这就有了区域选择性:

4. d^3 合成子

常见的 d^3 合成子有:

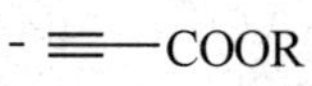

$^-{-}{\equiv}{-}COOR$ 等效试剂制备 $CH{\equiv}C{-}COOR \xrightarrow{LDA} Li^+ \overset{-}{C}{\equiv}C{-}COOR$

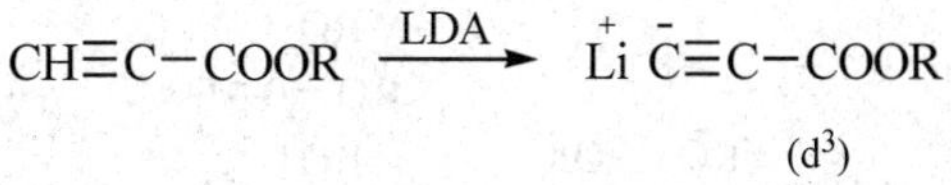

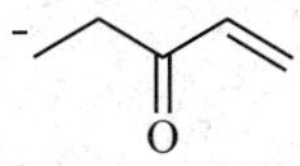

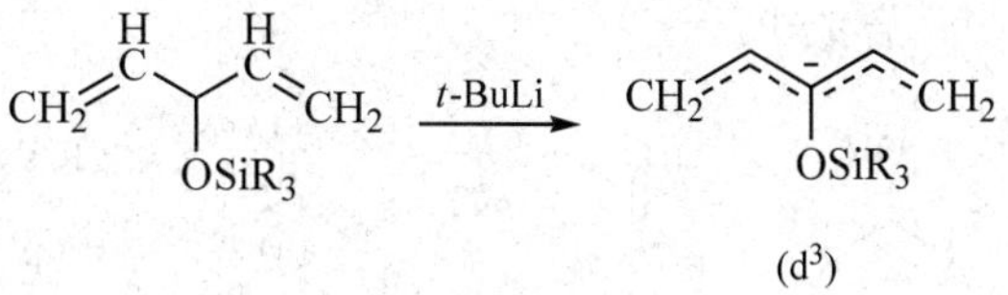

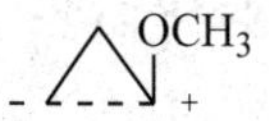

(d³)

[烯丙基酮结构] 等效试剂制备 [中间体] $\xrightarrow{t\text{-BuLi}}$ [产物]

(d³)

[环丙烷-OCH₃结构] 等效试剂制备

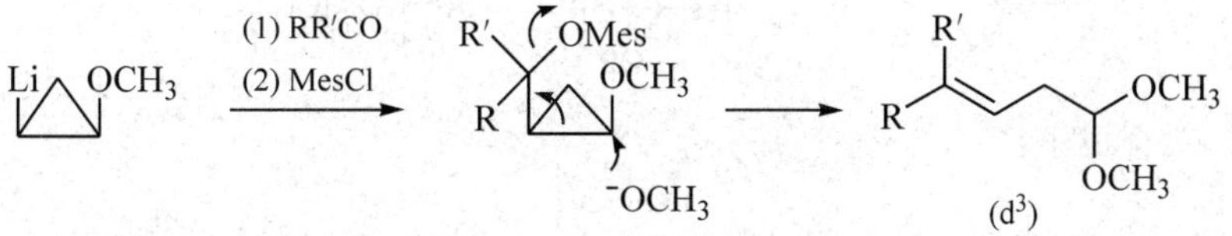

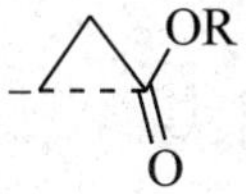

$Li\triangle OCH_3 \xrightarrow{\text{(1) RR'CO}}_{\text{(2) MesCl}}$ [中间体] → [产物]

(d³)

[环丙烷-OR-C=O] 等效试剂制备

$Cl_3{-}Ti{-}Cl$ + [环丙烷中间体] → $[TiCl_3\text{-中间体}] \xrightarrow{R'RCO}$ [产物]

(d³)

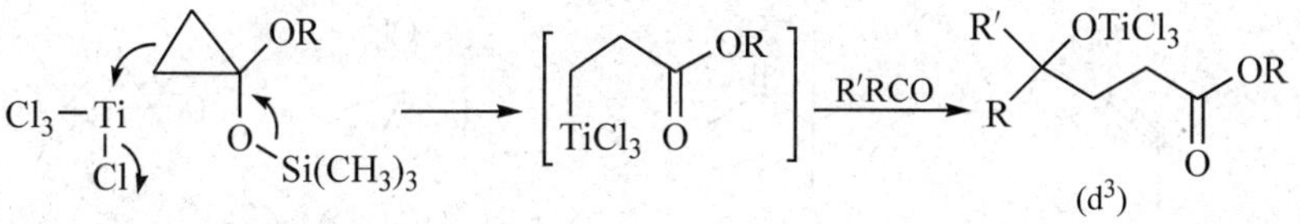

5. >3 的 d^n 合成子

如果参与反应的官能团和不参与反应的官能团相隔较远，大多数情况互相不起作用，不再形成一个整体。例如：

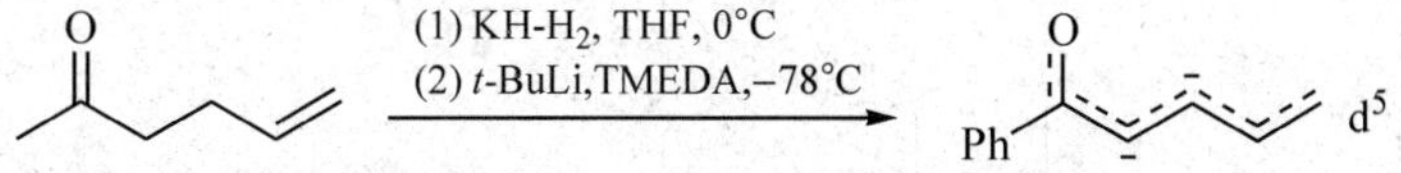

[酮-烯底物] $\xrightarrow{\text{(1) KH-H}_2\text{, THF, 0°C}}_{\text{(2) }t\text{-BuLi,TMEDA,}-78°C}$ Ph-CO-CH=CH-CH=CH d^5

这个结构不易稳定，两个负电荷可能分开，形成一个二负离子，分别起反应。

5.3.4 受电子合成子

它们是亲电试剂，a 合成子。前面已讲过，这里再补充一些例子。

烷基 a 合成子：

$$R{-}X, \quad X=Cl, Br, OTs, OMes, RSO_3$$

$$\begin{array}{c} O \\ \| \\ RO-S-OR \\ \| \\ O \end{array}, \quad \begin{array}{c} RO \\ \ \ \diagdown \\ RO-P=O, \\ \ \ \diagup \\ RO \end{array} \quad (CH_3)_3\overset{+}{S}\overset{-}{X}, \quad (CH_3)_3\overset{+}{O}\overset{-}{BF_4}, \quad R\overset{+}{A}l\overset{-}{Cl_4}$$

a^1 合成子：

$$R\overset{OH}{\underset{R'}{\overset{|}{\underset{+}{C}}}}, \quad R\overset{O}{\underset{+}{\overset{\|}{C}}}, \quad 如： R\overset{O}{\underset{(a)}{\overset{\|}{C}}}R', \quad R''\overset{OSiR'''s}{\underset{R'}{\overset{|}{C}}}, \quad R\overset{O}{\underset{(a)}{\overset{\|}{C}}}X,$$

$$X = Cl, OAc, SR', OR'$$

$$\overset{O-POCl_2}{\underset{NR'_2\ \bar{Cl}}{\overset{|}{\underset{+}{C}}}}, \quad R\overset{OR'}{\underset{\underset{OR'}{a}}{\overset{|}{C}-OR'}}, \quad R-\overset{-}{\underset{a}{\overset{+}{C}}}OAlCl_4$$

a^2 合成子：

各种结构示意图，包括 $X = Br, OTs, OMes$ 等

a^3 合成子：

各种结构示意图，包括 $X = Cl, Br, I, OTs, OMes$

a^4 合成子：

如：

$X = OH_2^+, Cl, Br, I, OMes$

5.4 合成子极性转换的方法

下面介绍几种合成子极性转换的常用方法。

5.4.1 杂原子的交换

$a^1 \rightarrow d^1$

Br 交换 P：

$$\underset{(a)}{\overset{Br}{\underset{|}{CH}}} \xrightarrow{Ph_3P} \xrightarrow{-HBr} \underset{(d)}{\overset{}{C}} - \overset{+}{P}Ph_3 \quad (磷叶立德)$$

X 交换 Mg：

$$\underset{(a)}{-\overset{|}{\underset{|}{C}}-X} \xrightarrow{Mg} \underset{(d)}{-\overset{|}{\underset{|}{C}}-MgX} \quad 或 \xrightarrow{Mg} -\overset{|}{\underset{|}{C}}-Mg-\overset{|}{\underset{|}{\underset{(d)}{C}}}- \quad (格氏试剂)$$

O 交换 S：

$$\underset{(a)}{\overset{O}{\underset{\|}{C}}}H \xrightarrow{SH \ SH} \underset{(d)}{\overset{S}{\underset{S}{C}}}$$

X 交换金属 Fe：

$$\underset{(a)}{\overset{O}{\underset{\|}{C}}}X \xrightarrow{Fe(CO)_4^{2-}} \underset{(d)}{\overset{O}{\underset{\|}{C}}}Fe(CO)_4$$

5.4.2 引入杂原子

引入 O：$d^{1,2} \rightarrow a^{1,2}$

$$\overset{(d)}{\diagup}=\overset{(d)}{\diagdown} \xrightarrow{RCO_3H} \overset{O}{\underset{(a)\ (a)}{\diagup\!\!\!\diagdown}} \quad \text{(环氧化)}$$

引入 Br：$d^2 \to a^2$

$$\underset{H\ (d)}{\diagdown}\!\!\overset{O}{=}\!\! \xrightarrow{Br_2} \underset{(a)}{\overset{Br\ O}{\diagdown\!=}} \quad \text{(α-溴代)}$$

引入 S：$a^3 \to d^3$

$$\underset{H\ (a)}{\diagdown}\!\!=\!\!\overset{Z}{\diagdown} \xrightarrow{RSH} \xrightarrow{[O],\,H^+} \underset{O=S=O}{\overset{R}{|}}\!\!\overset{}{\underset{(d)}{C}}\!\!-\!\!\overset{Z}{\underset{}{C}} \quad \text{(磺酰化)}$$

5.4.3 碳，碳的加成（含 C 碎片的加合）

$a^1 \to d^2$

$$\underset{Ar\ (a)\ H}{\overset{O}{\diagdown\!\!=}} \xrightarrow{CN^-} \underset{Ar\ (d)\ CN}{\overset{OH}{|}} \quad \text{(羟基腈)}$$

$a^1 \to d^3$

$$\underset{R\ (a)\ H}{\overset{O}{\diagdown\!\!=}} \xrightarrow{HC\equiv CNa} \xrightarrow[(2)\ NaNH_2]{(1)\ 氧化} \underset{}{\overset{O}{R-C-C\equiv C^-}} \quad \text{(端炔基)}$$

5.4.4 一些典型的合成子等价试剂

值得注意的是，除了前面已讨论过的酰基外，还有不少基团既有 d 合成子，也有 a 合成子。如甲酰基：

a 合成子：

$$\underset{H}{\overset{O}{\diagdown}}C^+ \quad \text{如：} \quad H\underset{}{\overset{(a)\ OCH_3}{-C-OCH_3}}\underset{OCH_3}{} , \quad \underset{H\ (a)\ OC_2H_5}{\overset{O}{\diagdown\!\!=}} , \quad \underset{H}{\overset{(a)\ O-POCl_2}{\diagdown\!=}}\underset{N(CH_3)_2}{\overset{+}{}}$$

d 合成子：

$$\underset{H}{\overset{O}{\diagdown}}C^- \quad \text{如：} \quad H\underset{S}{\overset{S}{\diagdown\!\!(d)}} , \quad R_3\overset{+}{P}=\underset{OCH_3}{\overset{H}{\underset{(d)}{C}}} , \quad Fe(CO)_4^{2-} \atop (d)$$

又如,甲酰甲基:
a 合成子:

$^+CH_2-CHO$, $BrCH_2-CH(OR)_2$ (a)

d 合成子:

$^-CH_2-CHO$ 有 $CH=CH-OR$ (d), $CH=CH-NR$ (d) Li^+, $CH=CH-N(CH_3)_2$ (d) Li^+

羧甲基:
a 合成子:

$^+CH_2-COOR$ 有 $BrCH_2-COOR$ (a)

d 合成子:

$^-CH_2-COOR$ 有 (d) $CH(ZnBr)COOR$, (d) $CH(COOR)(COCH_3)$, (d) $CH(COOR)_2$, (d) 噁嗪锂环

2-甲酰乙基:
a 合成子:

$H_2C=CH-CHO$ 有 (a) $CH=CH-CHO$, (a) $CH=CH-COOR$, (a) $CH=CH-CN$

d 合成子:

$HC=CH-CHO$ 有 (d) $CH=CH-SLi$ Li^+, (d) $CH=CH-NR_2'$, (d) 环丙基(Li)(OCH_3)

5.5 常用的各类极性转换的方法

极性转换的分类也有多种,通常按反应的可逆性和作用物不同(如羰基、氨基、烃类等)来分类。

5.5.1 按可逆性对极性转换的分类

极性转换反应有可逆的和不可逆两大类。

1. 可逆的极性转换反应

见下列反应：

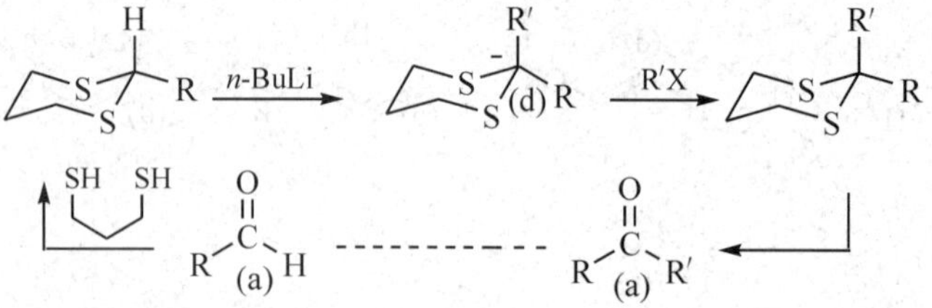

此反应中，起始物是羰基化合物由 a 变成 d，再由 d 又变成 a。羰基化合物通过一串反应，又变为羰基化合物。通过这类反应可以由一个羰基化合物制备另一个羰基化合物，只是碳原子的数目增加了。

2. 不可逆的极性转换反应

见下列反应：

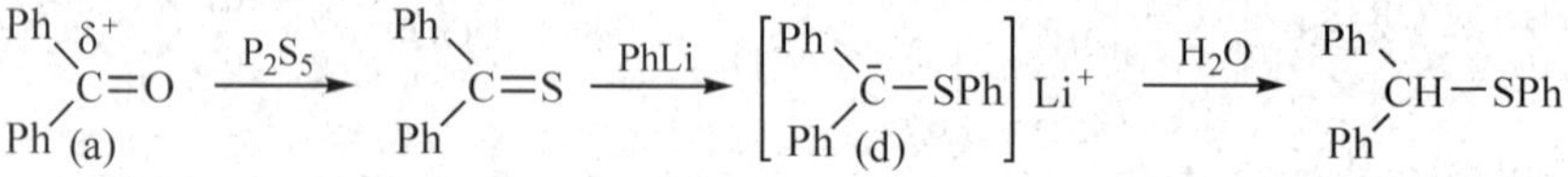

此反应不能逆向，只有由 a 到 d，而没有由 d 到 a。

这种极性转换的分类法，没有太多实际上应用价值。实际应用还是要看按作用物的分类。

5.5.2 羰基是作用物的极性转换

在第 2 章讲过，羰基的反应在有机化学中占非常重要的地位，也可以说是中心的位置。尽管前面已讲过不少羰基的极性转换，在这里还要更为系统地讨论一些有关羰基的极性转换反应。我们按碳原子的顺序来讨论，即分别讨论在 C^1，C^2，C^3 等上发生的反应。

1. C^1 上的极性转换（起 E^1 反应）

C^n 是指杂原子旁的第 n 个碳原子。如它带正电荷，与亲核试剂作用，就起 S_N 反应；如它带负电荷，与亲电试剂作用，就起 E^n 反应。各个顺序的碳原子都可分

别起 S_N 反应或 E 反应。

在醛、酮的极性转换从反应机理来看,可分羰基未被掩蔽的和被掩蔽的两种情况。由于羰基极性转换后是带负电荷的,不管这两种情况中哪一种,都起 E^1 反应。前面提到的酰基的等价物,C^1 带负电荷,起供电子作用(d^1),性质和羰基碳(a^1)不同,但反应到最后仍然是加上去一个羰基:

$$\text{R-C(OA)(B):}^- + \text{cyclohexenone} \xrightarrow{H_3O^+} \text{R-CO-cyclohexanone}$$

这种等价物就叫"被掩蔽了的"羰基。也有未被掩蔽的,即羰基碳直接带负电荷。

(1) 羰基未被掩蔽

酰基的金属试剂中,羰基是带负电荷的,直接起供电子的作用。

如:

$$(C_2H_5)_2N\text{-}\underset{\underset{O}{\|}}{C}\text{-Li} \longrightarrow (C_2H_5)_2N\text{-}\underset{\underset{O}{\|}}{C}^- + Li^+$$

它的获得:

$$H\text{-}\underset{\underset{O}{\|}}{C}\text{-}N(C_2H_5)_2 \xrightarrow{LDA} \left[(C_2H_5)_2N\text{-}\ddot{C}\text{-OLi} \longleftrightarrow (C_2H_5)_2N\text{-}\underset{\underset{O}{\|}}{C}\text{-Li} \right]$$

$$((C_2H_5)_2NC(O))_2Hg + n\text{-BuLi} \longrightarrow (C_2H_5)_2N\text{-}\underset{\underset{O}{\|}}{C}\text{-Li}$$

它的反应:

$$(C_2H_5)_2N\text{-}\underset{\underset{O}{\|}}{C}\text{-Li} \xrightarrow[(2) H_2O]{(1) R'R''CO} \underset{R''}{\overset{R'}{\underset{|}{C}}}(\text{OH})\text{-}\underset{\underset{O}{\|}}{C}\text{-}NR_2$$

过渡态金属的有机物也都有类似的反应。例如有机铁化合物:

$$Fe(CO)_5 + Na \longrightarrow NaFe(CO)_4 \xrightarrow{RX} \underset{OC}{\overset{R}{\underset{|}{Fe}}}(CO)(CO)(CO)$$

$$\xrightarrow{\text{配体 L (CO 或 Ph}_3\text{P)}} \begin{array}{c} R-C(=O)-Fe(CO)_2(L)(CO)^- \\ \text{OC} \end{array} \xrightarrow{R'X} R-C(=O)-R'$$

(这是 $R-\overset{O}{\underset{}{C}}{}^-$ 的等效试剂)

有机镍化合物也可起类似反应。

(2) 羰基被掩蔽

① C^1 上不带双键,有下列两种类型:

$$\begin{array}{c} X \quad Y \\ \diagdown \diagup \\ C^- \\ \diagup \\ R \end{array} \quad , \quad \begin{array}{c} X \quad H \\ \diagdown \diagup \\ C^- \\ \diagup \\ R \end{array}$$

其中 $X=OR'$, $Y=CN$; $X=Y=Cl$; $X=NO_2$, $Y=H$; $X=Y=-S(CH_2)_2S-$ 等。

它们的反应(也是 E^1)是:

$$\begin{array}{c} X \quad Y(H) \\ \diagdown \diagup \\ C^- \\ \diagup \\ R \end{array} \xrightarrow{E^+} \begin{array}{c} X \quad Y(H) \\ \diagdown \diagup \\ C \\ \diagup \diagdown \\ R \quad E \end{array} \xrightarrow{-XY} \begin{array}{c} O \\ \parallel \\ R-C-E \end{array}$$

一个已知的例子:

$$\underset{R}{\overset{O}{\underset{\parallel}{C}}}H + HCN \longrightarrow \underset{R-CH}{\overset{OH}{\underset{|}{|}}}_{CN} \xrightarrow{C_2H_5OCH=CH_2} \underset{R-CH}{\overset{OC_2H_5}{\underset{|}{O-CH-CH_3}}}_{CN}$$

$$\xrightarrow{LiNR'_2} \underset{R-C^-}{\overset{OC_2H_5}{\underset{|}{O-CH-CH_3}}}_{CN} \xrightarrow{\text{环己烯酮}} \underset{R}{\overset{R'O}{\underset{CN}{\diagdown}}} \text{(环己酮)} \xrightarrow{H_3^+O} \underset{R}{\overset{O}{\underset{}{}}}\text{(环己酮)}$$

② C^1 上有双键,如乙烯醚型:

$$\diagup C=\bar{C}-Z \qquad Z=OR, SR, SiR_3 \text{ 等}$$

其反应是:

$$R'CH=\underset{}{\overset{Z}{C^-}} \xrightarrow{E^+} R'CH=\underset{E}{\overset{Z}{C}} \xrightarrow{H_3^+O} \underset{R'CH_2}{\overset{O}{\underset{\parallel}{C}}}-E$$

5.2 节中所举乙烯基甲醚与环戊酮的反应以及乙烯基甲醚亚铜锂盐与 2-二甲基环己烯酮的两个例子就是属于这一类。

③ 作为等价物的含硫的有机化合物：5.2 节中所举的 1,3-二硫杂环（一般是二硫杂环己烷）以及 α-烷硫基亚砜都是这类等价物。

2. C^2 上的极性转换（起 N^2 反应）

羰基化合物的 α-C 活化，引起卤素取代。卤代后 α-C 是 a^2，与亲核试剂起 N^2 反应，例如：

$$R-CO-CH_3 \xrightarrow{X_2} R-CO-CH_2X \xrightarrow{Nu} R-CO-CH_2Nu$$
(d^2) (a^2)

$$\xrightarrow{2R'OH} R'O-C(OR')(R)-CH_2X \xrightarrow{Nu} R'O-C(OR')(R)-CH_2Nu$$
缩醛/酮

都是先将羰基 α 位上碳卤代，再与亲核试剂反应，见下例：

[结构式：含 CN、Br、缩酮环的双环化合物 → 含 CN、酮基的双环化合物]

此处为了避免亲核试剂进攻羰基碳 C^1 而引起不想要的副反应，羰基可预先转化成缩酮。

3. C^3 上的极性转换（起 E^3 反应）

先看一个迈克尔(Michael)反应：

$$Nu^- + \overset{3}{C}H_2=\overset{2}{C}H-\overset{1}{C}(=O)- \longrightarrow Nu-CH_2-CH^--C(=O)- \xrightarrow{E} Nu-\overset{3}{C}H_2-\overset{2}{C}H(E)-\overset{1}{C}(=O)-$$
(a^3)

α,β-不饱和酮的 β-碳（即 C^3）是 δ^+ 的，是受电子的(a)，可与亲核试剂作用。上述反应只是说明 a^3 合成子的作用，并没有极性转换。

要使 C^3 发生极性转换,可考虑下列反应:

$$\text{CH}_2=\text{CH-O-C}_2\text{H}_5 + C_4H_9Li \longrightarrow [\text{CH}=\text{CH-O-C}_2\text{H}_5]^- Li^+$$

但反应是从 a^1 到 d^1 的转换,是 C^1 的转换,而不是 C^3 的转换。前述所讲烯丙基负离子的反应就是这类反应。这是因为 C^1 上有氢,如果没有氢,负电荷会向 C^3 转移,从 a^3 到 d^3 的转换。这种试剂才真正起 E^3 反应,例如:

$$\overset{2}{\text{C}}\text{H}_2=\overset{1}{\text{C}}(R)X \xrightarrow{\text{碱}} {}^-\text{CH}_2\text{-CH=C}(R)X \xrightarrow{E^+} E\text{-CH}_2\text{-CH=C}(R)X \xrightarrow{H_3^+O} E\text{-CH}_2\text{-CH}_2\text{-C}(=O)R$$

$X=SR'$,NR'_2,SiR'_3 等,R' 是叔烷基或芳基。也可以 C^1 上有氢,但在碱的参与下,此氢可由 C^1 移到 C^3。C^3 带负电荷,是 d^3(原来 C^3 是 a^3)。

(结构式: 1,3-二硫六环与烯基相连,$(a^3) \to (d^3)$)

下面是由烯丙基叔胺出发的几个反应:

$$\text{PhN(CH}_3)\text{-CH}_2\text{-CH=CH}_2 \xrightarrow{n\text{-BuLi-}t\text{-BuOK}} [\text{PhN(CH}_3)\text{-CH=CH-CH}_2^-]Li^+ \longrightarrow$$

$\xrightarrow{H_2O}$ PhN(CH₃)-CH=CH-CH₃ (3位上加氢正离子) + PhN(CH₃)-CH₂-CH=CH₂ (1位上加氢正离子,复原)

$\xrightarrow{CH_3I}$ PhN(CH₃)-CH=CH-CH₂CH₃ (3位上加甲基正离子) + PhN(CH₃)-CH(CH₃)-CH=CH₂ (1位上加甲基正离子)

$\xrightarrow{\text{环氧}}$ [PhN(CH₃)-CH=CH-CH₂-C(CH₃)₂-OH] $\xrightarrow{\text{分子内环化}}$ 四氢吡喃环产物(PhN(CH₃)-,gem-二甲基)
(3位加成,三元环打开)

4. C^4 的极性转换(起 N^4 反应)

α,β-不饱和羰基化合物的 γ 碳(即 C^4)上的反应就是这类反应:

$$\underset{1}{\overset{O}{\parallel}}\underset{3}{\overset{2}{-}}\underset{H}{\overset{4}{-}}$$

原来,C^4 上的 H 易失去,C^4 成为 d^4,能与亲电试剂 E 发生作用。但现在 C^4 发生极性转换,由 d^4 转换为 a^4,就起了 N^4 反应,如:

$$\text{(dithiane-CH=CH-CH}_3\text{)} \xrightarrow[\text{(2) CH}_3\text{I}]{\text{(1) } n\text{-C}_4\text{H}_9\text{Li}} \text{产物}$$

1 位旁有两个硫原子,使 C^4 发生极性转换,起 N^4 反应。Nu 就是带负电的正丁基。1 位上有负电荷 δ^-,是 d,可与带正电的甲基作用(C^1 起 E^1 作用)。

同理,还有下列反应:

$$\xrightarrow[\text{(2) H}_2\text{O, 或 D}_2\text{O, 或 CH}_3\text{I (E}^1\text{)}]{\text{(1) } n\text{-C}_4\text{H}_9 \text{ (N}^4\text{)}}$$

R = H, D, CH$_3$

如果是烯键接在苯环上,只有 1,2 加成:

$$\xrightarrow[\text{(2) CH}_3\text{I (E}^1\text{)}]{\text{(1) } t\text{-C}_4\text{H}_9\text{Li (N}^4\text{)}}$$

5.5.3 氮基(胺基)化合物的极性转换

5.5.2 节讲羰基的极性转换,是指氧原子对碳原子的影响。在这里讨论的是氮原子对碳原子的影响。有下列几种情况。

1. 亚胺离子(immonium ion)的产生

氨基物通常易形成亚胺离子,此时 C^1 是 d,如:

$$\text{HCHO} + (\text{CH}_3)_2\text{NH} \rightleftharpoons \text{H-C(OH)(H)-N(CH}_3)_2 \xrightarrow{\text{H}_3^+\text{O}} \text{H}_2\text{C=N}^+(\text{CH}_3)\text{H}$$

仲胺　　　　　　　　　　　　　亚胺离子

但这种亚胺离子还可以有下列平衡（也是正碳离子与正氮离子之间的平衡）：

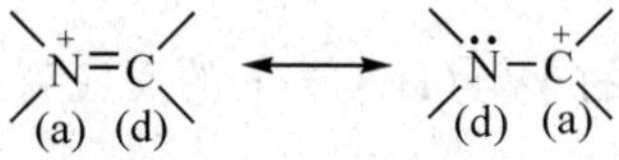

$$\overset{+}{N}=C \longleftrightarrow \overset{..}{N}-\overset{+}{C}$$
$$(a)\ (d) \qquad\qquad (d)\ (a)$$

这体现了亚胺基与羰基的不同。这样由于亚胺基的存在，使邻近的碳原子（α-C，即 C^1）带正电荷，是 a 不是 d，因而亚胺离子也就是 α-氨基碳正离子，能起 N^1 反应。我们可以得到它的盐。这种试剂反应时，实际上是碳正离子起作用，但试剂分子中常出现的是氮正离子。这也就可以叫做"被掩蔽了的"碳正离子。亚胺离子的反应可见下例：

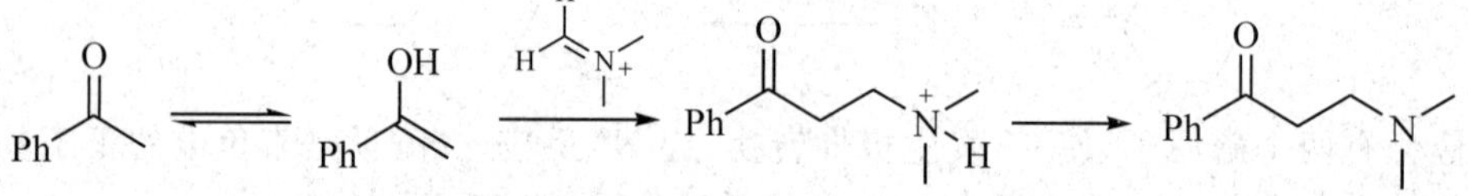

这就是 Mannich 反应。最后产物是酮胺。由于是 Mannich 反应所生成，也叫 Mannich 碱。这是一个氨基烷基化反应，所以亚胺离子也就是氨基烷基化试剂。

α-氨基碳负离子与 α-氨基碳正离子有完全不同的化学性质。后者起 N^1 反应（前已举例）；而前者起 E^1 反应（如与碘甲烷作用，作为亲电试剂的甲基正离子就链接到碳负离子上去）。同样用仲胺为原料，有的方法制成 α-胺基碳正离子，有的方法就制成 α-胺基碳负离子。这就是极性转换。

2. 仲胺的亚硝基化合物

一个仲胺分子中，对胺来讲，其 α-碳上是不易与亲电试剂 E 作用的，C^1 是 d^1。但如果在胺的 N 上亚硝基化，即链接上 —NO，分子性质就发生了变化。C^1 成了 a，起 E 反应：

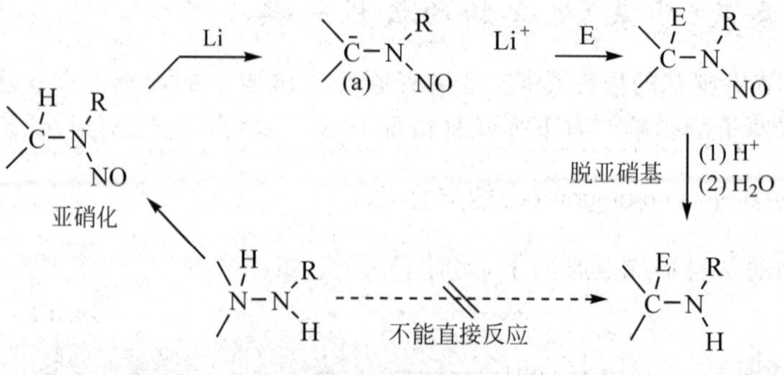

其结果是 α-碳上接上了 E。因此，金属化的亚硝基胺基化合物可作为"被掩蔽了的"α-(仲胺)烷基化试剂。下面是两组具体的例子。

由二甲胺起始的反应：

由哌啶起始的反应：

毒芹碱　　　　　　　羟毒芹碱

5.5.4 烃类化合物的极性转换

无官能团的烃基在一定化学条件下，也能发生极性转换。按芳烃、烯、烷分述如下。

1. 芳烃的极性转换

芳烃，如苯，由于环上有较高的 π 电子密度，容易发生亲电取代反应（与 E 试剂作用），而不能起亲核取代(N)反应（与亲核试剂 Nu 作用）。但可利用芳环易与金属原子发生配合作用，而由原来的 d 转换成 a，再与亲核试剂作用，例如：

$$\underset{Cr(CO)_3}{C_6H_5X} \xrightarrow{Y} \underset{Cr(CO)_3}{\text{中间体}} \xrightarrow{-X^+} \underset{Cr(CO)_3}{C_6H_5Y} \xrightarrow{[O]} C_6H_5Y$$

X 可以是卤素，Y 是 H、N、O、S、P、C 元素的负离子。以下碳负离子与苯环金属配合物发生反应的例子：

$$\underset{Cr(CO)_3}{C_6H_6} \xrightarrow{R^-} \underset{Cr(CO)_3}{\text{中间体}} \longrightarrow \underset{Cr(CO)_3}{C_6H_5R} \xrightarrow{[O]} C_6H_5R$$

最后一步反应是用氧化剂（如碘等）氧化而脱去金属配合体。再看下一例子：

$$\underset{Cr(CO)_3}{RO-C_6H_4-CH_2-CH_2-CH_2-CH_2-CN} \xrightarrow[\substack{(2)\ CF_3COOH \\ (3)\ NH_4OH}]{(1)\ LiNR_2} \text{螺环产物}$$

在负离子与芳环金属配合物的反应中，甲氧基具有强的间位定位效应。苯环与支链上第四个碳起亲核反应而环化。反应第一步所用 LDA 是为了使与 CN 相接的碳原子锂化成起 d 作用，与苯环起亲核加成而环化。第二步所用三氟甲酸和第三步所用氨水的目的都是为了脱除金属配位体。

有关芳烃极性转换的反应很多，不再一一列举。

2. 烯烃的极性转换

烯烃由于有 π 电子，是供电子的 d，能与 E 试剂作用，起 $E^{1,2}$ 反应。但烯键上如有一强吸电子基团取代，烯烃可能由 d 转换为 a，起 $N^{1,2}$ 反应，如下列各反应：

不对称烯的反应：

$$\text{CH}_2=\text{CH-CH}_2\text{-CN} + \text{ROH} \longrightarrow \text{RO-CH}_2\text{CH}_2\text{-CN}$$

$$\text{CH}_2=\text{CH-CH}_2\text{-CF}_3 + \text{ROH} \longrightarrow \text{RO-CH}_2\text{CH}_2\text{CH}_2\text{-CF}_3$$

对称的多取代烯有：

$$F_2C=CF_2, \quad (NC)_2C=C(CN)_2$$

对称的多取代烯也有 $N^{1,2}$ 反应。但这些反应完成后，要脱下引入的辅助基团是较难的。这不符合有机合成的要求。要达到有机合成的目的，还是要采用金属配合物，使烯键发生极性转换，因而发生亲核反应，见下例：

$$\left[\text{CO-Fe(Cp)(CO)}=\parallel\right]\text{Br} \xrightarrow{\text{Nu}} (\text{CO})_2\text{Fe(Cp)-CH}_2\text{CH}_2\text{-Nu}$$

Cp 为环戊二烯。如果 Nu 是烯胺，则可形成

$$\text{-CH}_2\text{-CH}=\overset{+}{\text{N}}\diagdown$$

因此，可发生下列分子内的环化反应：

Cp(CO)₂Fe-CH=CH₂ / H₂N-(a) ⟶ Cp(CO)₂Fe-CH₂ / HN- ⟶ Cp-Fe(CO)(环化产物)

后一步反应中，铁的配体 CO 也参加了进一步的环化反应。同样有以下反应：

Cp(CO)₂Fe-CH=CH-...-H₃N⁺ ⟶ Cp(CO)₂Fe-CH₂-...-HN= $\xrightarrow{\text{Ag}_2\text{O}}$ 双环内酰胺

用 Ag_2O 除去 Fe 及其配体。

烯烃极性转换的反应也非常多，不再一一列举。

3. 烷烃的极性转换

格氏试剂已是大家都熟悉的利用极性转换来制得的烷基负离子。它是 d，起 E 反应。它是有机镁试剂。此外，铜、锂等也可形成有机金属试剂，烯丙基、炔丙基等也可作为 d 合成子使用。看下面几个例子。

二甲基亚铜锂为试剂：

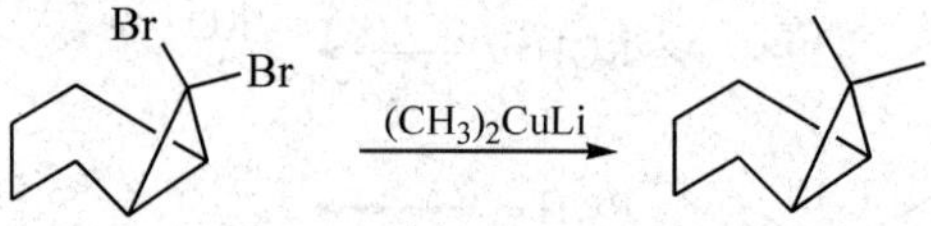

卤代烃与 2-巯基-4,5-二氢噻唑反应后，与丁基锂反应生成碳负离子：

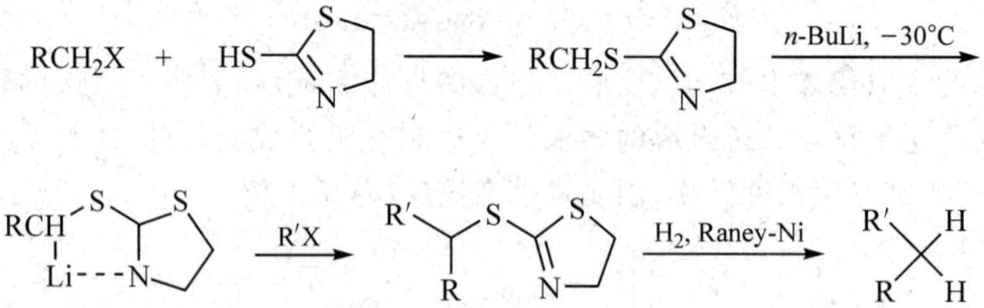

角鲨烯即由此方法合成：

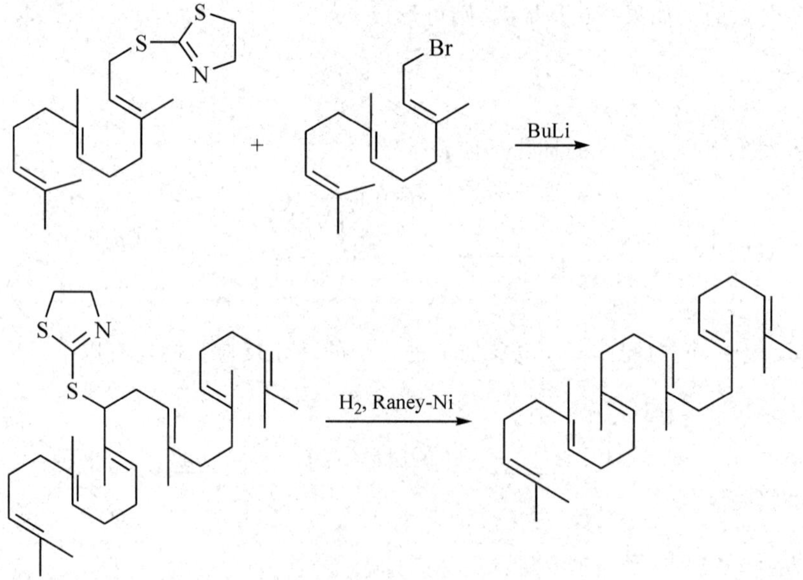

本章中主要讨论了合成子与极性转换的基本反应与方法。应该看到，这些知识在有机合成反应中的应用是非常广泛的，我们还需要在实践中不断地认识它，应用它。有关极性转换在有机合成中的应用的研究还很多，读者可参阅各种有关方面的专著。

6 氧化反应

有机化合物进行氧化反应,指作用部位的碳原子的氧化数增加。如环己醇被氧化成环己酮,其作用的官能团碳原子的氧化数增加 2,即氧化态由 0 增为 +2。氧化的形式可以在该碳原子上加氧原子(或对等物),如 $RCHO \rightarrow RCO_2H$,$RCHO \rightarrow R—CN$,或脱去氢分子,如 $RCH_2OH \rightarrow RCHO$,这 3 个都是氧化反应,碳的氧化数变化分别是 $+1 \rightarrow +3, +1 \rightarrow +3, -1 \rightarrow +1$。

氧化剂的种类很多,可以是氧气、氯气、过氧化氢、高价位的金属化合物或有机过氧酸化合物等。在氧化反应后,氧化剂本身是被还原,那么不难了解大部分的氧化剂都是亲电试剂(electrophilic reagent)。一般的有机化合物仅需 $0 \sim 0.6V$ 电位就可以进行氧化反应。通常的无机物进行氧化反应的氧化还原电位约 $1.0V$。

按作用的类型来分,有机化合物的氧化反应可以分为以下 3 种类型:

1. 在官能团的部位氧化

$$R_2CHNH_2 \xrightarrow{[O]} R_2C=O$$

$$RCCH_2R \xrightarrow{[O]} ROCCH_2R$$
(含 C=O)

$$RCH_2OH \xrightarrow{[O]} RCHO \xrightarrow{[O]} RCO_2H$$

$$RCH_2OCH_2R \xrightarrow{[O]} RCOCH_2R$$

$$R_2C=CHR \xrightarrow{[O]} R_2C\overset{O}{-}CHR$$

2. 在 α-碳的部位氧化

$$R_2C=CH-CH_2R \xrightarrow{[O]} R_2C=CH-\underset{|}{\overset{OH}{C}}HR, \quad R_2C=CH-\underset{|}{\overset{Br}{C}}HR$$

$$RCH_2CH_2CR \xrightarrow{[O]} RCH=CH-CR, \quad RCH_2\overset{O}{C}CR$$
$$\underset{OH}{|}$$

3. 在非活化部位氧化

选择适当的氧化剂是很重要的。虽然至今仍依赖经验法则选择氧化剂,但若能从下列各种因素去探讨,并加以归纳与演绎,则有助于对氧化反应的了解和选择: ①氧化剂本身的化学性质; ②被作用化合物的性质; ③使用的溶剂与反应条件; ④氧化反应的机理。

6.1 醇类的氧化

学习过有机化学的人都已懂得一级醇氧化得醛,然后继续氧化得羧酸;第二级醇氧化得酮;三级醇是耐氧化的,除非条件极为激烈时才发生碳-碳键的断裂。

通常在基础有机课上,较少讲氧化反应的选择性,使用的试剂一般都是热的高锰酸钾或热的铬酸。在本书中我们按氧化剂的不同种类分别讨论把醇选择性地氧化成羰基化合物的各种方法。

6.1.1 铬[Cr(Ⅵ)]的氧化物

这是最常用的氧化剂,其存在形式有:

$CrO_3 + OH^-$, $\quad\quad HCrO_4^-$, $\quad\quad Cr_2O_7^{2-} + H_2O$

铬(Ⅵ)与醇的反应:

$$R_2CHOH + HCrO_4^- + H^+ \longrightarrow C_2R=O + HCrO_3^-$$

碳的氧化数由 0 增加到 +2,铬的氧化数由 +6 减小到 +4。

铬(Ⅵ)氧化剂的种类繁多,下面分别加以讨论。

酸性试剂: 铬酸(H_2CrO_4)、氧化铬(CrO_3)和 Jones 试剂(H_2CrO_4-H_2SO_4-Me_2CO)。

微碱性试剂: Sarett 试剂(CrO_3/吡啶)、Collins 试剂(CrO_3-2 吡啶/CH_2Cl_2)。

微酸性试剂: PCC 试剂(CrO_3-Py-HCl/CH_2Cl_2,铬酸吡啶)。

中性试剂: PDC 试剂(H_2CrO_7-2Py,重铬酸吡啶)。

其中,Sarett 试剂、Collins 试剂、PCC 和 PDC 试剂是温和的氧化剂,可使一级醇氧化成为醛类,而不再进一步被氧化成羧酸。

(1) 当化合物在酸性条件下稳定时,可用 Jones 试剂:

$$\text{降冰片醇} \xrightarrow[80\%]{H_2CrO_4 - H_2SO_4, (CH_3)_2CO} \text{降冰片酮}$$

$$\text{CH}_2=\text{CHCH(OH)CH}_2\text{COCH}_3 \xrightarrow{\text{Jones试剂}} \text{CH}_2=\text{CHCOCH}_2\text{COCH}_3$$

(2) 使用微碱性 Collins 试剂,避免双键转移成共轭双烯,也可避免进一步氧化成羧酸。

$$\text{香茅醇} \xrightarrow{CrO_3 - 2\,Py/\,CH_2Cl_2} \text{香茅醛}$$

(3) 有时候,溶剂的影响很大,例如使用中性的 PDC 试剂 ($H_2Cr_2O_7 \cdot 2Py$),在极性溶剂,如二甲基甲酰胺(DMF)中,醇可氧化生成羧酸,而在非极性溶剂,如二氯甲烷中醇可氧化为醛,反应产物的不同,显然是溶剂极性(DMF 大于二氯甲烷)的原因。

$$\text{CO}_2\text{H化合物} \xleftarrow[83\%]{\text{PDC, DMF}} \text{CH}_2\text{OH化合物} \xrightarrow[92\%]{\text{PDC, CH}_2\text{Cl}_2} \text{CHO化合物}$$

一般说来,在极性溶剂中反应较激烈,而使用非极性溶剂,如正己烷,反应温和但可能发生不溶解的现象。

(4) PCC 常用来将一级醇(如下列反应中的醇)氧化成醛类,不会破坏四氢吡喃的部分;将二级醇氧化为酮。另外,烯丙醇(allyl alcohol)则氧化成 α,β-不饱和醛或酮。此反应也常用活性二氧化锰(MnO_2)作氧化剂,它是一种缓和的氧化剂,但需活化,即利用高锰酸钾(Ⅶ)与硫酸锰(Ⅱ)在碱溶液中新制备出来二氧化锰(Ⅳ),反应中锰由 +4 价还原到 +2 价,这些氧化剂对烯都不起作用。

$$\text{HO-CH}_2\text{CH=CHCH}_2\text{O-THP} \xrightarrow{\text{PCC 或 MnO}_2} \text{OHC-CH=CHCH}_2\text{O-THP}$$

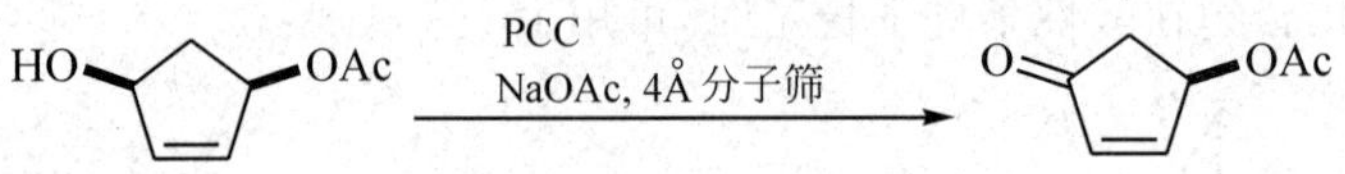

[反应式: HO-环戊烯-OAc --PCC, NaOAc, 4Å 分子筛--> O=环戊烯酮-OAc]

6.1.2 碳酸银

使用较昂贵的碳酸银(Ag_2CO_3)，在苯溶剂中也可将一级醇氧化成醛。下列氧化反应中不影响环丙烷的结构（对酸不稳定）：

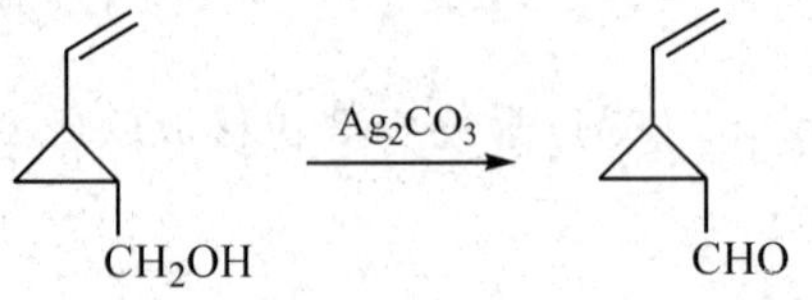

[反应式: 乙烯基环丙基-CH_2OH --Ag_2CO_3--> 乙烯基环丙基-CHO]

6.1.3 有机氧化剂

常用的有机氧化剂有下列几种。

(1) Moffatt 氧化反应和 Swern 氧化反应

二甲基亚砜(DMSO)，在脱水剂二环己基碳二亚胺(dicyclohexyl carbodiimide, DCC)和酸（如磷酸）作催化剂的情况下，可将一级醇氧化成醛：

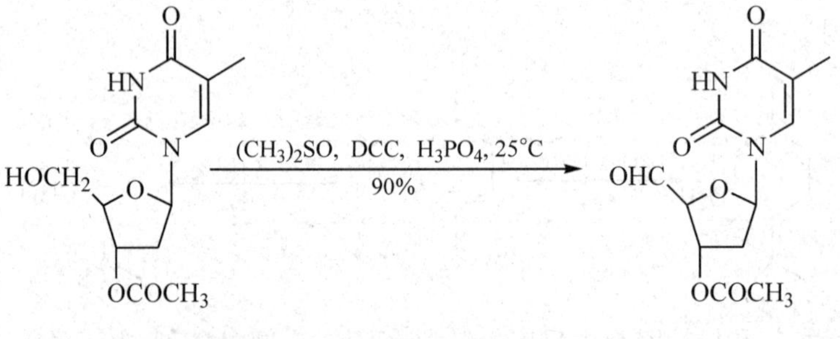

[反应式: 胸苷衍生物(HOCH₂-) --$(CH_3)_2SO$, DCC, H_3PO_4, 25°C, 90%--> 胸苷衍生物(OHC-)]

这种反应称为 Moffatt 氧化反应。若改用草酰氯(oxalyl chloride)及二甲基亚砜为氧化剂则称为 Swern 氧化反应，该反应最后采用三乙胺淬灭。

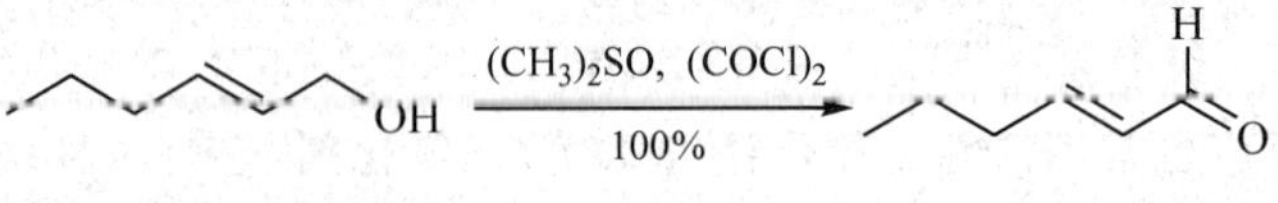

[反应式: 烯丙醇 --$(CH_3)_2SO$, $(COCl)_2$, 100%--> α,β-不饱和醛]

(2) Oppenauer 氧化反应

此类反应系以酮类（如丙酮，环己酮）为氧化剂，以三异丙基氧化铝为催化剂，可将醇类氧化成醛酮，而氧化剂酮则被还原为醇（如丙酮在反应后生成异丙醇），如：

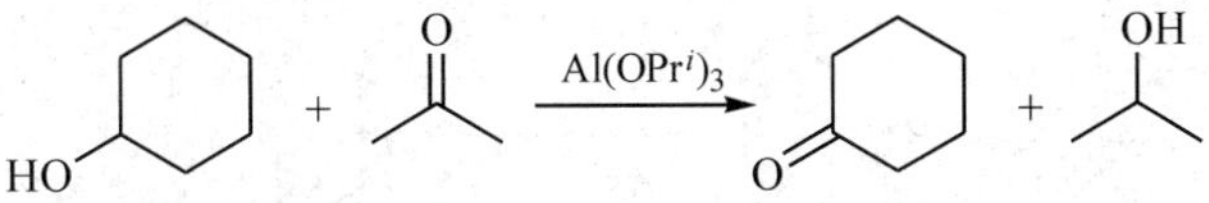

6 氧化反应

$$\text{环己醇} + \text{丙酮} \xrightarrow{\text{Al(OPr}^i)_3} \text{环己酮} + \text{异丙醇}$$

这是一个酮与一个醇互相交叉氧化还原反应,所以反应的进行方向由所加酮(氧化剂)或醇(还原剂)的用量而定,氧化剂酮过量则反应向右进行。

在 Al(OPr^i)$_3$ 的催化下进行,Oppenauer 氧化反应可能同时产生异构化:

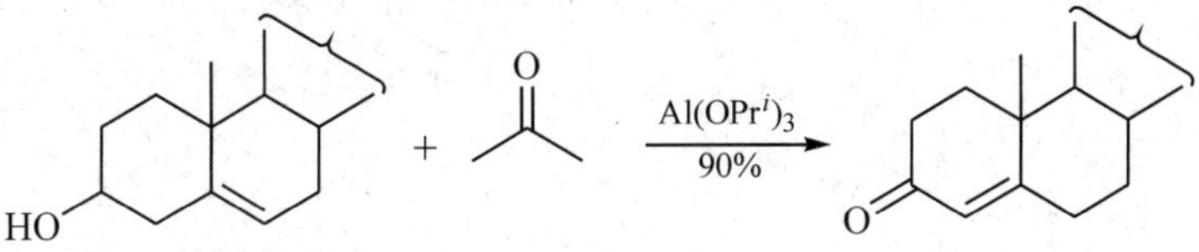

$$\text{甾醇} + \text{丙酮} \xrightarrow[90\%]{\text{Al(OPr}^i)_3} \text{甾酮}$$

Oppenauer 氧化反应的机理如下:

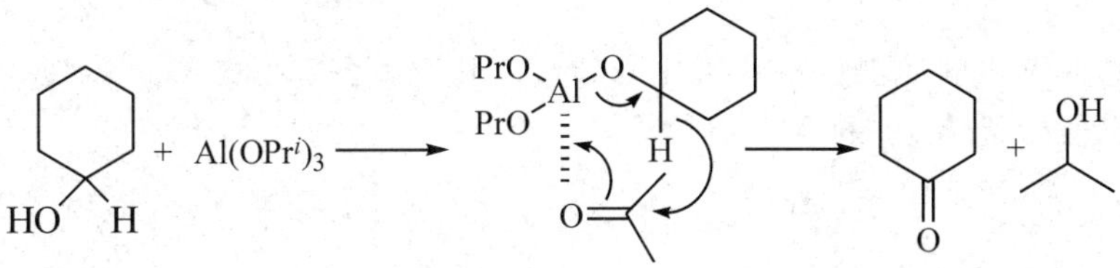

从这里可以看出三异丙基氧化铝的催化作用,进行的是氢负离子的转移,而不是产生低价的一价铝。

一般烯丙醇(allyl alcohol)、苄醇(benzyl alcohol)的活性比一级醇、二级醇的活性高,更容易被氧化。

6.1.4 酚类的氧化

酚类极容易被氧化,通常的氧化剂足以破坏酚类化合物。

选择性地将酚类转变成二氢醌,可用过硫酸钾($K_2S_2O_8$);而将酚类转变成为醌则可用 ON(SO$_3$K)$_2$(Fremy 盐)。

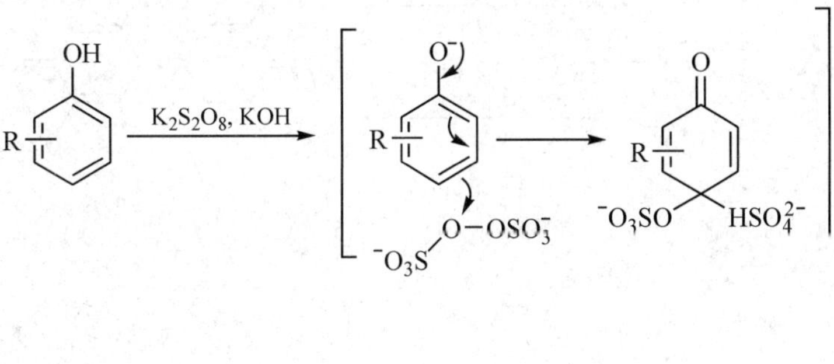

$$\text{ArOH} \xrightarrow{K_2S_2O_8,\ KOH} [\cdots] \longrightarrow \text{醌}$$

用其他氧化剂如溴（Br_2）、氧化汞（HgO）、三氟甲基乙酸汞 [$Hg(OCOCF_3)_2$] 等也可以使酚类转变成醌类化合物。

当 PbO_2 或 DDQ 为氧化剂时，甚至可以将酚类氧化成二苯醌。

DDQ 的结构式：

6.2 醛、酮的氧化

6.2.1 醛类氧化成羧酸

通常使用氧化银(Ag_2O,以 $AgNO_3$ 在碱中制备)作氧化剂。若是 α,β-不饱和醛,可以用 MnO_2(二氧化锰),在甲醇及氢氰酸作催化剂的条件下,直接氧化成甲酯:

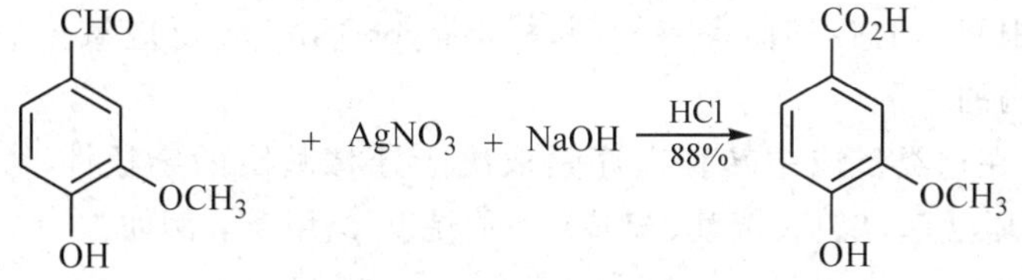

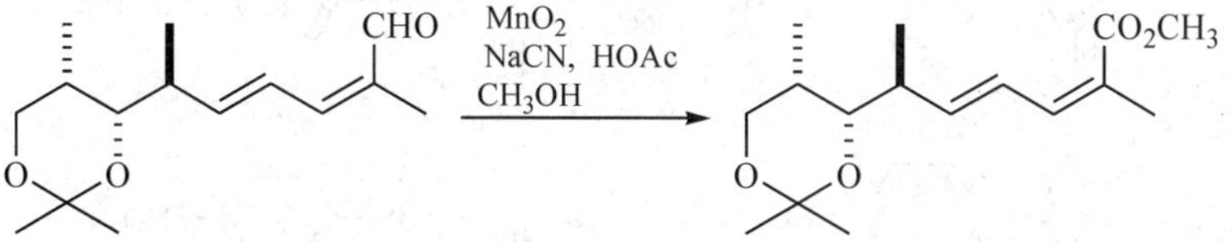

此反应首先将醛转变成为氰醇(cyanohydrin),然后二氧化锰将氰醇氧化成为酸与氰盐,最后酸被甲醇转变成为甲酯。

亚氯酸钠也可以氧化醛成酸,而不破坏双键:

$$C_6H_5HC=CHCHO \xrightarrow[95\%]{NaClO_2, H_2O_2, MeCN, H_2O, 10\ ^\circ C} C_6H_5HC=CHCOOH$$

6.2.2 甲基酮被次卤酸氧化

通常酮类不会被氧化成羧酸,但甲基酮类可被次氯酸氧化成降解一个碳的羧酸。同时,甲基被氧化成为氯仿,此反应称为卤仿反应。

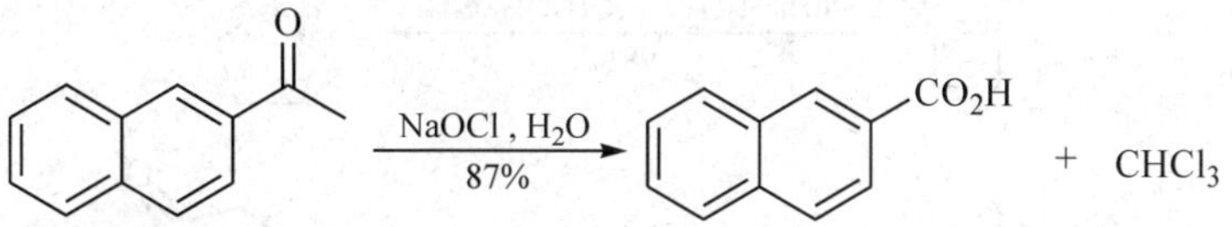

6.2.3 酮被氧化成酯或内酯

将酮类氧化成酯类或内酯是有用的合成反应,称为 Baeyer-Villiger 反应,常以过氧酸为氧化剂。

此反应是经由中间体的转移而保持构型,故 Baeyer-Villiger 反应氧化的产物是可预测其立体结构的。

一般说来,在这类反应中转移次序是取决于迁移基团的亲核性,大致的次序是:叔烷基>(环己基、烷基、苄基、苯基)>伯烷基>甲基,例如:

用过氧硫酸 H_2SO_5 也可进行此反应。

在酸存在时,双氧水也可将酮氧化为内酯。

6.2.4 Beckmann 重排反应

利用羟胺(NH_2OH)可将醛酮氧化成 E 式肟。由于空间位阻的结果,不易形成 Z 式异构体:

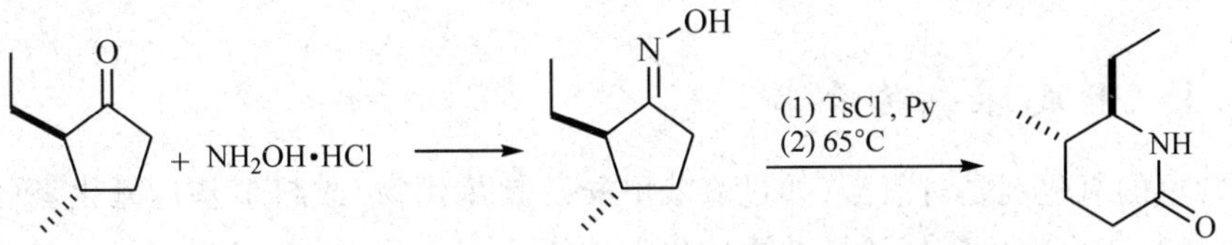

将羟基活化成 TsO 的离去基,经 Beckmann 重排则产生内酰胺。

6.2.5 用过渡金属氧化物氧化

较强能力的过渡金属氧化物会发生 C—C 键断裂,例如 Cr(Ⅵ)氧化物:

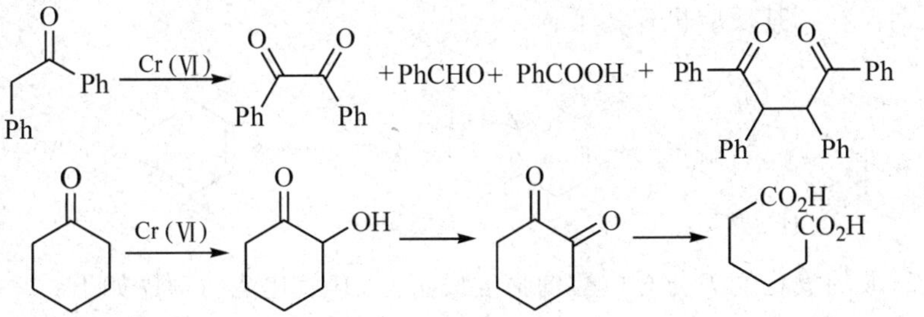

6.3 羧酸氧化

羧酸类极不容易被氧化,但与过氧化氢(H_2O_2)作用产生过氧酸。若是邻二羧酸类,则可以在四乙酸铅 $Pb(OAc)_4$ 作用下,发生氧化性脱羧反应:

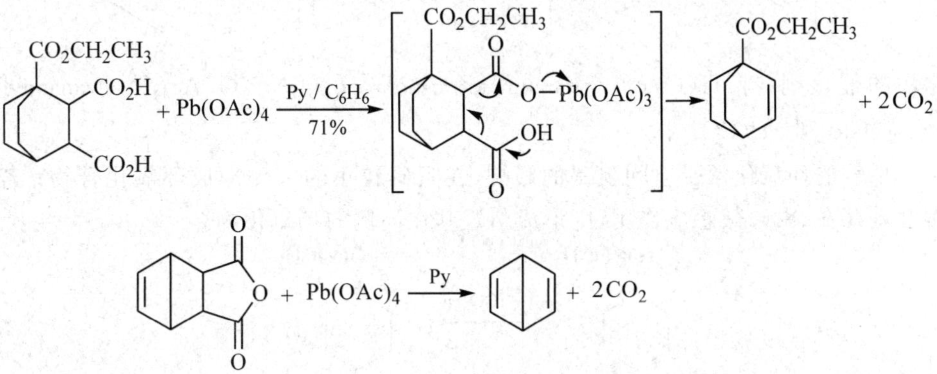

6.4 烯烃氧化

最常见的烯烃类氧化反应是转变成环氧化合物、二醇,或断键成为两个羰基化合物。

6.4.1 形成环氧化合物

常用的氧化剂是过氧酸(如过氧苯甲酸及其氯代物)或叔丁基过氧化氢(需金属催化剂)。产物仍保持烯烃的立体化学结构:

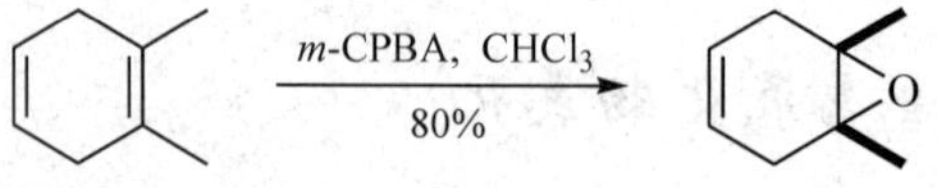

m-CPBA (m-chloroperbenzoic acid, m-Cl-PhCO$_3$H),是较稳定的过氧酸,在冰箱中能够长期保存。其反应机理如下:

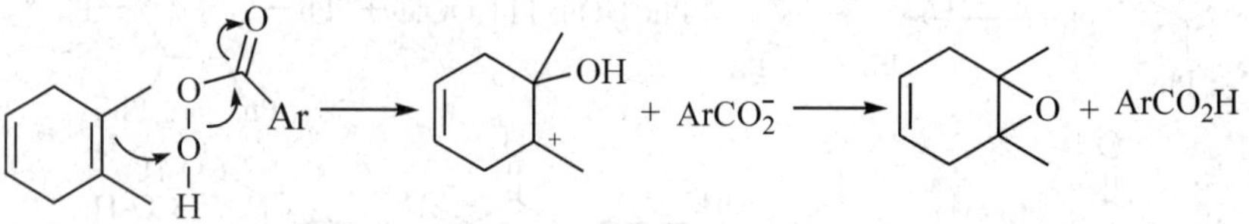

过氧酸的氧化能力与对应酸的强度成正比,其氧化能力顺序如下:

$$CF_3CO_3H > p\text{-}NO_2C_6H_4CO_3H > HCO_3H > m\text{-}ClC_6H_4CO_3H > C_6H_5CO_3H > CH_3CO_3H$$

使用叔丁基过氧化氢时,需用 Ti(Ⅳ),V(Ⅴ),W(Ⅵ)或 Mo(Ⅵ)等作为催化剂,先形成类似的金属过氧酸:

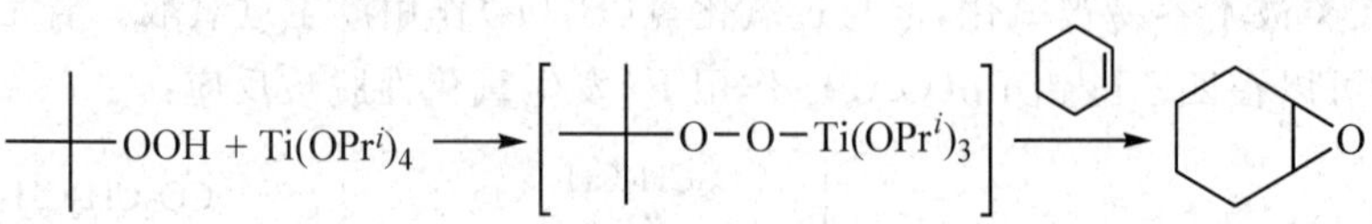

常用的催化剂,有 Ti(OPr^i)$_4$ (titanium tatraisoporopoxide),VO(AcAc)$_2$ (vanandyll actoacctate)和 Mo(CO)$_6$。

烯烃的环氧化常受空间阻碍的影响,在阻碍较小的一侧形成环氧化合物;若有羟基存在,由于其感应作用,则形成与羟基在同侧的环氧化物。

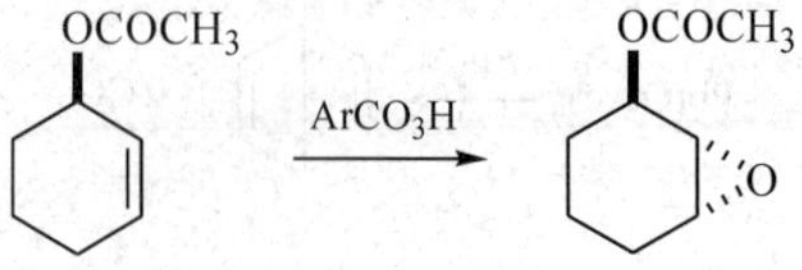

6 氧化反应

受羟基的影响,可能经过的过渡态:

其中以烯丙基和高烯丙基(homoallyl)的影响最明显,即使对非环状化合物也有选择性反应:

$$\xrightarrow{ArCO_3H} \quad 96\%$$

$$\xrightarrow{t\text{-BuOOH, Mo(CO)}_6, \text{PhH}} \quad 90\%$$

有两个双键时,在适当的条件下,只有接近羟基的双键被环氧化:

$$\xrightarrow{t\text{-BuOOH, Ti(OPr}^i)_4, \text{D-(-)DET}} \quad ee:95\%$$

D-(-)DET 为酒石酸二乙酯。

$$\xrightarrow{t\text{-BuOOH, VO(AcAc)}_2} \quad ee:95\%$$

6.4.2 烯烃的二羟基化反应

1. 形成反式二醇类

通常将烯类环氧化后产物以酸水解即得反式二醇类:

2. 形成顺式二醇类

使用不同的氧化剂,也可形成顺式二醇类。一般使用的氧化剂有①高锰酸钾;②四氧化锇 OsO_4;③碘及湿的 $AgOAc$。

(1) 以 $KMnO_4$ 为氧化剂时,条件控制十分重要,否则形成的二醇类会进一步氧化裂解:

$$CH_2=CHCH(OCH_3)_2 + KMnO_4 \xrightarrow[67\%]{H_2O, 5°C} \underset{OH\ OH}{CH_2CHCH(OCH_3)_2}$$

若有机化合物不溶于水时,常加入相转移催化剂,如季铵盐等,使反应在有机溶剂中进行,但反应的酸碱度也会影响产物:

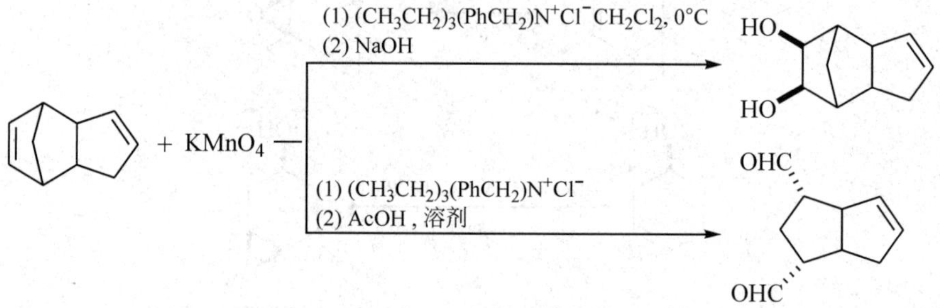

也可将 $KMnO_4$ 先改变成有机盐类,如 $Ph_3(CH_3)P^+MnO_4^-$,则需要在低温下操作:

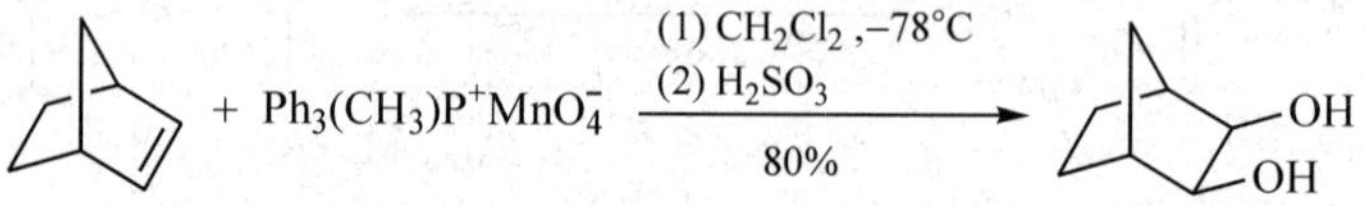

分离出惟一的是顺式二醇。这是因为高锰酸钾盐在较小位阻的一侧进攻烯烃的缘故。

(2) 用四氧化锇(OsO_4)为氧化剂,这是将烯烃氧化为顺-二羟基最可靠的方法。但是因为四氧化锇的价格昂贵,又有毒,故常使用催化剂量配合其他氧化剂共同使用,如:

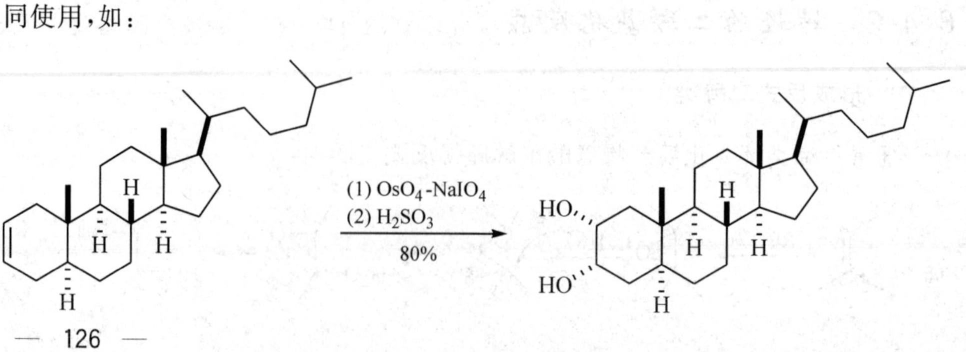

反应都是遵循空间效应,从阻碍小的一侧作用。又因为 OsO_4 系亲电子性,所以反应不在氢较少的富电子双键发生:

(3) 以碘及湿的醋酸银为氧化剂,用这种方法可以获得空间位阻较大一侧的顺式-邻二醇:

其反应机理如下:

邻二醇化合物以高碘酸 HIO_4 处理,得到两个羰基化合物:

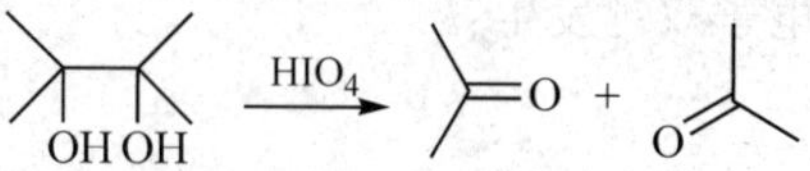

6.4.3 烯烃类化合物的氧化切断

1. 使用 $KMnO_4$-$NaIO_4$ 混合氧化剂

利用 $KMnO_4$ 将烯烃类转变成二醇类,再用 $NaIO_4$ 将醇类氧化切断,并进一步氧化成为羧酸。

由于 $KMnO_4$ 作用后产生的 MnO_2 可以被 $NaIO_4$ 氧化回到 $KMnO_4$,故只需使用催化剂量的 $KMnO_4$:

$$CH_3(CH_2)_7CH=CH(CH_2)_7CO_2H \xrightarrow[K_2CO_3,\ H_2O,\ t\text{-}BuOH]{NaIO_4,\ KMnO_4\ (催化剂)} CH_3(CH_2)_7CO_2H + HO_2C(CH_2)_7CO_2H$$

若改用 OsO_4-$NaIO_4$ 为混合氧化剂(OsO_4 为催化剂量),则可以得到醛类:

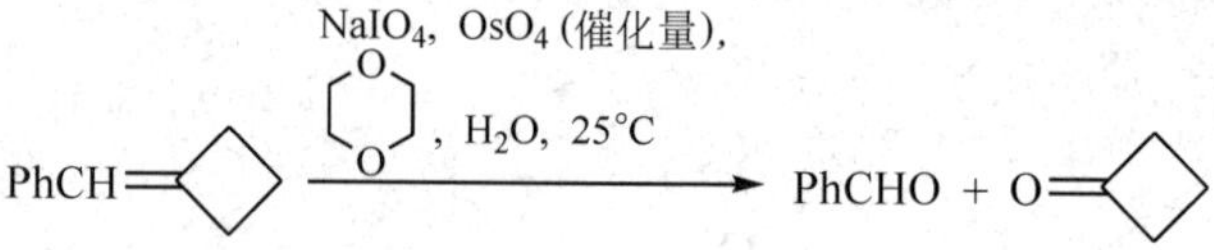

2. 臭氧化反应

臭氧是很强的氧化剂,即使在低温下也能和烯类作用,产生臭氧化物(ozonide):

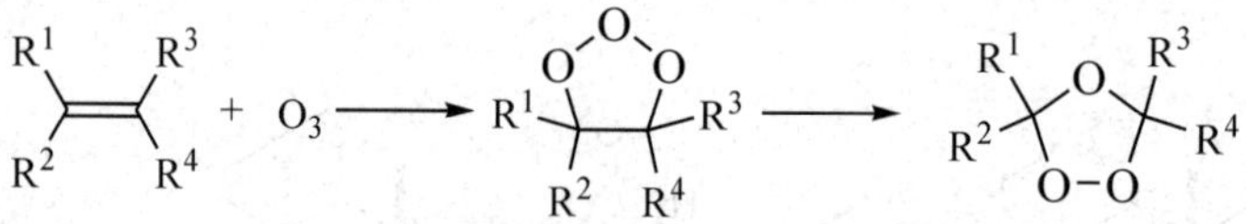

此时若添加氧化剂 H_2O_2,使臭氧化物转变为羧酸或酮类:

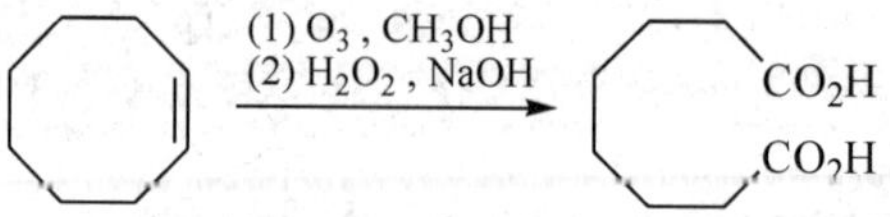

添加弱还原剂,如 $(CH_3)_2S$, Zn, Ph_3P, KI,使臭氧化物转变成为酮或醛类:

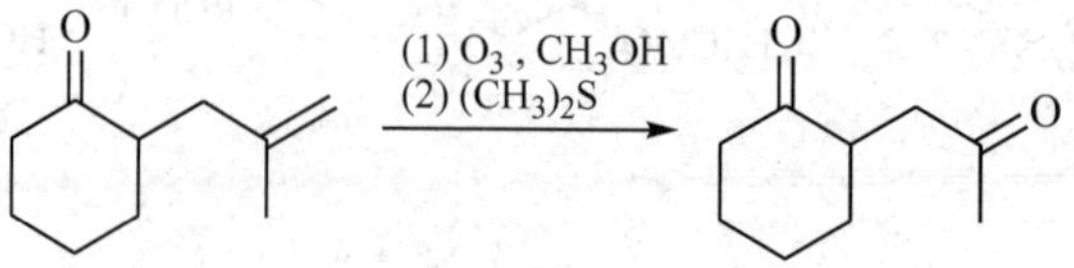

添加强还原剂 $NaBH_4$,使臭氧化物转变为醇类。因为臭氧也是亲电子性,所以在适当量的臭氧处理下,电子丰盈的双键先被作用:

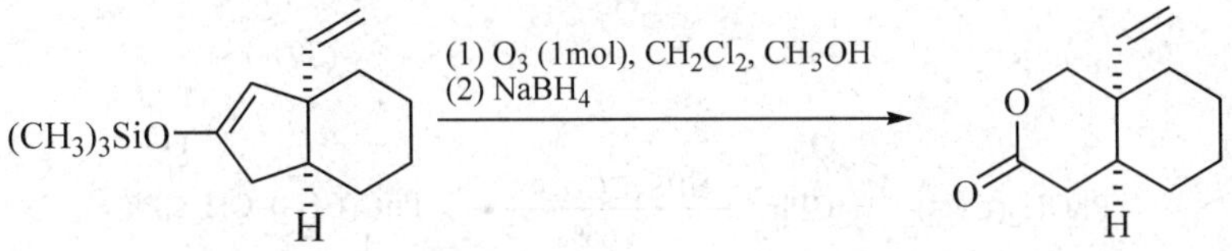

6.5 α-碳原子氧化

6.5.1 使用二氧化硒

使用二氧化硒(SeO_2)可将烯类氧化成烯丙醇或 α,β-不饱和醛,前者仅只需 0.5mol 的 SeO_2,而后者需 1.0mol。有时反应的位置选择并不理想:

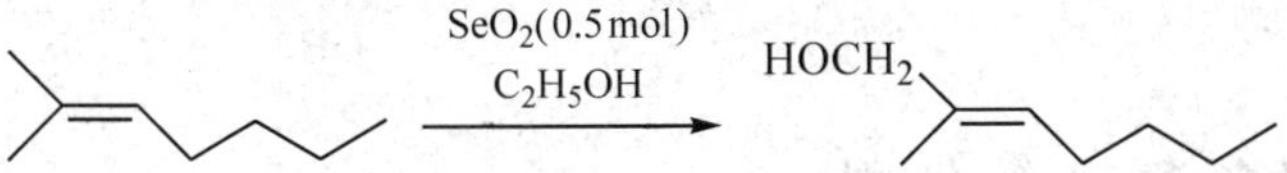

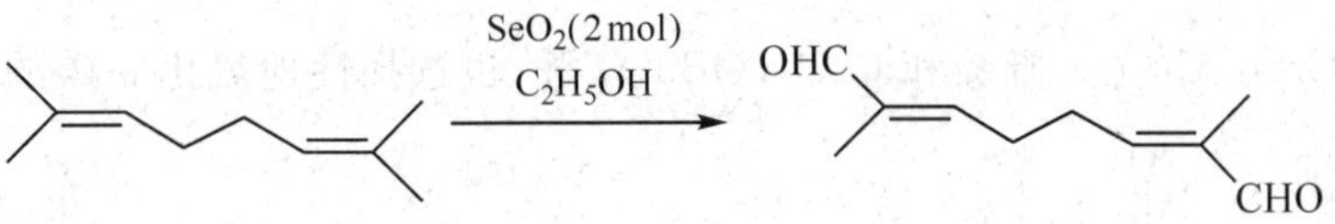

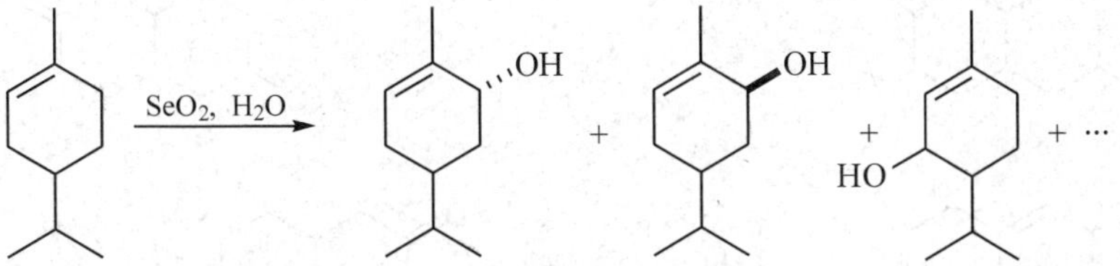

6.5.2 使用 N-溴代丁二酰亚胺(NBS)

在无水条件下,光照或其他自由基反应,将烯类氧化成烯丙基溴化物(allyl bromide),或将取代苯氧化成苄溴化合物,有时反应的位置选择也是不理想的:

$$CH_3(CH_2)_4CH=CH_2 \xrightarrow[(PhCO_2)_2O]{NBS, CCl_4} CH_3(CH_2)_4\overset{Br}{\underset{|}{C}}HCH=CH_2$$
$$(17\%)$$

$$+ \underset{CH_3(CH_2)_4}{\overset{H}{\diagdown}}C=C\underset{H}{\overset{CH_2Br}{\diagup}} + \underset{CH_3(CH_2)_4}{\overset{CH_3(CH_2)_4}{\diagdown}}C=C\underset{H}{\overset{CH_2Br}{\diagup}}$$
(44%)　　　　　　　　(39%)

$$PhCH_2(CH_2)_2CH_2\overset{O}{\overset{\|}{C}}Ph \xrightarrow[66\%]{NBS, CCl_4, h\nu} PhC(CH_2)_2CH_2\overset{O}{\overset{\|}{C}}Ph \atop \underset{Br}{|}$$

$$(CH_3)_2CH-CH=CH-CO_2C_2H_5 \xrightarrow[81\%]{NBS, CCl_4 \atop (PhCO_2)_2O} (CH_3)_2\underset{Br}{\overset{|}{C}}CH=CH-CO_2C_2H_5$$

反应若在水溶液中进行,则先以溴阳离子 Br^+ 与双键作用,结果产生溴醇(bromohydrin):

$$PhCH=CH_2 \xrightarrow[82\%]{NBS, H_2O, 25°C} PhHC-CH_2Br \atop \underset{OH}{|}$$

6.5.3　以铬酸类氧化剂

如 K_2CrO_4、CrO_3·吡啶和 $CrO_2(OBu^t)_2$ 等,也选择性地氧化 α-碳的部位:

6.5.4 利用激发态氧的单线态($^1O_2$)

产生单线态氧的方法如下：

$$PS(光敏试剂)+h\nu \rightarrow {}^1[PS]^* \rightarrow {}^3[PS]^*$$

如有 O_2（普通的氧分子，三线态）存在，则

$$^3O_2 + {}^3[PS]^* \rightarrow {}^1O_2 + PS$$

也可由下列反应生成：

$$H_2O_2 + {}^-OCl \rightarrow {}^1O_2 + H_2O + Cl^-$$

磷的臭氧化物热解也可产生单线态氧，再与烯烃进行反应，产生烯丙过氧化物：

也可与共轭双烯进行[2+4]加成反应产生内过氧化物(endoperoxide)：

此产物也是单线态氧的供应体（上面反应的逆反应）。

该反应为协同式的反应机理，不但具有位置选择性，使双键同时转移，也具有立体选择性，产生的氢化过氧化物必定与脱去的质子在同一侧。烯丙基过氧化醇可以被还原成烯丙醇：

单线态氧(singlet Oxygen)对于共轭双烯则进行类似 Diels-Alder 的反应,产生的内过氧化物经还原可得二醇类,经碱处理可得羟酮类:

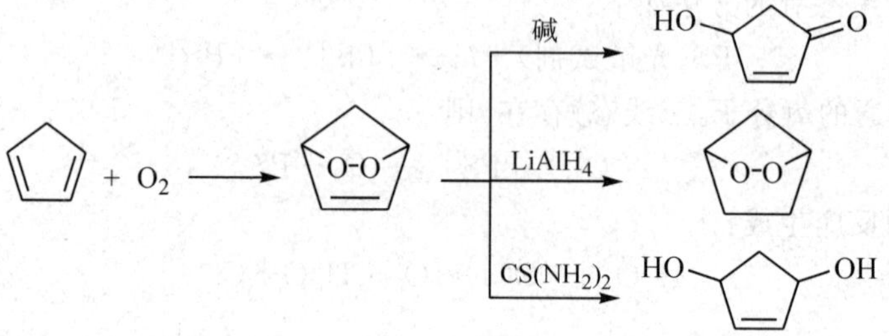

6.5.5 用强碱脱去 α-氢

使用强碱将羰基化合物的 α-氢脱去,再加入适当的氧化剂,则可得到 α-X 取代产物(X=OOH,OH,Br,SR,SeR 等):

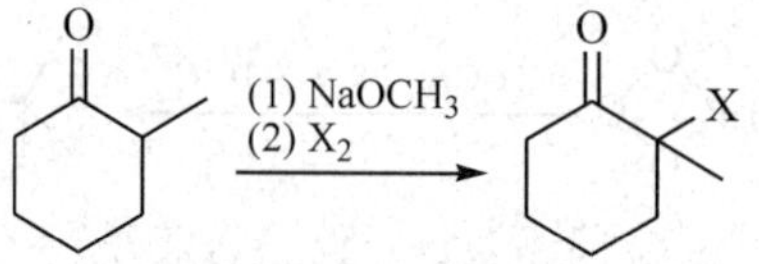

$X_2 = O_2$, $(PhCO_2)_2$, MnO_5, Br_2, $(PhS)_2$, $(PhSe)_2$

α-X 取代的羰(羟)基化合物,进一步脱去反应产生的双键,而获得 α,β-不饱和羰(羟)基化合物。其中脱卤化氢是经由反式消去,而脱亚硒酸 PhSeOH 是经由同侧脱去。因此,产生的双键的位置与化合物的立体结构相关。

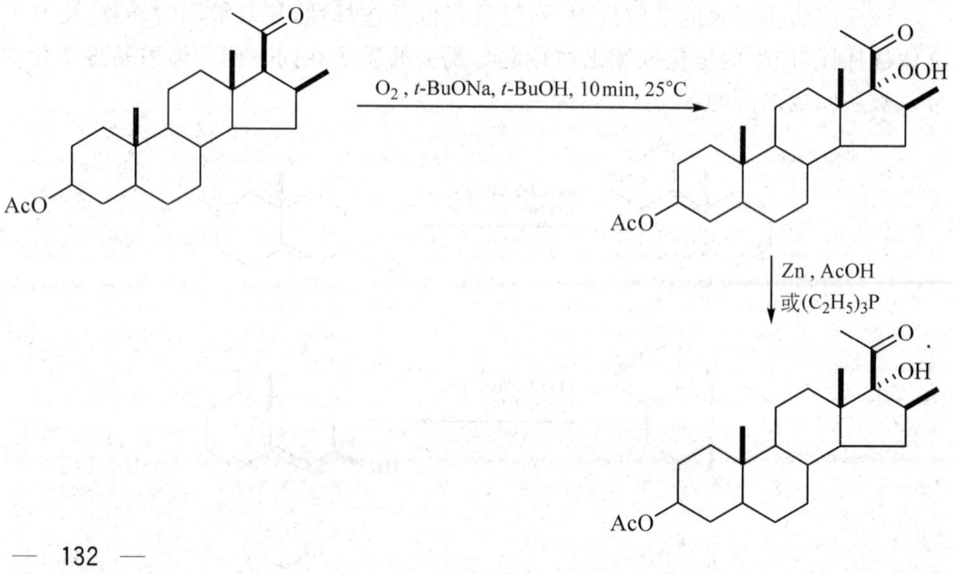

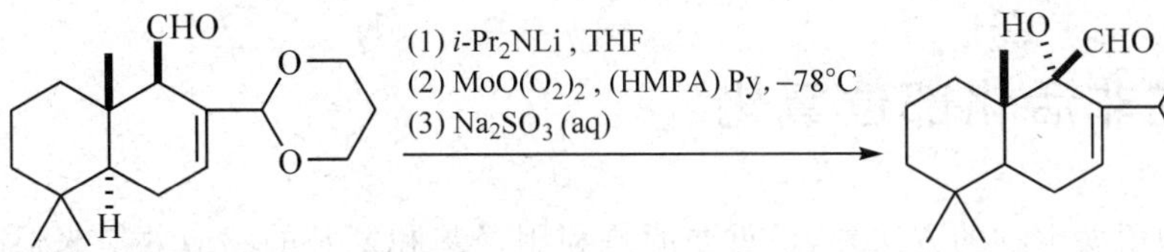

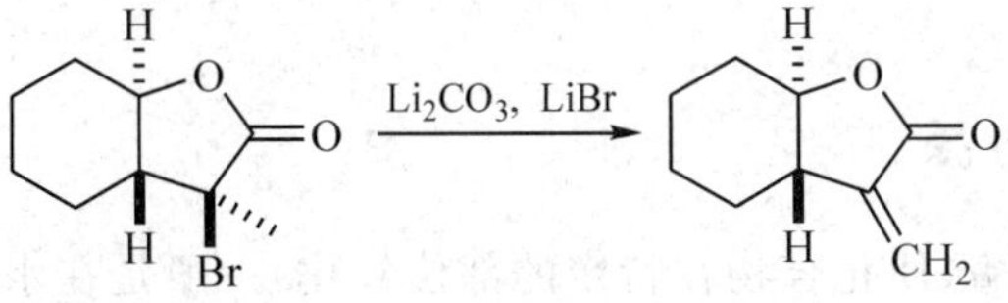

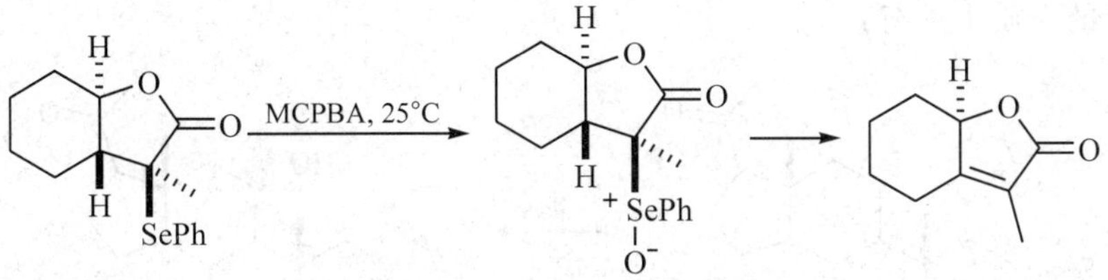

值得注意的是，α,β-不饱和羰（羧）基化合物的双键性质与一般的烯类不同。一般烯类的双键是富电子的，而 α,β-不饱和羰（羧）基化合物的双键是缺电子的，这是因为共轭的关系：

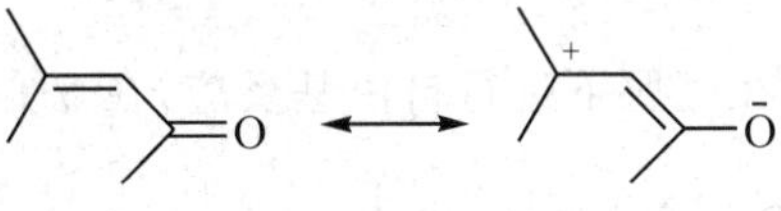

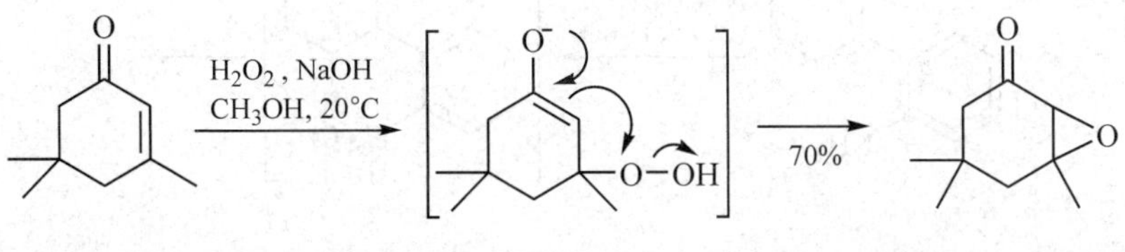

因此要将烯烃类化合物环氧化，可选择亲电子性的过氧酸，如 CH_3CO_3H；而要将 α,β-不饱和羰（羧）基化合物的双键环氧化，则必须选择亲核性的过氧化氢离子 ^-OOH，^-OCl 或 $t\text{-}BuOO^-$ 等在碱性条件下反应。若使用过氧酸则可能进行 Baeyer-Villiger 反应：

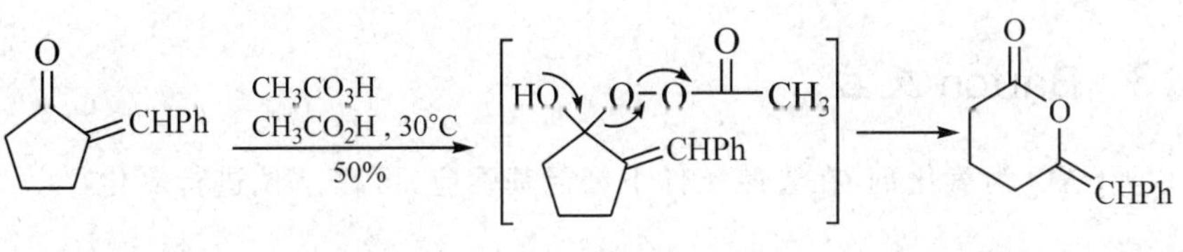

6.6 在非活化部位氧化

除了利用微生物的方法外,最重要的是利用羟基和氨基的感应效应来遥控氧化部位。

6.6.1 微生物法

利用其特定的酶,使化合物在特定的部位氧化,一般是在水溶液或适当的微生物生长的介质中进行:

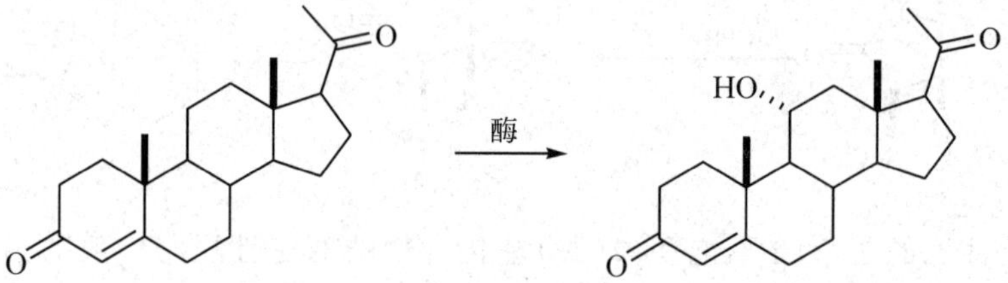

6.6.2 HLF 反应(Hofmann-Loeffler-Freytag 反应)

以 $ClNH_2$ 为氧化剂,在光照下进行自由基反应,在 γ-位进行氧化:

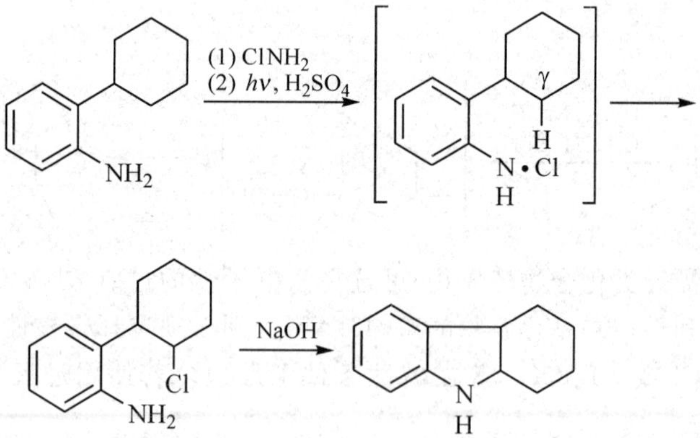

6.6.3 Barton 反应

以 Cl-NO 为氧化剂,在光照条件下经羟基感应,可在 γ-位进行氧化:

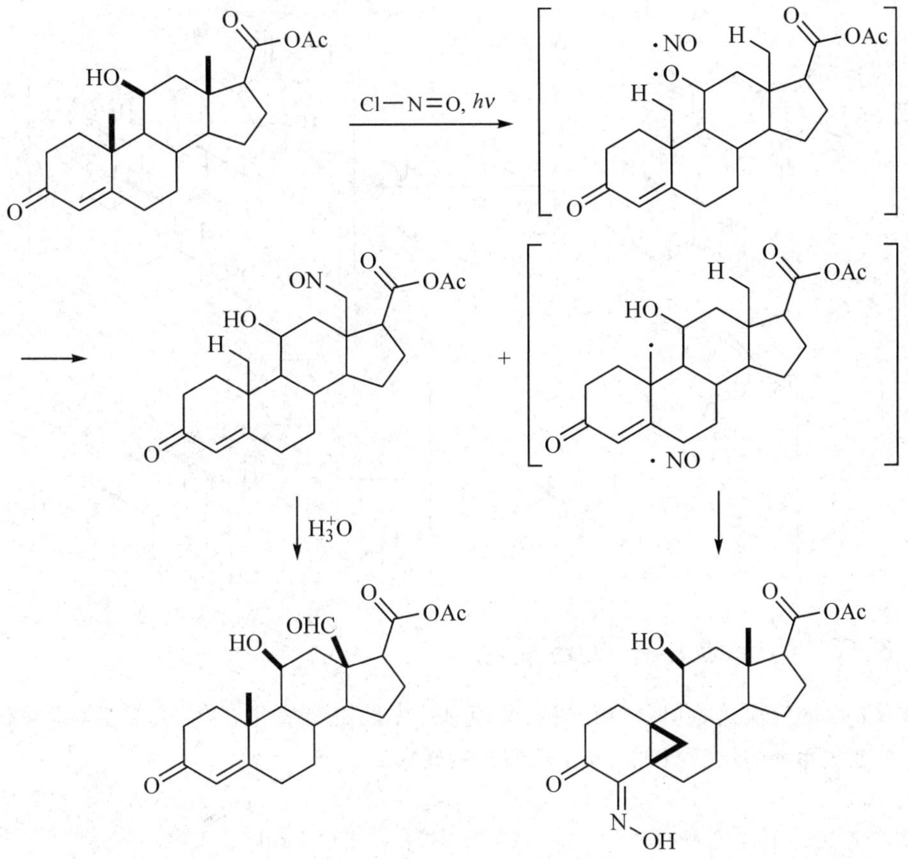

在某些化合物中,虽然有几个 γ 部位,但只有空间上接近的顺式才可反应:

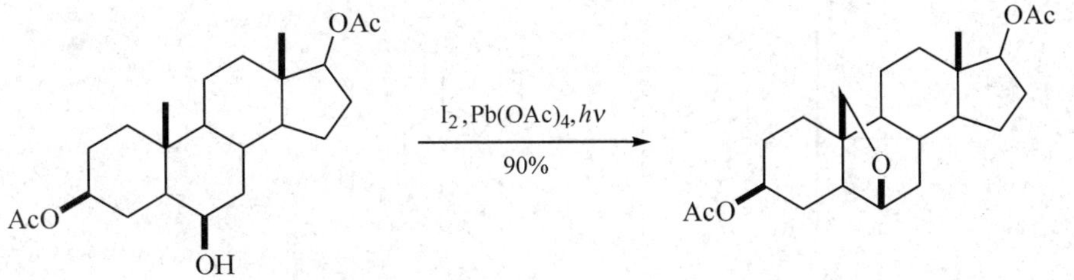

6.6.4 利用三级胺氧化成亚胺盐的反应

下列反应是利用二级胺先被氧化成亚胺盐(iminium salt),再进行吲哚(indole)的亲核性反应:

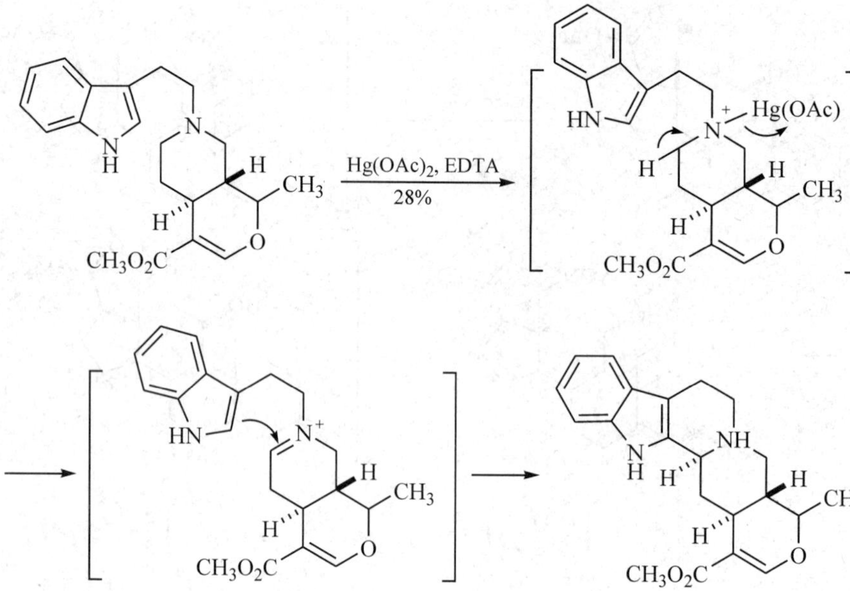

6.6.5 吡啶的 α-甲基的氧化

下面的反应是将甲基氧化成乙酰氧基，先经由氮氧化合物，其最后的步骤也是通过六元环的反应机理，发生乙酸根的转移：

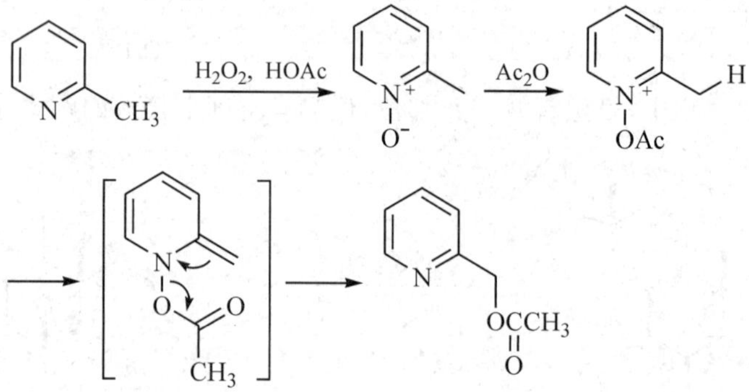

6.6.6 遥控式的氧化

如将类固醇的 C17 选择性地氧化，是利用 C3 上的羟基连接上适当长度的辅助链而进行的：

6 氧化反应

7 还原反应

广义的还原反应是指作用部位的碳原子的氧化数减少,如环己酮被硼氢化钠($NaBH_4$)还原成环己醇,原来的羰基C=O上加了一分子氢(H_2)成了CHOH,即氧化数由+2变成0;烯类加氢变成烷类,也是一种还原反应,其氧化数由-2变成-4;酮类与Zn/HCl作用变成烷类,也是一种还原反应,即羰基C=O脱去一个氧原子,加上一分子氢变成CH_2,氧化数由+2变成-2。那么环己酮(氧化数+2)与溴化甲基镁(CH_3MgBr,Grignard试剂)作用,最后产生1-甲基环己醇(氧化数0)也是一种还原作用,但反应机理与一般还原反应不尽相同,不是本章讨论的范围。烷、烯、炔、醇、酮、酸各有不同的氧化态,氧化数依次增加。

还原剂大致可分为5类:①氢气(H_2,加氢反应);②金属氢化物($NaBH_4$,$LiAlH_4$,BH_3);③金属(Na,K,Zn);④低价金属盐(如$TiCl_3$,$TiCl_2$);⑤非金属(如N_2H_4,Me_2S,Ph_3P)。

7.1 催化氢化(加氢反应)

7.1.1 概论

对于有机化合物的还原,催化氢化是一种广泛应用的技术。通常,反应是在非均相催化剂的存在下,于氢气的环境中通过搅拌或震荡化合物的溶液而进行的。可以方便地按照两种类型的反应来讨论催化剂和溶剂:①低压氢化:氢气压力通常在1~4atm(1atm=101325Pa),温度在0~100℃,在普通玻璃仪器中或密封瓶中进行;②高压氢化:氢气压在100~300atm,温度高达300℃,在专用的高压釜中进行。

低压氢化是在催化剂的存在下进行的。催化剂有Raney镍、铂(通常是用PtO_2氢化时就地产生Adams催化剂),或在载体上的钯或铑(Pd,Rh),载体可以是活性炭、硫酸钡或碳酸钙,也可以用氧化铝,载体本身活性较小。

溶剂可增加分散度,但溶剂会影响催化剂的活性,从中性、非极性溶剂(如环己烷)到极性的酸性溶液(如乙酸),活性递增。

常见的金属催化剂活性大小的顺序是:Pd>Rh>Pt>Ni>Ru。

反应进行的速率与反应的压力、温度及溶剂都有密切的关系。

7 还原反应

按照氢化难易程度的顺序,表 7-1 中列出各种官能团化合物加氢反应的产物,酰氯最活泼,而芳烃最不活泼。

表 7-1 一般官能团化合物的加氢反应

反 应 性	反 应 物	氢化产物
最高	RCOCl	RCHO
	RCH_2NO_2	RCH_2NH_2
	$RC{\equiv}CR'$	$RCH{=}CHR'(Z,E)$
	RCHO	RCH_2OH
逐渐减小	$RCH{=}CHR'$	RCH_2CH_2R'
	$RCOR'$	$RCH(OH)R'$
	$ArCH_2X$	$ArCH_3$
	$RC{\equiv}N$	RCH_2NH_2
	RCO_2R'	$RCH_2OH + R'OH$
最低	$RCONHR'$	RCH_2NHR'
	R—⟨benzene⟩	R—⟨cyclohexane⟩

7.1.2 加氢反应

由炔生成烯,由烯生成烷都是加氢反应。虽然加氢反应的机理尚不十分明了,但加氢反应通常是从空间位阻较小的一边顺式加成。

一般认为,氢气及烯(炔)类都先吸附在金属表面,在进行一个氢原子及 π-键的转移后,若很快地再转移另一个氢原子,则必定是由同边加入;若反应进行很慢,或在极性溶剂中,则有可能进行异构化,而不一定得到预期产物。注意下面几种情况。

(1) 不影响双键的选择性还原炔类

$$\text{(烯-炔-}CO_2CH_3\text{, OSi}(CH_3)_2Bu^t) \xrightarrow[83\%]{H_2, \text{ Pd-BaSO}_4} \text{(二烯-}CO_2CH_3\text{, OSi}(CH_3)_2Bu^t)$$

由炔还原成烯,这是部分氧化反应。反应采用 Lindlar 催化剂[Pd/CaCO₃/Pb(OAc)₂]或类似的催化剂,必要时,掺入一些所谓的"毒化"物质,如硫、喹啉、醋酸亚铅等,以降低催化剂的活性。炔类进行加氢反应产生顺式烯类。受空间效应影响,末端炔基较内炔基容易进行加氢反应:

$$C_3H_7-C\equiv C-CH_2CH_2-C\equiv CH \xrightarrow[97\%]{H_2, Pd-C} C_3H_7-C\equiv C-CH_2CH_2-CH=CH_2$$

也可使炔类还原成烷类，而不影响烯类。这是比较特殊的反应。反应中，除了与使用 Ni_2B 催化剂有关外，可能也受羟基的复合效应（complexed effect）：

[结构式：含有两个双键和一个炔键的长链醇] $\xrightarrow[90\%]{H_2-Ni_2B}$ [结构式：含有三个双键的长链醇]

(2) 受空间效应影响的加氢反应

尤其当使用铑金属催化剂 $(R_3P)_3RhCl$ 时，通常只还原位阻最小的单取代或双取代双键。

$(R_3P)_3RhCl$ 称作 Wilkinson 催化剂，可溶于苯及一般的有机溶剂，故反应是在同相中进行，为均相反应，有别于一般加氢作用的异相反应（非均相反应）。这种催化剂是可溶的，它形成单核的过渡金属配合物。基本反应历程是：

$$Rh-Cl + H_2 \longrightarrow Rh-H + H^+ + Cl^-$$

配体 Ph_3P 为大分子有机物，不但能够促进催化剂在有机溶剂中的溶解度，而且使催化剂更具有空间效应。如 Rh(Ⅰ) 的配体改用光学活性的磷化合物，则能够有不对称诱导作用，从而产生具有光学活性的化合物：

[反应式：2-甲基-5-异丙烯基环己烯酮 $\xrightarrow{H_2, (Ph_3P)_3RhCl, PhH, 25℃, 1atm}$ 2-甲基-5-异丙基环己烯酮]

[反应式：3,4-二羟基-α-乙酰氨基肉桂酸 $\xrightarrow{H_2, L_3RhCl, CH_3OH, H_2O, 25℃}$ N-乙酰基-3,4-二羟基苯丙氨酸]

$$L = \begin{array}{c} \text{[二氧戊环结构，两个碳上各连一个} P(C_6H_4CH_3\text{-}m)_2 \text{基团]}\end{array}$$

Wilkinson 催化剂也可对醛类进行脱羰基作用，将醛还原成烷类：

$$\text{R}-\overset{\overset{\text{O}}{\|}}{\text{C}}-\text{H} + (\text{Ph}_3\text{P})\text{RhCl} \longrightarrow \text{R}-\text{H} + (\text{Ph}_3\text{P})_2\text{RhCl}(\text{CO}) + \text{Ph}_3\text{P}$$

(3) 受催化剂、取代物及溶剂等影响的加氢反应

由此可能产生不同的异构产物,但真正的反应机理则尚在研究中。

二氧化铂(PtO_2)称作为 Adams 催化剂,实际上是先还原成白金 Pt,再进行催化作用:

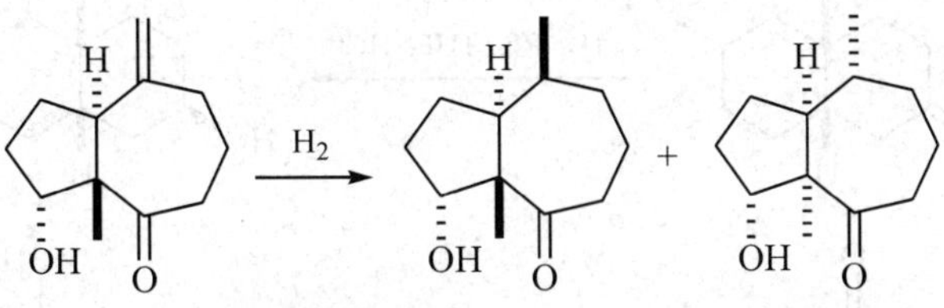

PtO_2 (催化剂)	70%	30%
Pd/C (催化剂)	20%	80%

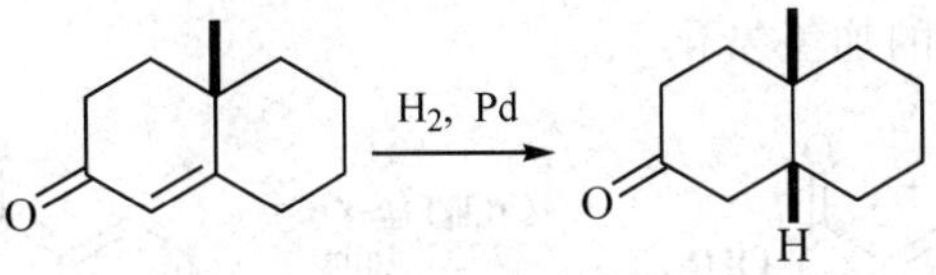

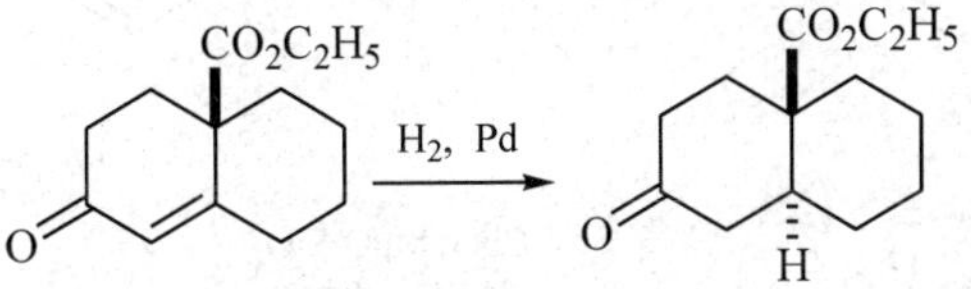

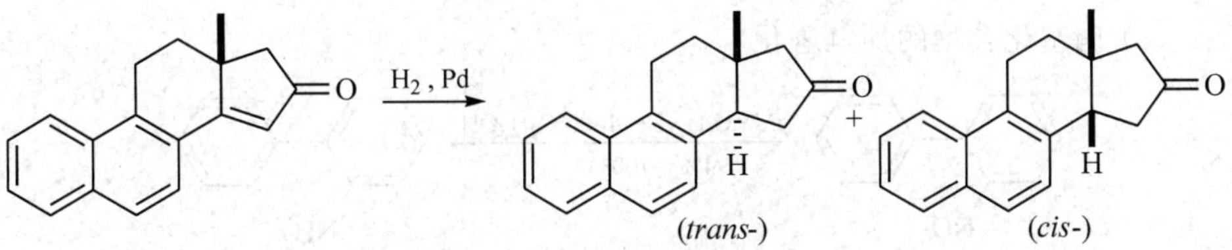

二氧六环(溶剂)	100% 0
$\text{C}_2\text{H}_5\text{OH} + \text{KOH}$(溶剂)	0 100%

(*trans-*) (*cis-*)

7.1.3 除碳碳不饱和键以外的各官能团的催化氢化

(1) 酮类及芳香酮类的加氢反应

这类加氢反应通常要在强酸等激烈的条件下方可进行,如:

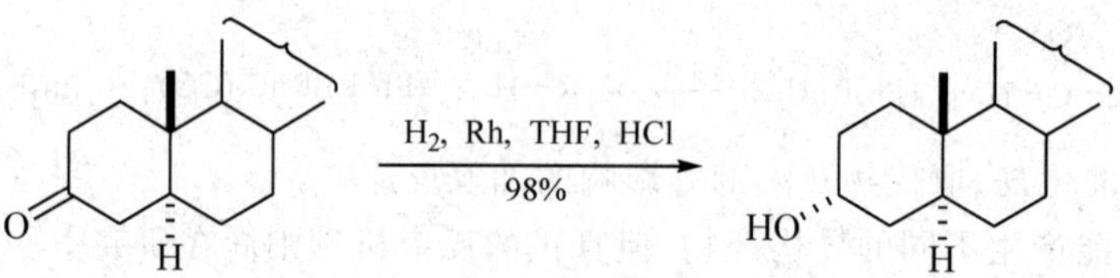

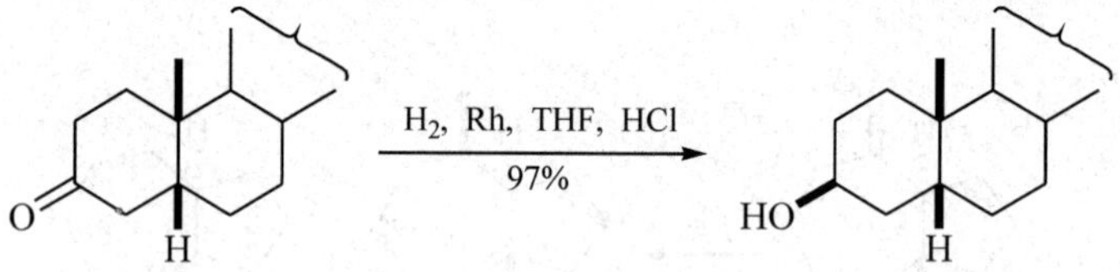

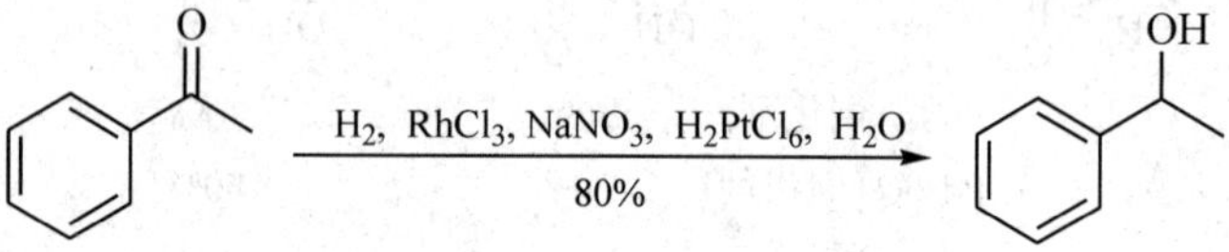

(2) 酸的衍生物的加氢氢化

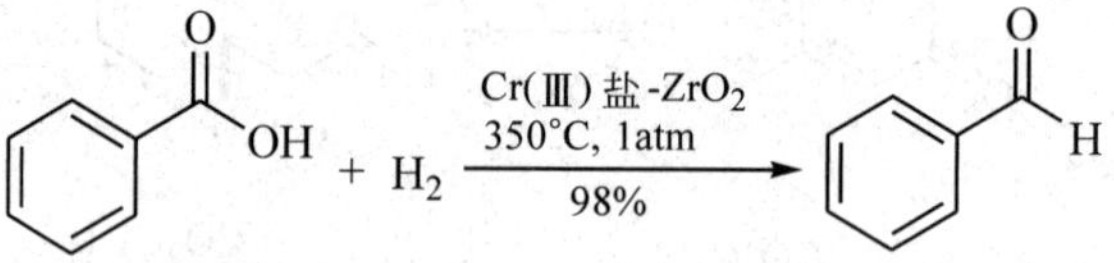

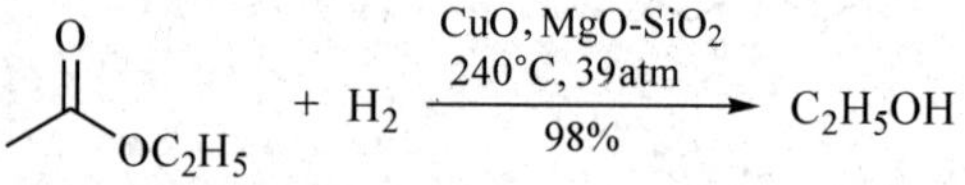

(3) 硝基化合物的加氢氢化

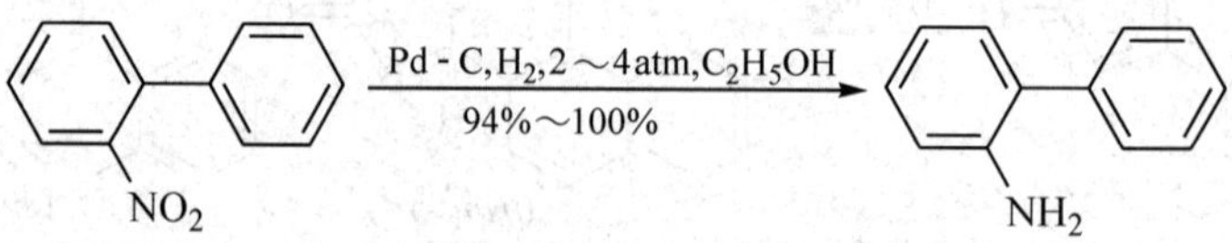

(4) 肟的加氢氢化

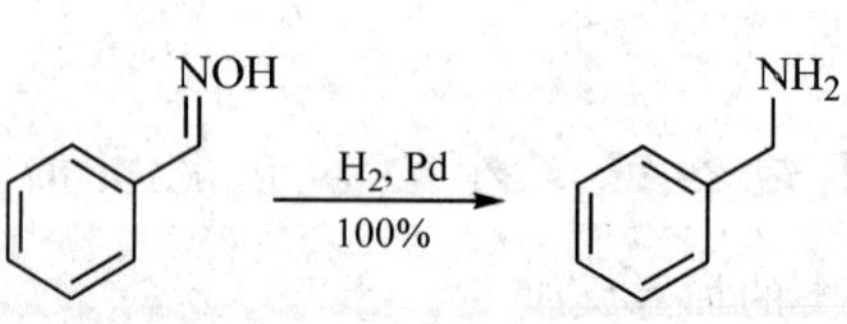

(5) 芳环、杂环的加氢氢化

[呋喃] $\xrightarrow[90\%\sim 95\%]{\text{PdO, Ni, H}_2\text{, 7atm}}$ [四氢呋喃]

[菲] $\xrightarrow[\substack{\text{环己烷},\ 150\ ^\circ\text{C} \\ 70\%\sim 72\%}]{\text{CuCrO}_4\text{, H}_2\text{, 150atm}}$ [9,10-二氢菲]

7.1.4 加氢造成的氢解反应

氢解(hydrogenolysis)是指在反应中,氢取代另一元素或官能团,生成氢化物,例如:

[邻氯苯甲酰氯] $\xrightarrow[70\%]{\text{Pd-SiO}_2\text{, H}_2}$ [邻氯苯甲醛]

[苯甲醇] $\xrightarrow[100\%]{\text{Pd-C, H}_2\text{, 3atm,} \atop \text{C}_2\text{H}_5\text{OH, 25}^\circ\text{C}}$ [甲苯]

[3-苄氧基环庚酮] $\xrightarrow{\text{Pd-C, H}_2}$ [3-羟基环庚酮]

[对甲基苯硫酚] $\xrightarrow{\text{Ni(R), H}_2}$ [甲苯]

$\text{C}_2\text{H}_5\text{—}\triangleleft$ $\xrightarrow{\text{Pd-C, H}_2\text{, 50}^\circ\text{C}}$ $\text{C}_2\text{H}_5\text{—CH(CH}_3\text{)}_2$

7.2 金属氢化物还原

某些金属氢化物是氢负离子(H^-)合成子的合成等价物,因而是优先作用于缺电子中心的强还原剂。然而,碱性较强的氢化物(如 NaH,CaH_2)却不是还原剂。在市场上容易买到的多种氢化物还原剂中,有一些不仅剧烈地与水作用,还容易与醇作用,因此,反应必须在无水醚或烃溶剂中进行。例如,氢化锂铝能与含质子溶剂(含活泼氢溶剂),如水、甲醇作用生成氢气(H_2):

$$LiAlH_4 + 3 MeOH \longrightarrow LiAlH(OMe)_3 + 3 H_2$$

因此,欲以 $LiAlH_4$ 还原有机化合物需在非质子溶剂中进行,如甲苯、乙醚或四氢呋喃。

硼氢化钠($NaBH_4$)、氢化锂铝($LiAlH_4$)和二异丁基氢铝[iso-$C_4H_9)_2AlH$]是最常见的金属氢化物还原剂。硼氢化钠的还原能力较弱,一般只能还原羰基;而氢化锂铝是很强的还原剂,对多种官能团都能够进行还原反应,但不与一般的烯类作用。其他金属或混合金属的氢化物也有一定的还原能力,但作用的程度各不相同。

硼氢化钠 $NaBH_4$ 在甲醇或乙醇中有相当的稳定性,故其反应可在无水的醇溶剂中进行。

二异丁基氢铝会与含质子溶剂作用,也可溶于非质子溶剂中,故可在低温(-78℃)下进行均相反应。

以上3种氢化金属还原剂都是碱性试剂,与酸作用极激烈,产生氢气。

7.2.1 氢化锂铝与二异丁基氢铝

氢化锂铝与一般官能团化合物的作用见表7-2。

表 7-2 一般官能团化合物与氢化锂铝 $LiAlH_4$ 作用

反 应 性	反 应 物	氢 化 产 物
最高	C=O	CHOH
	COOR	CH_2OH
↓递减	CN	CH_2NH_2
	$CONR_2$	CH_2NR_2
	C—NO_2	CNH_2
最低	CHBr	CH_2
	CH_2OSO_2Ar	CH_3

(1) 以氢化锂铝还原酸酐,需经过醛酸的中间体,羰基较羧基更容易被还原,因此在低温时羰基被进一步还原,此时将反应终止可获得内酯;若升高温度则得到二醇类为最终产物:

7 还原反应

一般所谓淬灭反应(quenching)系指加入水、甲醇、饱和氯化铵水溶液或乙酸的四氢呋喃溶液等,以消耗多余的还原剂,使其不再与反应物作用。

(2) 以 1mol 的二异丁基氢铝还原内酯,在适当的条件控制下,醛基不继续被还原,则可以得到半缩醛产物:

反应得到热力学较稳定的半缩醛,羟基在平伏键(equatorial)上。

(3) 若是 α,β-不饱和 γ-内酯的还原,反应后立即脱水生成呋喃类化合物:

(4) 以 1mol 的二异丁基氢铝可将酯或腈类化合物还原成为醛类,若使用过量的还原剂,则得到醇类生成物。由于此还原剂为碱性,不会破坏环丙烷的结构(环丙烷在酸的催化下会开环):

(5) 环氧乙烷类及羰基化合物被氢化锂铝或二异丁基氢铝还原成醇类,反应的进行可能受动力学控制,也可能受热力学控制:

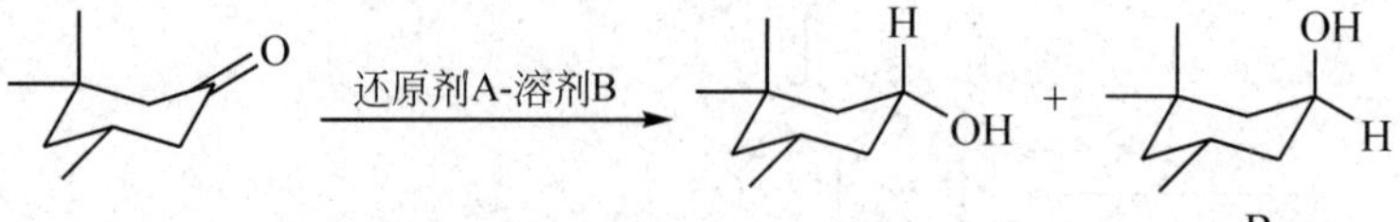

还原剂A-溶剂B	A : B
$LiAlH_4$ / $(C_2H_5)_2O$	A : B = 1
$LiAl(OBu^t)_3H$ / THF	A : B < 1
H_2(Raney Ni) / C_2H_5OH	A : B < 1
Li / NH_3 (l) / C_2H_5OH	A : B > 1

对于 α,β-不饱和酮类的还原反应,氢化锂铝和二异丁基氢铝可能有不同的选择性。

一般说来,$LiAlH_4$ 是以 H^- 直接作用,进行 1,4-还原反应,而二异丁基氢铝具有 Lewis 酸的性质,先与亲核性的氧原子螯合后,再释放出 H^-,进行 1,2-还原反应。

当 $LiAlH_4$ 与 $AlCl_3$ 为共同还原剂,还原剂产生铝烷(alane)Al_2H_6 时,也产生 1,2-还原产物:

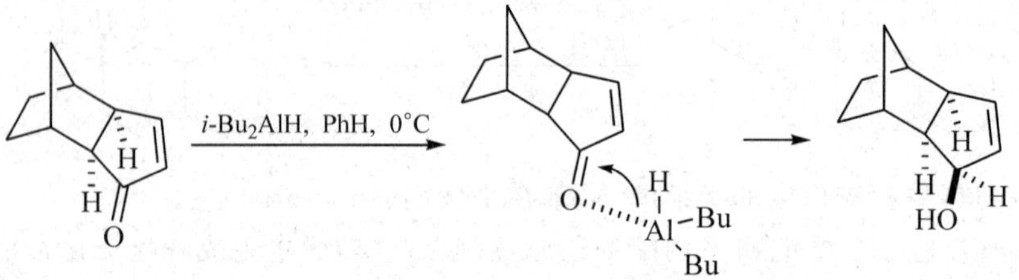

所谓 1,2-或 1,4-反应是指 α,β-不饱和羰基化合物的氧原子为 1,官能团的碳为 2,α-碳为 3,而 β-碳为 4。若在羰基上作用,称为 1,2-反应;若在 β-碳上作用,称为 1,4-反应。

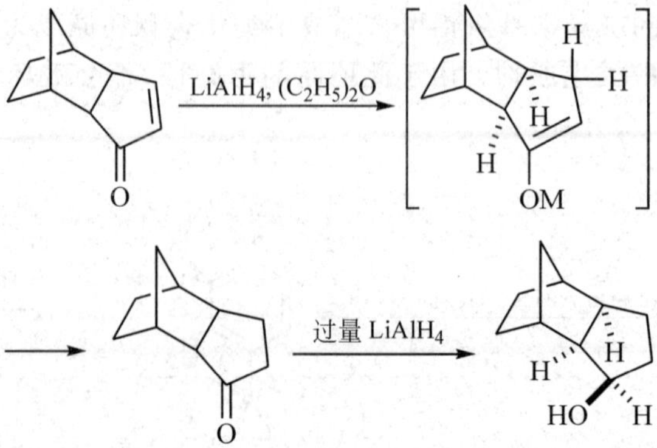

至于 α,β-不饱和环氧乙烷的还原反应,较难预测其位置选择性,产物显然受使用的还原剂和溶剂的影响:

具有光学活性的还原剂,可将苯乙酮还原而得到光学活性的醇类产物:

以上两反应的结果可由以下两过渡态(A,B)给予解释:

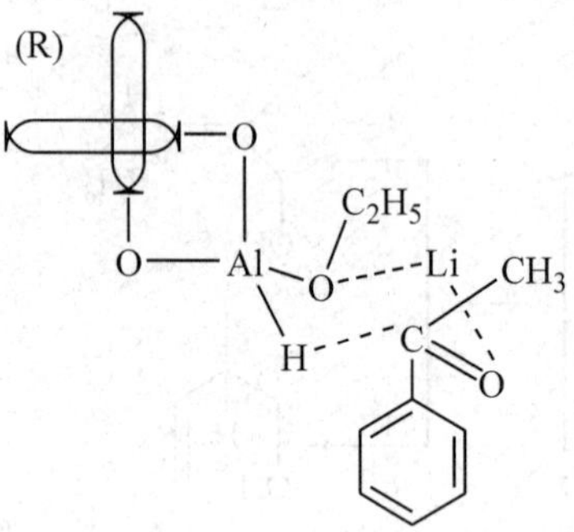

在 A 中,连接羰基的小取代基(CH_3)处于直立键位置,而大取代基(C_6H_5)在平伏键位置;在 B 中,大取代基(C_6H_5)在直立键位置,造成很大的偶极排斥力(1,3-diaxial interaction),B 不易形成。

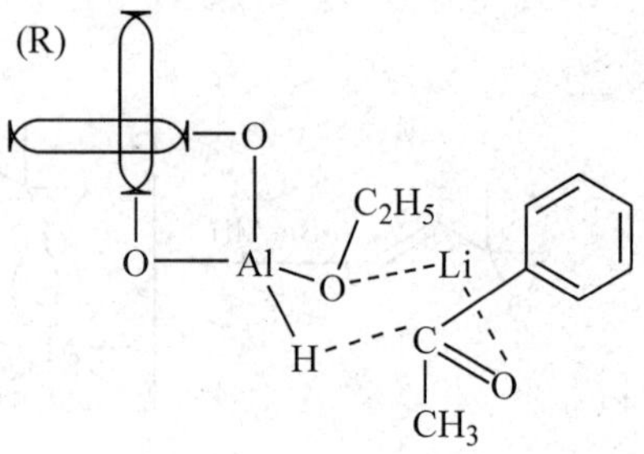

7.2.2 硼氢化钠($NaBH_4$)

(1) 硼氢化钠在一般条件下,只还原羰基,而不与卤化物或羧基作用。

下面的反应若在乙醇中进行,可能产生酯交换,而得到乙酯,故应选用甲醇作溶剂:

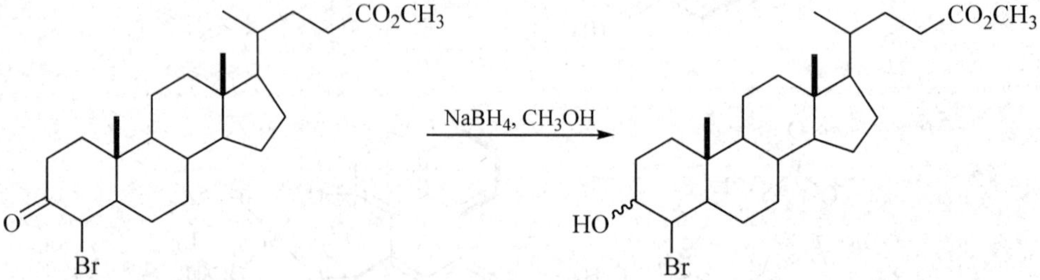

(2) 硼氢化钠可与 α,β-不饱和酯类及腈类进行 1,4-还原,产生饱和酯类或腈类;α,β-不饱和羰基化合物则进行 1,2-还原反应,尤其有 $CeCl_3$ 的存在下,产生烯丙醇:

$$PhCH=C(CO_2C_2H_5)_2 \xrightarrow[69\%]{NaBH_4, C_2H_5OH, 25℃} PhCH_2CH(CO_2C_2H_5)_2$$

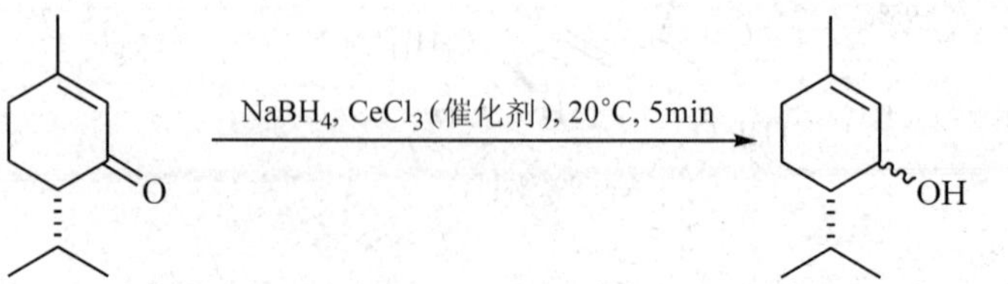

利用 CeCl₃ 容易与醛基螯合,产生类似于半缩醛的中间体,则硼氢化钠可选择性地还原酮基:

$$\text{环戊酮-2-(CH}_2)_6\text{CO}_2\text{C}_2\text{H}_5\text{-3-CHO} \xrightarrow{\text{NaBH}_4, \text{CeCl}_3 \atop \text{H}_2\text{O}, \text{C}_2\text{H}_5\text{OH}} \left[\text{环戊酮-(CH}_2)_6\text{CO}_2\text{C}_2\text{H}_5, \text{CH(OH)(OCeCl}_2)\right]$$

$$\longrightarrow \text{环戊醇(HO)-(CH}_2)_6\text{CO}_2\text{C}_2\text{H}_5, \text{CHO}$$

硼氢化钠在酸中不稳定,但硼氢氰钠(sodium cyanoborohydride,NaBH₃CN)在酸中却相当稳定,故应用于氨基酸的合成反应中:

$$\underset{\underset{N=CHPh}{|}}{\text{R}-\overset{H}{\underset{|}{C}}-\text{CO}_2\text{H}} \xrightarrow{\text{NaBH}_3\text{CN}, 25℃} \underset{\underset{\text{NHCH}_2\text{Ph}}{|}}{\text{R}-\text{CHCO}_2\text{H}}$$

又如,NaBH₃CN 在冰醋酸中可以还原吲哚双键,该反应称为 Gribble 吲哚还原。

$$\text{吲哚} \xrightarrow{\text{NaBH}_3\text{CN, HOAc}} \text{吲哚啉}$$

改变阴离子及配位体的硼化氢还原剂,如用 NaBH(S^{t}Bu)₃,NaBH(OAc)₃ 及 Bu₄NBH₃CN 等,可选择性地还原反应性较强的醛基,仅有少量的酮基被还原:

$$\text{PhCHO} + \text{PhCOCH}_3 \xrightarrow{\text{NaBH(OAc)}_3, \text{PhH}, 80℃} \text{PhCH}_2\text{OH} + \text{PhCOCH}_3 + \text{PhCHOHCH}_3$$
$$1:1$$

7.2.3 硼烷(BH₃)

(1) 硼烷(borane)是由硼氢化钠与三氟化硼制备,以二硼烷 B₂H₆(diborane)的形式存在:

$$3\text{NaBH}_4 + 4\text{BF}_3 \longrightarrow 2\text{B}_2\text{H}_6 + 3\text{NaBF}_4$$

硼烷和二硼烷具有 Lewis 酸的特性,因此反应性与 NaBH₄ 或 LiAlH₄ 不同。表 7-3 显示硼烷的反应性,它容易与羧酸及烯烃反应,却不与酰卤、卤代烷、砜或硝基化合物等作用。

表 7-3　一般官能团化合物与硼烷作用

反应性	反应物	产物
最高 ↓ 最低	RCOOH RCH=CHR R$_2$C=O RCN (环氧化合物) RCO$_2$R′	RCH$_2$OH RCH$_2$CH$_2$R R$_2$CHOH RCH$_2$NH$_2$ (H, OH 邻位加成产物) RCH$_2$OH/R′OH

（2）硼烷与烯烃作用时，具有极高的位置及立体选择性。一般来说，硼加在烷基较少的烯碳上，而氢则加在烷基较多的另一烯碳上。

反应是以四元环的过渡态，进行协同式同边加成。位置选择性有时会因为取代基不同而改变：

事实上,硼烷具有 3 个氢阴离子,故可与 3mol 的烯类作用,形成 R_3B。但由于受空间位阻的影响,与烯作用的分子数会减少,如:

$$(CH_3)_2C=CH-CH_3 \xrightarrow{BH_3, (C_2H_5)_2O} [(CH_3)_2CH-\underset{\underset{2}{|}}{\overset{CH_3}{\overset{|}{C}H}}]_2 BH$$

$$(CH_3)_2C=C(CH_3)_2 \xrightarrow{BH_3, (C_2H_5)_2O} [(CH_3)_2CH-C(CH_3)_2]BH_2$$

环辛二烯 $\xrightarrow{BH_3, THF, \Delta}$ 9-BBH

(3) 有机硼化合物用醋酸处理,可得到烷烃:

$$n\text{-}C_4H_9CH=CH_2 \xrightarrow{B_2H_6, 25°C} (n\text{-}C_4H_9CH_2CH_2)_3-B \xrightarrow[91\%]{HOAc} n\text{-}C_4H_9CH_2CH_3$$

(4) 有机硼化合物用 H_2O_2 的碱性溶液处理,得到醇类化合物,并且原来连接硼的碳原子在改接羟基时,保持原来的构型:

$$n\text{-}C_8H_{17}CH=CH_2 \xrightarrow[(2) H_2O_2, NaOH(aq)]{(1) B_2H_6} n\text{-}C_8H_{17}CH_2CH_2OH$$

整个过程好比是 α-蒎烯的水解,位置选择性与 Markovnikov 规则相反,而且有很高的立体选择性,进行顺式加成:

有机硼烷的反应总结于图 7-1 中。

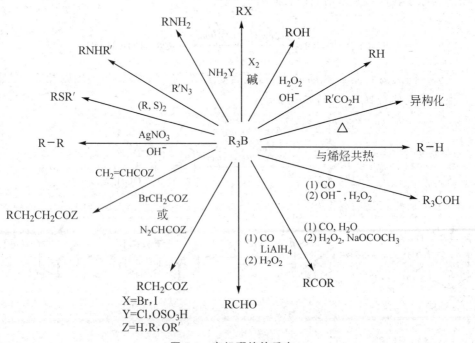

图 7-1　有机硼烷的反应

(5) 运用适当的离去基团(leaving group)，有机硼在碱的处理下，双环打开成一大环类化合物。值得注意的是，接离去基团的键与断裂的键，两者是反式同平面(antiperiplaner)：

(6) 改变硼烷取代基，如氯硼烷可以将羧酸还原生成醛(以 2,4-DNP 分离)：

$$\text{BH}_2\text{S(CH}_3)_2 \xrightarrow{\text{HCl, (C}_2\text{H}_5)_2\text{O}} \text{B}\begin{subarray}{c}\text{H}\\\text{S(CH}_3)_2\\\text{Cl}\end{subarray} \xrightarrow[99\%]{\text{CH}_3\text{(CH}_2)_4\text{CO}_2\text{H, 25°C, 15min}} \text{CH}_3\text{(CH}_2)_4\text{CHO}$$

7.3 金属还原剂

常用的金属还原剂有锂、钠、镁、锌及钛等金属。一般是在有机溶剂中进行的非均相反应，其中锂及钠常常溶于液氨中进行反应，特称为溶解性金属还原反应(dissolving metal reduction)。金属镁可将卤化物 RX 还原，形成 Grignard 试剂 RMgX，而金属锌可将 α-溴酯类 RCHBrCO$_2$Et 还原成 Reformatsky 试剂 RCH$_2$CO$_2$Et。它们均可视为金属(Mg,Zn)给予 2 个电子将卤化物还原成为有机金属化合物，而本身转移成为 2 价的离子(Mg^{2+}，Zn^{2+})。有机金属化合物可以进一步与亲电子基团反应。

锂($2s^1$)与钠($3s^1$)只容易给出一个外层的价电子，而本身变成 Li$^+$ 及 Na$^+$ 离子。因此将酮类还原成醇类，相对的氧化态由 a 变成 a−2，需要 2mol 的金属锂或钠。

7.3.1 锂(钠)溶于液态氨中的还原反应

(1) 将炔还原成为反式烯烃，如：

$$\text{CH}_3\text{C} \equiv \text{CCH}_2\text{C} \equiv \text{C(CH}_2)_3\text{OCH}_3$$

$$\downarrow \begin{array}{c}4\text{ mol Li} + \text{NH}_3(l)\\t\text{-BuOH, (C}_2\text{H}_5)_2\text{O}\end{array}$$

H$_3$C—CH=CH—CH$_2$—CH=CH—(CH$_2$)$_3$OCH$_3$

在这样的反应条件下,还原非末端炔烃成为反式烯烃,且不至于产生共轭(conjugated)的异构体。

若在强碱 $NaNH_2$ 存在时,末端炔基先转变成金属盐类,而不被还原:

$$C_3H_7-C\equiv C-CH_2CH_2CH_2-C\equiv CH$$

$\downarrow NaNH_2, (C_2H_5)_2O, NH_3$

$$C_3H_7-C\equiv C-CH_2CH_2CH_2-C\equiv CNa$$

75% $\downarrow$ (1) Na, −40°C, 2h
(2) NH_4Cl

$$C_3H_7-CH=CH-CH_2CH_2CH_2-C\equiv CH$$

在十元环或十一元环等大环有机物的情况下,可能产生环张力(ring strain)较小的顺式双键:

n	顺式 %	反式 %
n=5	19%	71%
n=6	94%	2%
n=7	47%	53%
n=8	9%	38%

(2) 金属锂与 α,β-不饱和酮类进行 1,4-还原反应,形成烯醇化合物,再加入 NH_4Cl 供给质子,产生饱和酮类;改为加入亲电试剂,可以完成碳-碳键的连接:

反应机理如下:

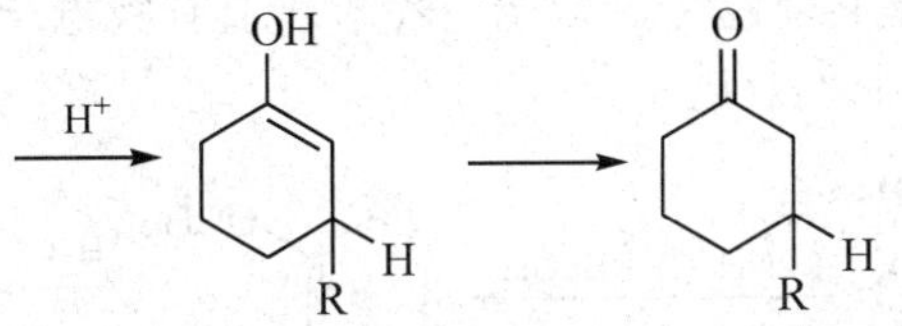

若使用容易与氧结合的磷酰卤来终止反应,则生成的磷酸酯,可进一步在含质子溶剂中还原。全部过程系将 α,β-不饱和酮类还原成烯烃(双键的位置已经发生改变):

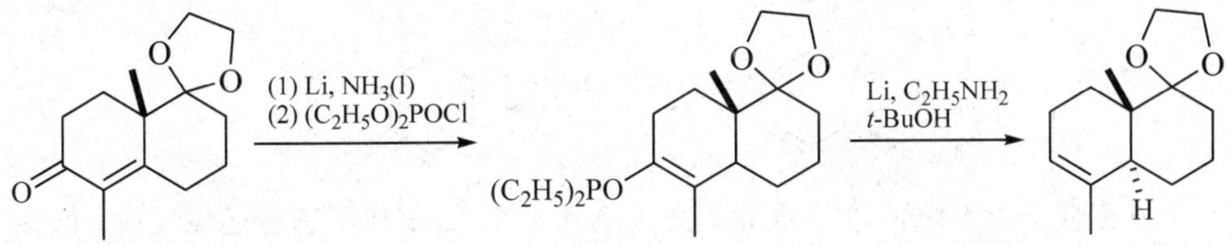

若要避免双键的转移,可先将 α,β-不饱和酮类转变成双硫缩酮(dithioketal),再用金属钠或锂还原(亦可用 H_2/Raney Ni,但要控制双键不被氢化):

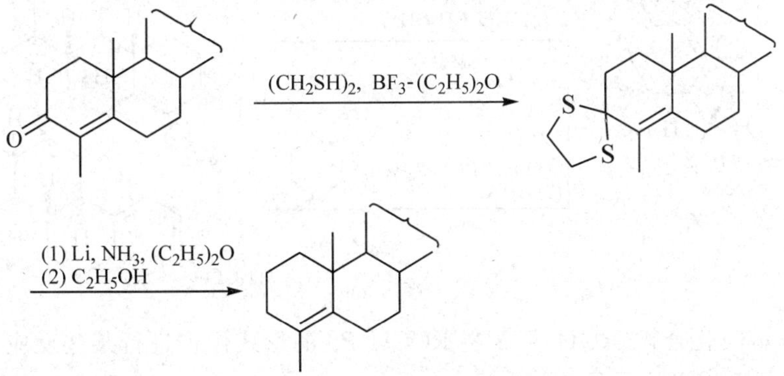

双环不饱和酮类化合物在金属锂还原下,得到反式调和的双环化合物(*trans-fused bicyclic compound*)。由于部分酮类会被进一步还原成醇,故最后又用铬酸将醇氧化成酮:

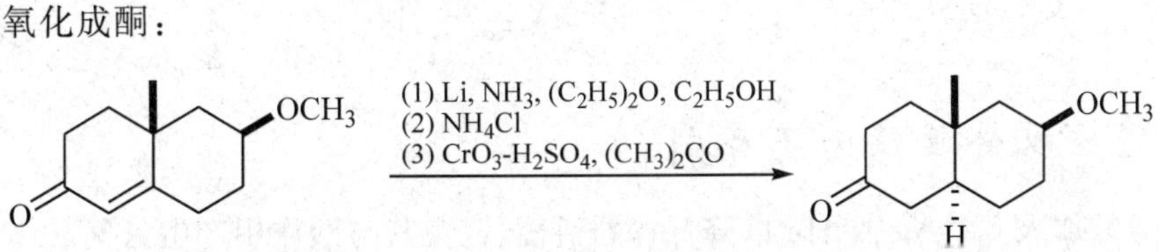

(3) 以金属锂(钠)在液氨中将苯还原成双烯类的反应称为 Brich 还原反应。此类反应需在含质子溶剂中进行。当苯环上有推电子的取代基,如甲氧基,大多数

生成 1,4-双烯,而不是共轭的 1,3-双烯;若苯环上有吸电子的取代基,如羧基,则生成不与羧基共轭的 1,4-双烯:

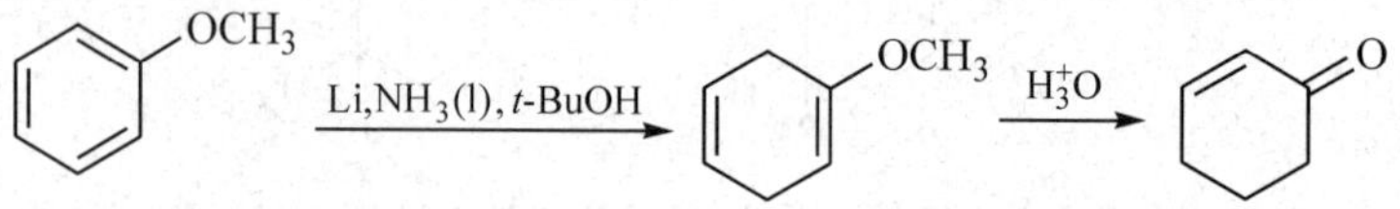

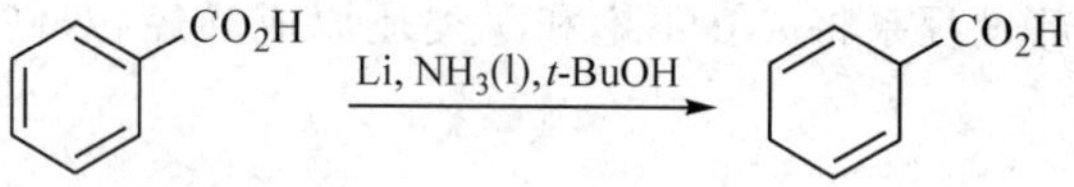

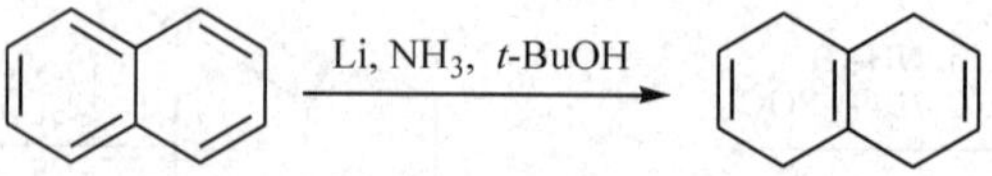

在无质子溶剂中,α,β-不饱和酮会还原成酮类,而苯环不进行还原反应;但在质子性溶剂中,酮类进一步还原成醇类,且苯环进行 Brich 还原反应:

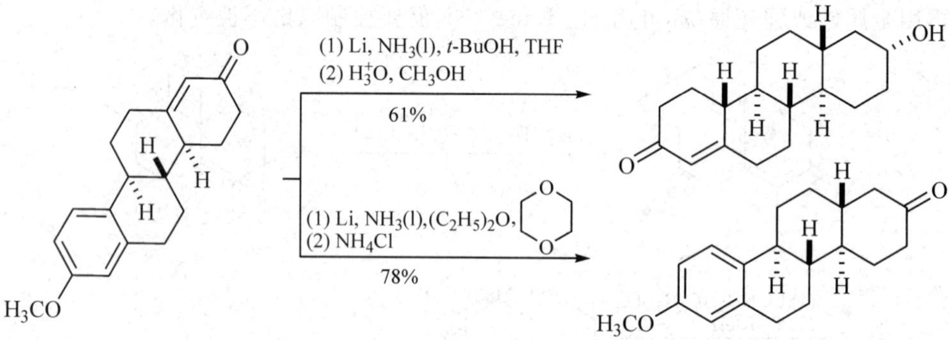

(4) 醇类化合物(ROH)以苄醚 $ROCH_2Ph$ 的形式保护进行某些反应后,欲脱去苄基,可用锂氨还原反应:

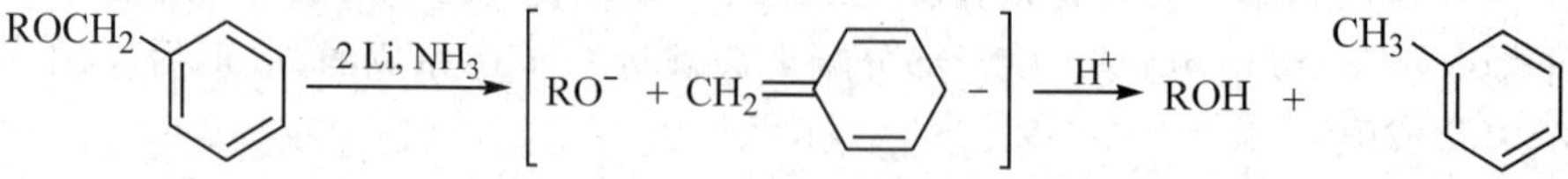

7.3.2 以金属锌为还原剂

通常加入 Cu,Ag 或 Hg 以降低锌的活性,避免其与酸作用产生氢气。

(1) 在盐酸或乙酸中,可将醛、酮类还原成烷类,称为 Clemmensen 还原反应:

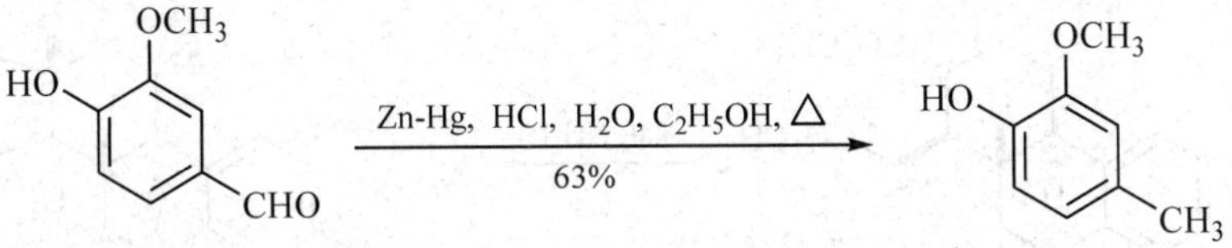

7 还原反应

[反应式：2-甲氧基-4-甲酰基苯酚 经 Zn-Hg, HCl, H₂O, C₂H₅OH, Δ, 63% 还原为 2-甲氧基-4-甲基苯酚]

(2) 以金属锌在无质子溶剂中还原 α-卤代酮类得到 Reformatsky 试剂, 与亲电试剂产生具有 α-取代的酮类：

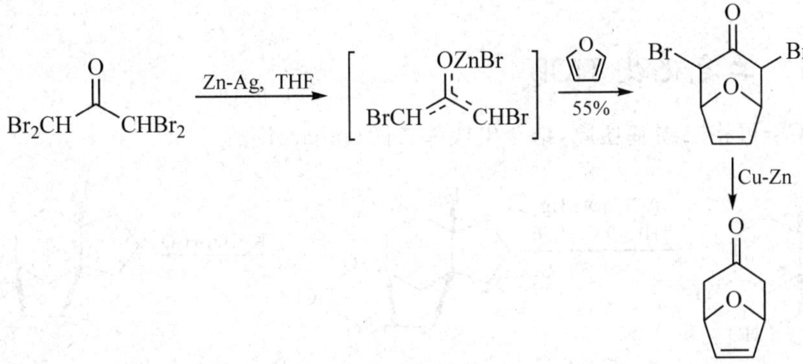

[反应式：$Br_2CH-CO-CHBr_2$ 经 Zn-Ag, THF 生成烯醇锌中间体 $[BrCH=C(OZnBr)-CHBr]$，再与呋喃反应 55% 得双溴桥环酮，经 Cu-Zn 还原得桥环烯酮]

如使用 NaI 与溴置换, 可以促进碳-碳键的形成：

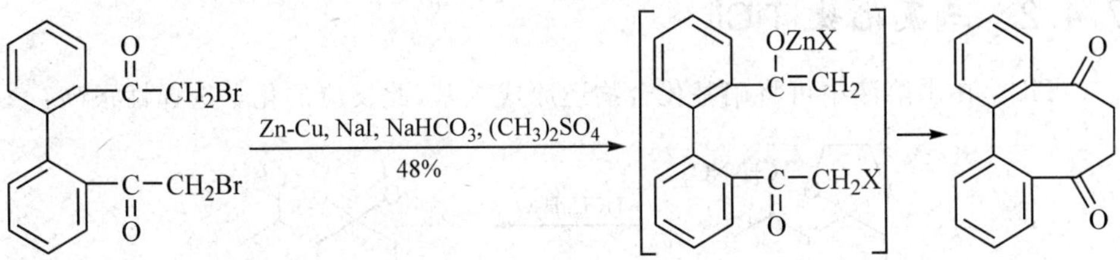

[反应式：联苯二酰甲基溴化物经 Zn-Cu, NaI, NaHCO₃, $(CH_3)_2SO_4$, 48% 反应，经烯醇锌中间体形成二苯并环辛二酮]

7.3.3 以金属钛为还原剂

一般金属钛 Ti^0 是直接从 3 价钛盐 $TiCl_3$ 经金属锂或 $LiALH_4$ 还原而得。可结合两个羰基, 形成 1,2-双醇类或进一步消除成烯类：

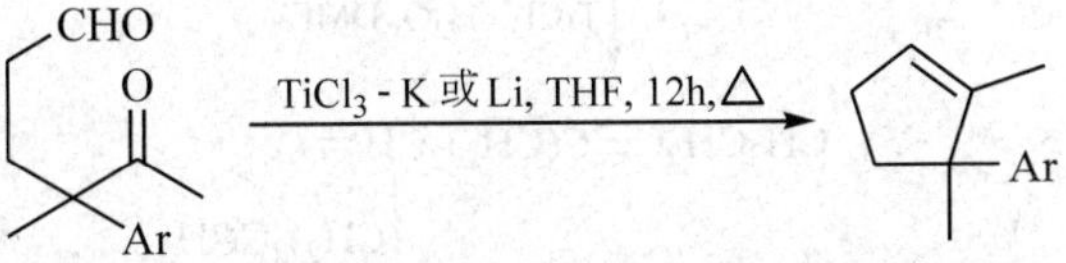

[反应式：含 CHO 与酮的化合物经 $TiCl_3$-K 或 Li, THF, 12h, Δ 生成环戊烯衍生物]

例如两个酮类化合物可以被金属钛还原并结合成取代烯类。

值得比较的是, 下面反应直接用金属钠或镁将两个羰基结合成为 α-羟基酮类：

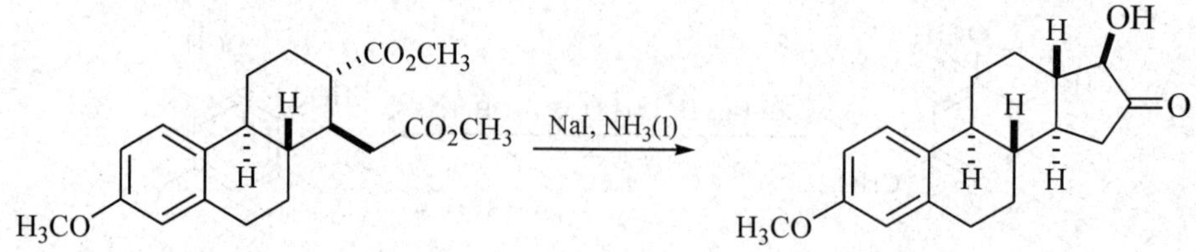

[反应式：甾体二酯经 NaI, NH₃(l) 转化为含羟基和酮基的甾体]

7.4 低价金属盐还原剂

7.4.1 二氯化钛 TiCl$_2$

TiCl$_2$ 可将二羰基还原,结合生成邻二醇(pinacol):

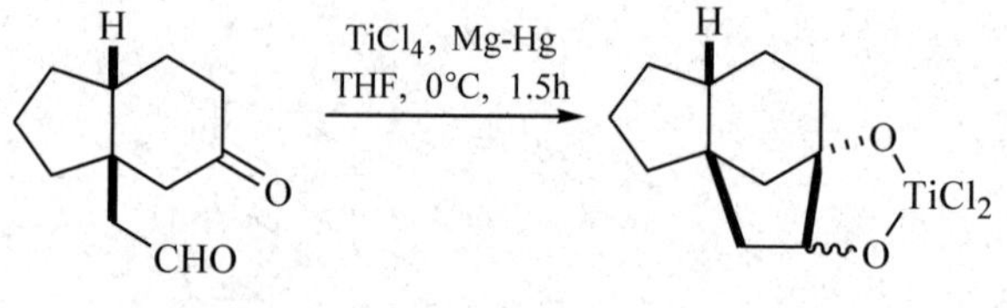

[反应式：酮醛化合物经 TiCl$_4$, Mg-Hg / THF, 0°C, 1.5h 生成钛环中间体,再经 K$_2$CO$_3$-H$_2$O 生成邻二醇]

通常用四氯化钛经金属镁还原来制备 TiCl$_2$。

7.4.2 三氯化钛 TiCl$_3$

TiCl$_3$ 在水溶液中可将硝基化合物还原成羰基,此反应的化学选择性很高:

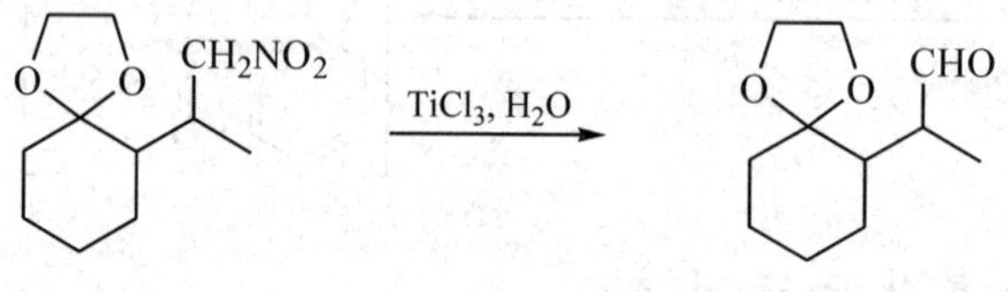

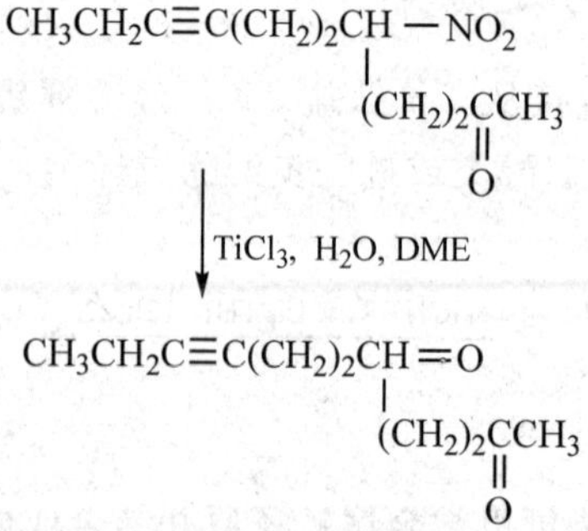

[反应式：缩酮-CH$_2$NO$_2$ 化合物经 TiCl$_3$, H$_2$O 还原为 CHO 化合物]

$$CH_3CH_2C{\equiv}C(CH_2)_2CH-NO_2$$
$$|$$
$$(CH_2)_2CCH_3$$
$$\|$$
$$O$$

↓ TiCl$_3$, H$_2$O, DME

$$CH_3CH_2C{\equiv}C(CH_2)_2CH=O$$
$$|$$
$$(CH_2)_2CCH_3$$
$$\|$$
$$O$$

反应的机理可能是先将硝基化合物还原成肟(oxime)或亚胺(imine),再水解成为羰基化合物:

$$R_2CHNO_2 \rightleftharpoons R_2C=\overset{+}{N}\overset{OH}{\underset{O^-}{}} \xrightarrow{TiCl_3} R_2C=\overset{+}{N}\overset{OH}{\underset{O-TiCl_2}{}}$$

$$\longrightarrow R_2C=N-OH \xrightarrow[H_2O]{TiCl_3,\ H_2O} R_2C=NH \longrightarrow R_2C=O$$

由于硝基是强的吸电子基,硝基化合物 RCH_2NO_2 可以在强碱处理下脱去质子后,与亲电试剂 E^+ 作用,再与 $TiCl_3$ 还原得羰基化合物,故可视为极性转换的羰基对等物:

$$RCH_2NO_2 \xrightarrow[(2)\ E^+]{(1)\ i\text{-}Pr_2NLi} RCHNO_2\underset{E}{|} \xrightarrow{TiCl_3} R-C=O\underset{E}{|}$$

7.5 非金属还原剂

7.5.1 肼(NH_2-NH_2)

肼(NH_2-NH_2)、对甲苯磺基肼($p\text{-}MeC_6H_4SO_2NHNH_2$, $TsNHNH_2$)及亚肼(N_2H_2, diimide)等为非金属还原剂。

在碱性条件下,羰基化合物与肼作用,在高温下脱氮气,转变为烷烃,称为 Wolff-Kishner-黄鸣龙反应。此反应在一缩二乙二醇($HOCH_2CH_2OCH_2CH_2OH$)中,用 KOH 或 NaOH 一同加热进行:

若使用二甲基亚砜(DMSO)为溶剂及可溶性强碱,则此反应可在室温下进行:

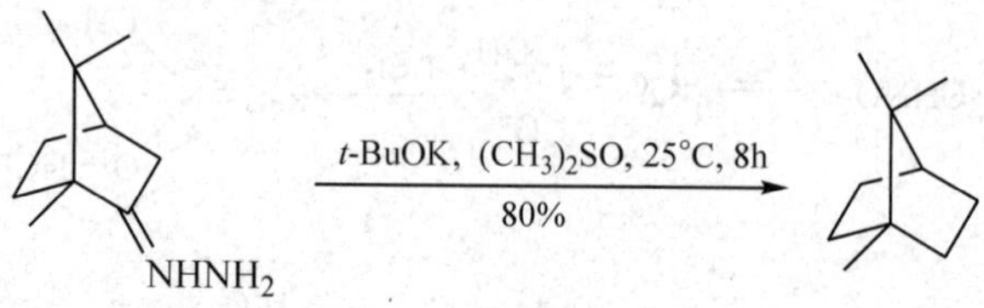

甲苯磺基肼的作用类似,但由于甲苯磺基是很好的离去基团,羰基化合物被还原成烯烃。如以重水 D_2O 终止反应,则得到氘代烯烃:

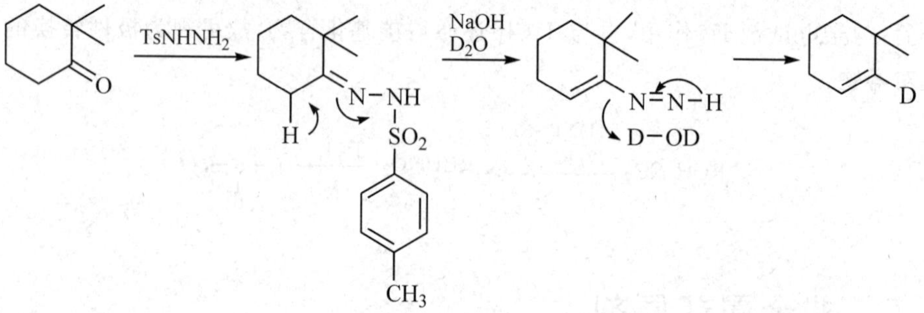

肼可以将 α,β-环氧酮类(α,β-epoxyketone)转变成丙烯醇:

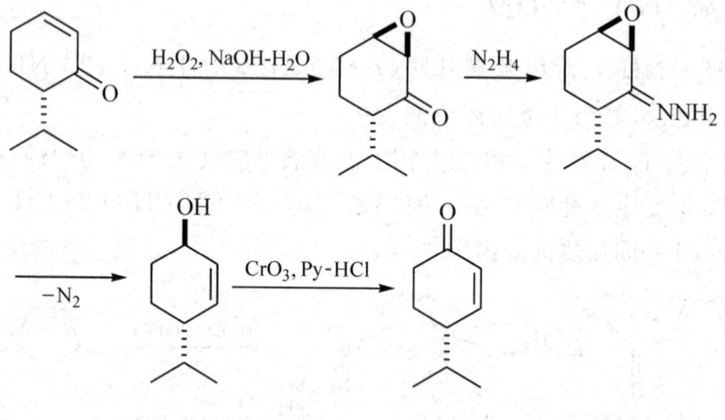

而用甲苯磺基肼则可使 α,β-环氧酮断裂,形成含炔基及酮基的化合物,此类反应称为 Eschenmoser 断裂反应:

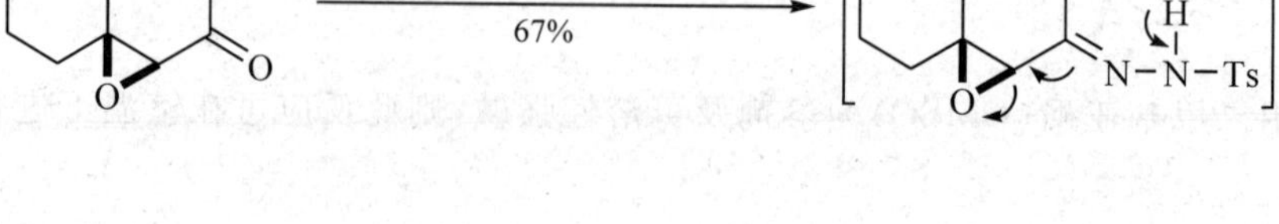

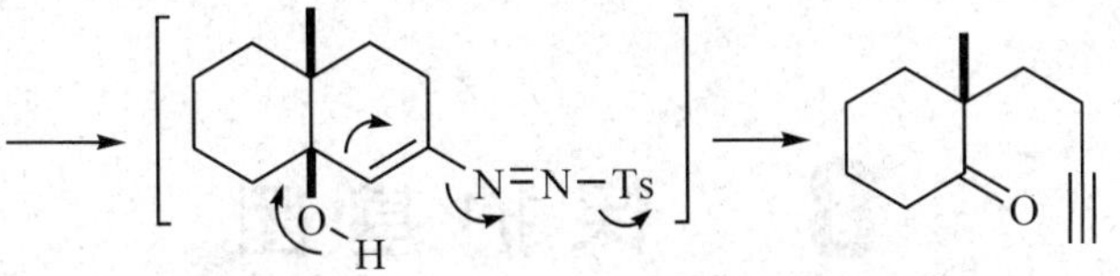

制备亚胺的方法通常是直接以过氧化氢将肼氧化或热解对应的羧酸钾盐。下例就是用亚胺二羧酸钾热解出的亚胺使环中的烯键还原的：

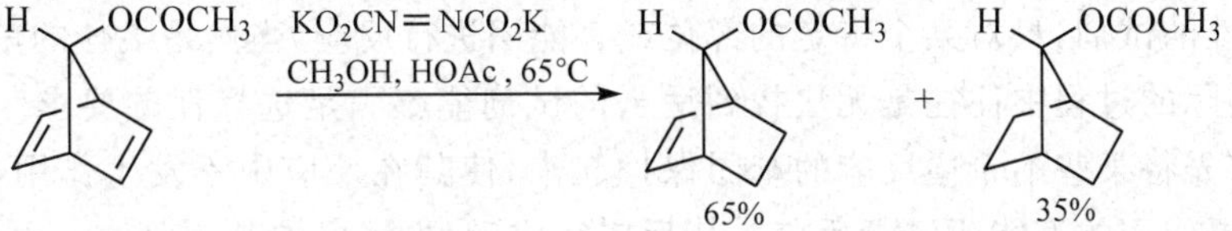

亚胺可还原单取代或二取代的烯烃，结果是在温和的条件下进行顺式加氢的反应：

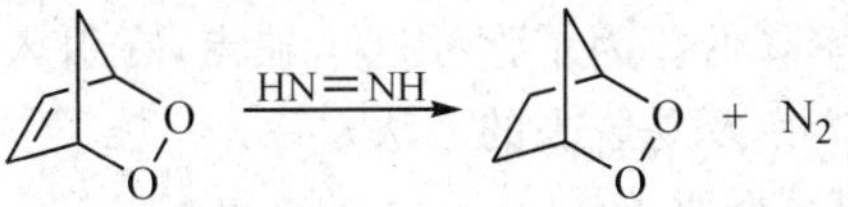

利用氘代肼氧化获得的氘代亚肼来还原烯类，可制备氘代烷类：

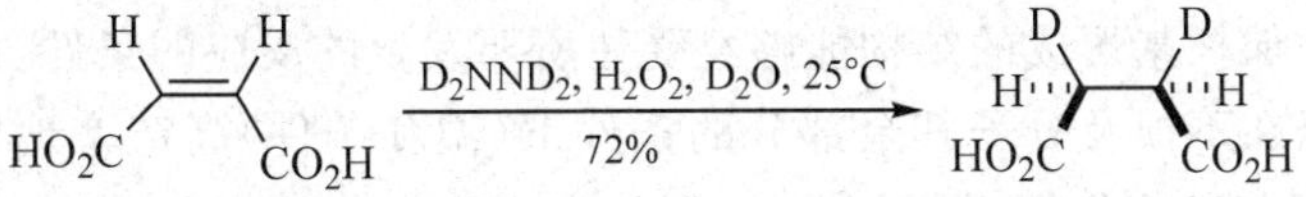

7.5.2 3价磷化合物（phosphine，膦）

3价磷化合物，如三苯膦 Ph_3P 及亚磷酸三乙酯 $(EtO)_3P$，常应用于脱氧及脱硫的反应：

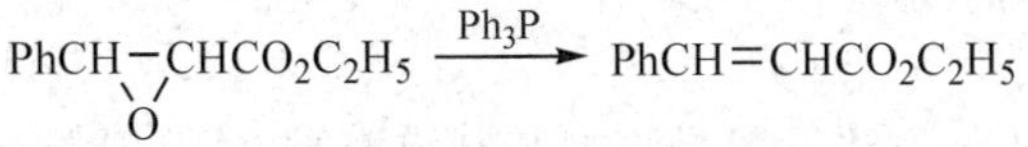

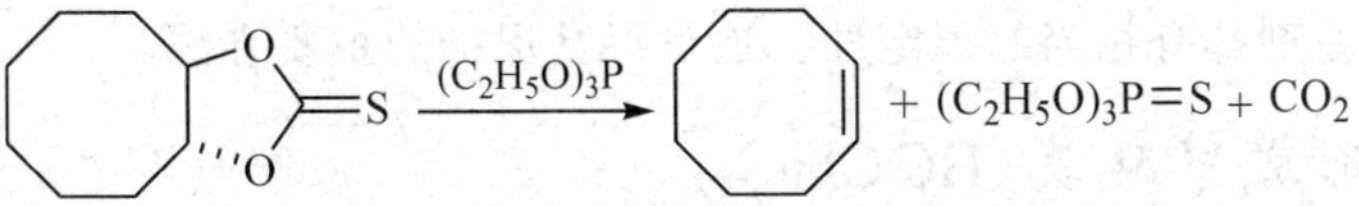

3价磷化合物的还原能力与金属锌类似，可用于脱溴反应，如：

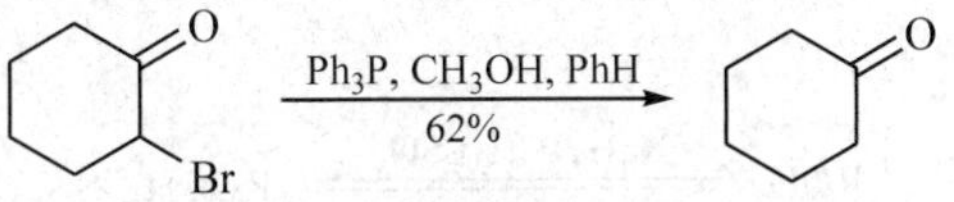

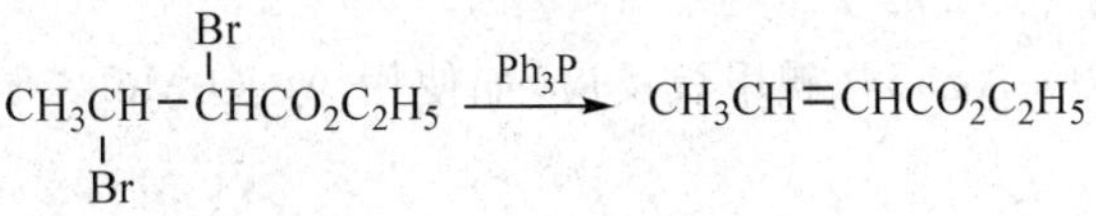

8 保护基团

复杂的有机化合物可能同时含有多种官能团。在合成的过程中,若能够利用高选择性的试剂,只对某个特定的部位或官能团进行反应,当然是最佳的策略。但是,在实际的过程中往往是无法找到适当的试剂能够满足选择性的要求。这个时候,可首先将某些不希望反应的基团保护起来,使其在反应中不发生作用,而只保留特定要作用的官能团进行反应。待反应完成后,再将保护基团除去。这种保护-脱除保护(protection-deprotection)的方法在有机合成上应用极广。其缺点是增加了额外的步骤,会使产率降低。为了弥补这个缺点,在引入或除去保护基团时,应优先考虑高选择性、高产率及易脱去的方法。

保护基应满足下列 3 个要求:
(1) 容易、高产率地引入保护分子(温和条件);
(2) 与被保护基形成的结构能够经受住所要发生的反应的条件,而不起反应;
(3) 可以在不损及分子其余部分的条件下(温和条件)高产率地脱除,而且对反应物分子不起其他作用(如不会因空间效应而引起立体结构的变化)。

在一些例子中,最后一条可以放宽,允许保护基可被直接转变为另一种官能团。

8.1 羟基的保护

保护醇类 ROH 的方法一般是将羟基制成醚类 ROR′ 或酯类 ROCOR′,醚类对氧化剂或还原剂都有相当的稳定性。这是羟基保护的主要方法。

8.1.1 形成甲醚类(ROCH$_3$)

(1) 可以用碱脱去醇 ROH 质子,再与合成子 $^+$CH$_3$ 作用,如使用试剂 NaH/Me$_2$SO$_4$:

$$ROH \xrightleftharpoons[(CH_3)_3SiI, CHCl_3]{NaH, (CH_3)_2SO_4} ROCH_3$$

也可先作成银盐 RO$^-$Ag$^+$,与碘甲烷反应,如使用 Ag$_2$O-MeI。但对三级醇不宜使用这一方法。

醇类也可与重氮甲烷 CH_2N_2,在 Lewis 酸(如 $BF_3 \cdot Et_2O$)催化下形成甲醚。

(2) 脱除甲基保护基,回复到醇类,通常使用 Lewis 酸,如 BBr_3 及 Me_3SiI,其机理是引用硬软酸碱原理(hard-soft acids and bases principle),使氧原子与硼或硅原子结合(较硬的共轭酸),而以溴离子或碘离子(较软的共轭碱)将甲基(较软的共轭酸)除去。

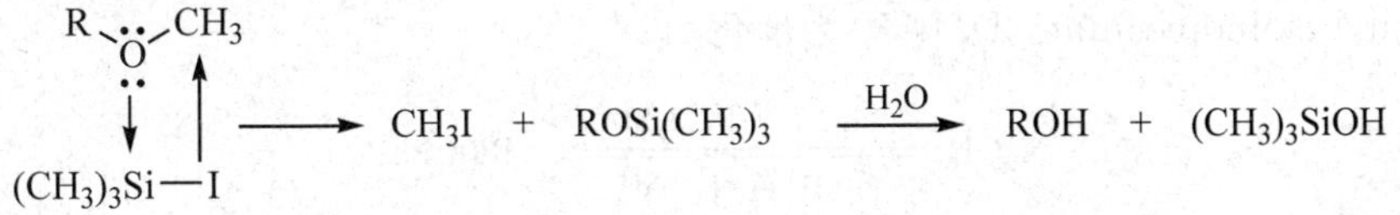

8.1.2 形成叔丁基醚类 [ROC(CH$_3$)$_3$]

酸催化下异丁烯可以与一系列的醇和酚反应得到相应的叔丁基醚。叔丁基为一位阻大的取代基,用酸处理即可脱除:

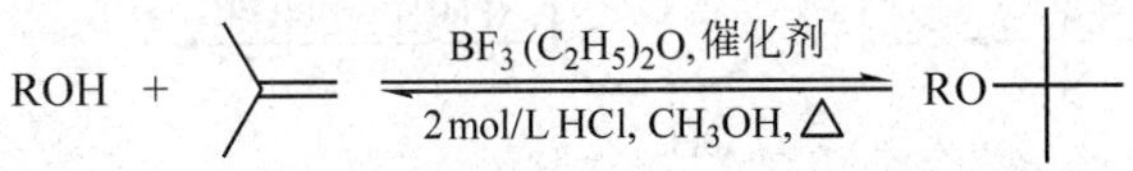

叔丁基醚对大多数试剂都很稳定,但是遇到强酸会分解。炔丙基醇、甾族醇以及酚都可以被异丁烯保护,而且它还可以保护缬氨酸与丝氨酸的衍生物以及酪氨酸中的羟基:

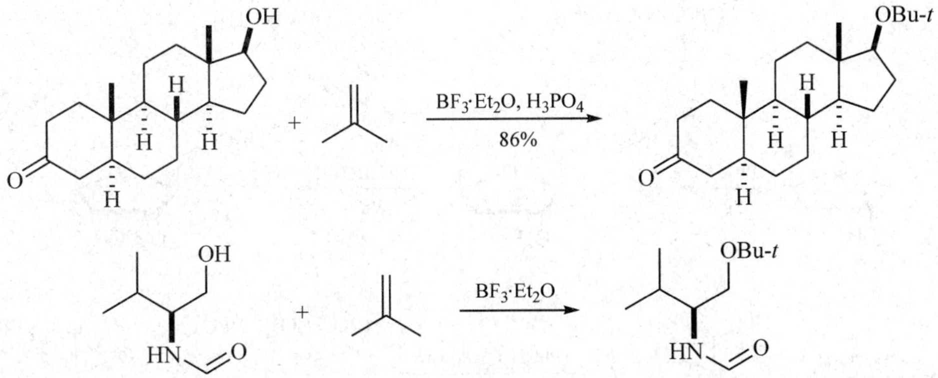

8.1.3 形成苄醚 (ROCH$_2$Ph)

制备时,使醇在强碱下与溴苄反应。通常以加氢反应或锂金属还原,可使苄基脱去,并回复到醇类:

$$\text{ROH} \underset{\text{Li, NH}_3}{\overset{\text{NaH, PhCH}_2\text{Br}}{\rightleftharpoons}} \text{ROCH}_2\text{Ph}$$

8.1.4 形成三苯基甲醚（ROCPh₃）

制备时，以三苯基氯甲烷在吡啶中与醇类作用，并用 4-二甲胺基吡啶（4-dimethyl aminopyridine，DMAP）为催化剂：

$$\text{ROH} \underset{\text{H}^+ \text{ 或 H}_2/\text{Pd}}{\overset{\text{Ph}_3\text{CCl, 吡啶, DMAP}}{\rightleftharpoons}} \text{ROCPh}_3$$

三苯甲基（trityl group）是一位阻大的基团，脱去时用加氢反应，或锂金属处理。因为有位阻的醇进行三苯甲基化比一级醇慢得多，所以能够用于选择性的保护羟基。

8.1.5 形成甲氧基甲醚（ROCH$_2$OCH$_3$）

制备时，使用甲氧基氯甲烷与醇类作用，并用三级胺中和生成的 HCl。

$$ROH \xrightleftharpoons[\text{TiCl}_4 \text{ 或 CF}_3\text{CO}_2\text{H}]{\text{ClCH}_2\text{OCH}_3, i\text{-Pr}_2\text{NC}_2\text{H}_5} ROCH_2OCH_3$$

甲氧基甲醚在碱性条件下和一般质子酸中有相当的稳定性，但此保护基团可用强酸或 Lewis 酸在激烈条件下脱去。

8.1.6 形成四氢吡喃（ROTHP）

3,4-二氢吡喃广泛用于羟基的保护，一般不与亲核试剂和有机金属试剂反应，耐强碱，在低 pH 值或者 Lewis 酸条件下易变化。制备时，使用二氢吡喃（3,4-dihydropyrane）与醇类在酸催化下进行加成作用：

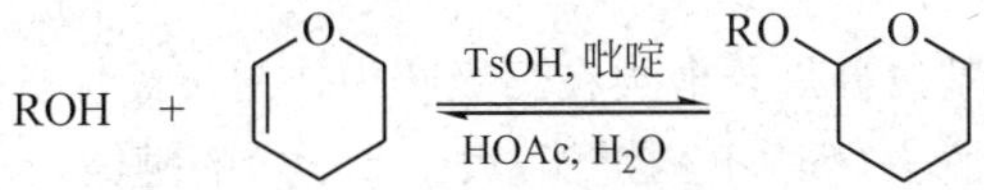

THP 醚对醇的保护在有机合成中是十分有用的，其缺点是增加一个不对称碳（缩酮上的碳原子）。手性醇与二氢吡喃的反应引入了另外一个非对称中心，因此得到非对映混合物。这对纯化和光谱分析带来一定的困难，但这并不妨碍其成功的应用。

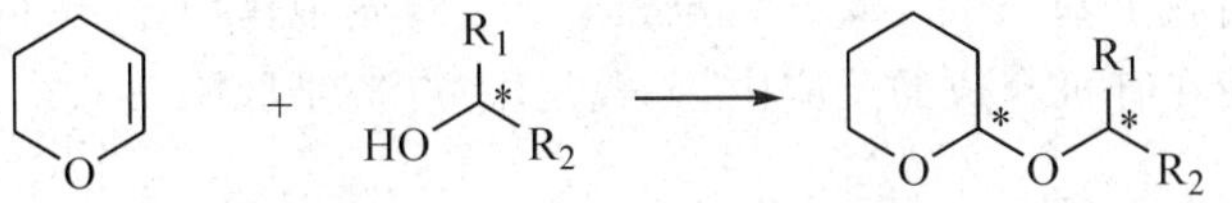

在非常温和的反应条件下（0℃，1h，89%～100%），采用二(三甲基硅烷基)硫酸酯可以使醇发生四氢吡喃基化反应，即使用丙烯基叔醇也不会有重排反应发生。也可采用吸附在硅胶上的 1% 高氯酸作为催化剂使待保护的醇类在室温下快速形成四氢吡喃产物：

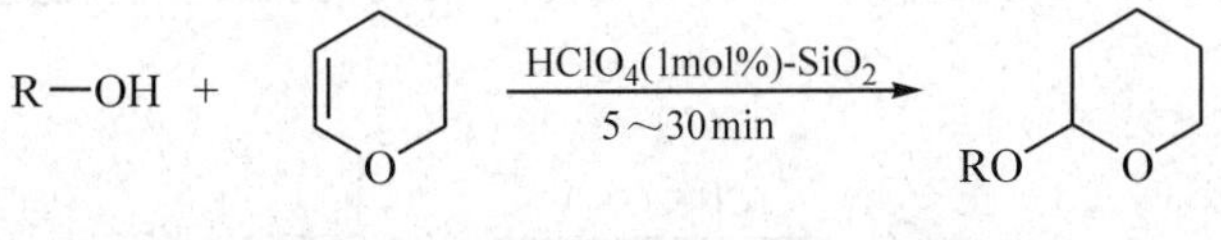

欲恢复到醇类，则在酸性水溶液中进行水解，即可脱去保护基团，也可采用铋盐在有机溶剂中脱除保护基：

$$CH\equiv CCH_2OH + \underset{}{\bigcirc\!\!\!\!\diagup\!\!\!\!\diagdown O} \xrightarrow[90\%]{H^+} HC\equiv CCH_2O\text{-THP}$$

$$\xrightarrow{C_2H_5MgBr} BrMgC\equiv CCH_2O\text{-THP} \xrightarrow[64\%]{(1) CO_2 \ (2) H_3O^+} HO_2CC\equiv CCH_2OH$$

$$RO\text{-THP} \xrightarrow[110°C, 15\sim 40h]{Bi(OTf)_3\cdot 4H_2O(1mol\%), DMF\text{-}MeOH(9:1)} R\text{—}OH$$

有机合成中常引用这种保护基团,其缺点是增加一个不对称碳(缩酮上的碳原子)。

8.1.7 形成三甲硅醚[ROSi(CH$_3$)$_3$]

制备时,用三甲基氯硅烷与醇类在三级胺中作用。此保护基在酸中不太稳定,也可以用氟离子 F$^-$ 脱去(Si—F 的键能,大于 Si—O 的键能)。

$$ROH \xrightleftharpoons[HF]{(CH_3)_3SiCl, (C_2H_5)_3N} ROSi(CH_3)_3$$

8.1.8 形成叔丁基二甲硅醚[ROSiMe$_2$(*t*-Bu)]

制备时,用叔丁基二甲基氯硅烷与醇类在三级胺中作用,此保护基比三甲基硅基稳定,常运用在有机合成的反应中,一般是用 F$^-$ 离子脱除。

$$ROH \xrightleftharpoons[n\text{-}Bu_4N^+F^-]{t\text{-}BuSiMe_2Cl} ROSi(t\text{-}Bu)Me_2$$

8.1.9 形成乙酸酯类(ROCOCH$_3$)

制备时,用乙酐在吡啶中将一级、二级醇转变为乙酸酯,吡啶是用来吸收生成的乙酸。

$$ROH \xrightleftharpoons[K_2CO_3, CH_3OH]{(CH_3CO)_2O} ROCCH_3\!\!\!\!\overset{O}{\|}$$

三级醇的乙酰化可使用反应活性更高的乙酰氯。

脱去乙酸酯保护基可使用碱性条件下水解。乙酸酯可与大多数的还原剂作用,在强碱中也不稳定,因此很少用作有效的保护基团。但此反应的产率极高,操作也很简单,常用来帮助确定醇类的结构。

8.1.10 形成苯甲酸酯类(ROCOPh)

制备时,用苯甲酰氯与醇类在吡啶中作用。苯甲酸酯较乙酯稳定,脱去苯甲酸酯需要较激烈的条件。

$$ROH \underset{KOH, CH_3OH}{\overset{PhCOCl}{\rightleftharpoons}} ROCPh$$

8.2 二醇的保护

在多羟基化合物中,同时保护两个羟基往往很方便。保护基即可以是缩醛、缩酮,也可以是碳酸酯。

8.2.1 形成缩醛或缩酮

在这种反应中,一般使用的羰基化合物是丙酮或苯甲醛,丙酮在酸催化下与顺式 1,2-二醇反应。苯甲醛往往在氯化锌存在下与 1,3-二醇反应。

二醇的缩醛或缩酮可用稀酸处理再生。苄叉基保护的缩醛也可用催化氢解的方法再生。

缩醛和缩酮在中性和碱性条件下稳定,因此,假如反应可以在碱性条件下进行,则它们在烷基化、酰基化、氧化和还原时用于保护二醇。

8.2.2 形成碳酸酯

在吡啶存在下,光气与顺式 1,2-二醇反应,给出在中性和温和酸性条件下稳定的碳酸环酯。当在这种条件下进行氧化还原时,能保护 1,2-二醇。用碱性试剂处理,则二醇从碳酸酯再生:

8.3 羰基的保护

保护羰基的方法分为两种。

(1) 形成缩酮或其对等物

X，Y 取代基	产　　物
X=OH，Y=OH	缩酮(缩醛) ketal (acetal)
X=SH，Y=SH	二硫缩酮 dithioketal
X=OH，Y=SH	氧代硫缩酮 oxothioketal
X=OH，Y=CN	羟腈 cyanohydrin
X=NH$_2$，Y=CN	氨基腈 aminonitrile
X，Y=O—(CH$_2$)$_2$—O	二氧戊环 dioxolane
X，Y=O—(CH$_2$)$_2$—N	咪唑烷 oxazolidine
X，Y=N—(CH$_2$)$_2$—N	咪唑并吡啶 imidazolidine
X，Y=S—(CH$_2$)$_2$—N	噻唑烷 thiazolidine
X，Y=S—(CH$_2$)$_2$—S	二硫戊烷 dithiolane
X，Y=S—(CH$_2$)$_3$—S	二噻烷 dithiane

醛基是最容易形成缩醛或等价物的羰基，而苯环上的酮基则是反应性最低的羰基。

一般说来，反应性容易程度的顺序是：醛基＞链状羰基(环己酮)＞环戊酮＞α,β－不饱和酮＞苯基酮。

因此，含多个羰基的化合物可以选择性地保护，缩酮的保护基不与碱、氧化试剂或亲核试剂(如 H^-，RMgBr)作用，而通常以酸水解回复到原来的羰基化合物。

(2) 使用隐藏性羰基

$$\diagdown C=C\diagup \xrightarrow{O_3} \diagdown C=O \qquad \diagdown CHOH \xrightarrow{PCC} \diagdown C=O$$

$$-C\equiv C- \xrightarrow{Hg_2^+, H_2O} -COCH_2- \qquad -C\equiv N \xrightarrow{i\text{-}Bu_2AlH} -CHO$$

8.3.1 形成二甲醇缩酮[$R_2C(OCH_3)_2$]

在酸催化下，甲醇与醛、酮类进行脱水反应形成二甲醇缩醛/酮。

一般的酸催化可用盐酸气 HCl(g)、对-甲苯磺酸或酸性离子交换等。常用的脱水方法是通过加苯形成共沸物，利用分子筛吸水，或加过量的甲醇。

$$\begin{array}{c}R\\R\end{array}\!\!C=O \xrightarrow{CH_3OH, TsOH} \begin{array}{c}R\\R\end{array}\!\!C\begin{array}{c}OCH_3\\OCH_3\end{array}$$

将缩酮回复到酮类(即除去保护基团)，可以在酸性水溶液中水解，或以丙酮进行置换，或以三甲碘硅烷作用(软硬酸碱原理)。

8.3.2 形成乙二醇缩酮[$R_2C(OCH_2)_2$(1,3-dioxolane)]

乙二醇在酸催化下与酮类进行作用形成乙二醇缩酮：

乙二醇缩酮比二甲醇缩酮稳定，但也可在酸性水溶液中水解：

$$R_2C=O \xrightleftharpoons[H_3^+O]{HOCH_2CH_2OH, H^+} R_2C\begin{smallmatrix}O-CH_2\\O-CH_2\end{smallmatrix}$$

8.3.3 形成丙二硫醇缩酮 (1,3-dithiane)

丙二硫醇缩酮保护基团在中性或碱性条件下是比较稳定的。

8.3.4 形成半硫缩酮

当需要在温和酸性条件有稍大的稳定性或在使用对酸敏感的化合物时,半硫缩酮可能是较好的保护基,因为它是用 $ZnCl_2$ 催化与 β-巯基乙醇反应来引入的,用 Raney 镍处理时会将保护基除去。

8.4 羧基的保护

保护羧酸的方法一般是转变成甲酯、乙酯或叔丁基酯类。甲醇或乙醇在强酸的催化下,与羧酸脱水形成甲酯或乙酯。脱除保护基团往往需要在强酸性或强碱性条件下进行。

叔丁酯可用温和的酸处理脱除。苄酯可通过催化氢解方法而脱去。β-三氯乙酯可用金属锌引起的消除反应脱出,因此,在羧基的保护中可能更为有用。

$$R-CO_2-C(Cl_3) \xrightarrow{Zn} RCO_2ZnCl + CH_2=CCl_2$$

Woodward R.B. 在头孢菌素 C 的合成时,采用三氯乙酯作为羧基的保护基,

β-内酰胺环在除去保护基时不受影响。

苄酯和叔丁酯保护也广泛应用于多肽的合成中。

8.5 氨基的保护

在多肽合成中,用于保护氨基的 3 个最重要的化合物是采用氯代甲酸苄基酯(Cbz),氯代甲酸叔丁酯(Boc)和 9-芴甲氧羰基(Fmoc)。

N-苄基和 N-三甲基硅基也可用于氨基的保护:

乙酰基也可以用于保护氨基：

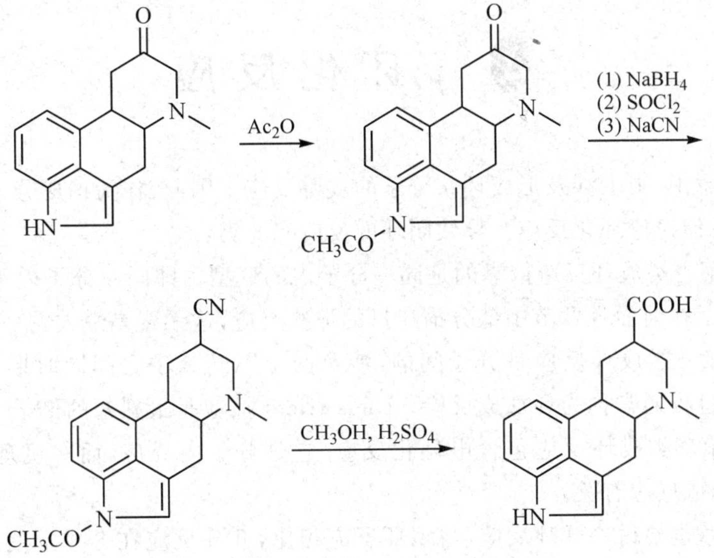

保护氨基的其他常用方法还有：

（1）用三氟乙酰基保护，试剂用（$F_3CCO)_2O$，脱保护基用 Ca(OH)$_2$，$NaHCO_3$，NH_3/H_2O，HCl/H_2O 或 $NaBH_4$ 处理。

（2）用 t-BuOCO 基保护，试剂用 t-BuOCO—N_3，脱保护基用三氟乙酸/$CHCl_3$ 或 HF/H_2O。

（3）用 Cl_3COCO 保护，试剂用氯甲酸三氯乙酯，脱保护基用 Zn/AcOH。

（4）用苯二甲酰保护，试剂用邻苯二甲酰胺甲酸乙酯，脱去用 HBr/AcOH，N_2H_4/H_2O。

9 环化反应

前几章中,很少涉及形成环状分子的成键反应。因此,作为构成分子骨架的最后一章,我们讨论环化反应。导致闭环的反应有 3 类:

(1) 第一类成环反应依靠的是同一分子内的变型。即同一分子内不同官能团之间发生了在前面各章节中部分描述过的那些反应,这无疑是最大的一类。

(2) 第二类成环反应是分子间的,涉及两个不同分子之间同时形成两个键。这种反应过程通常称为环加成反应。Diels-Alder 反应是最熟知的例子。

(3) 第三类成环反应包含电环化反应,它是分子内反应,而在机理上有其特点,与环加成反应有关。

这一章也要讨论开环反应,与闭环反应相比,开环反应在合成上使用的较少,但是,在某些特殊的情况下仍是相当有价值的。

9.1 环化反应概说

环化反应(pericyclic reaction)通常是指经由协同式的键结转移,而形成环状化合物。

环化反应包括:①电子环化反应(electrocyclization);②钳合反应(cheletropic reaction),又称螯合反应;③[2+2],[3+2],[4+2]等环化加成反应(cycloaddition)。

电子环化及钳合反应是 6 电子的 π 键互变,形成新的环状化合物;环化加成反应则是两个反应物同时形成两个键结,而得到环状产物。

电子环化:

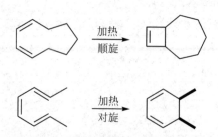

钳合或螯合反应：

+ SO_2
对旋
SO_2

+ :CCl_2
Cl
Cl

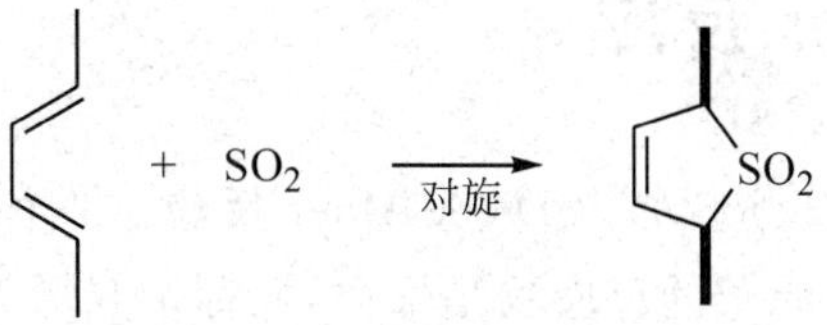

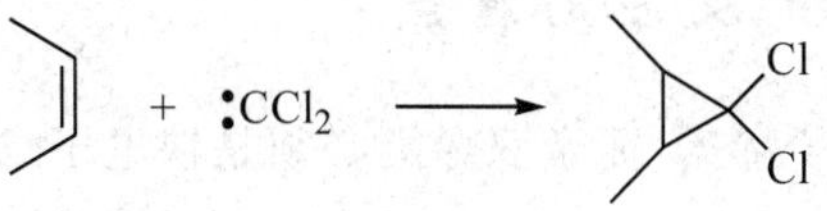

[2＋2]环化加成反应：

$R_2C{=}C{=}O$ + $R_2C{=}C{=}O$
R
O
R
R
O
R

$CH_2{=}C{=}O$ + $CH_2{=}C{=}O$
O
O

$CH_2{=}C{=}CH_2$ + $CH_2{=}CH{-}CN$
CN

[3＋2]环化加成反应：

$PhC{\equiv}\overset{+}{N}{-}\overset{-}{O}$ + $CH_2{=}CH_2$
Ph
O
N

[4＋2]环化加成反应：

CHO
+
CHO

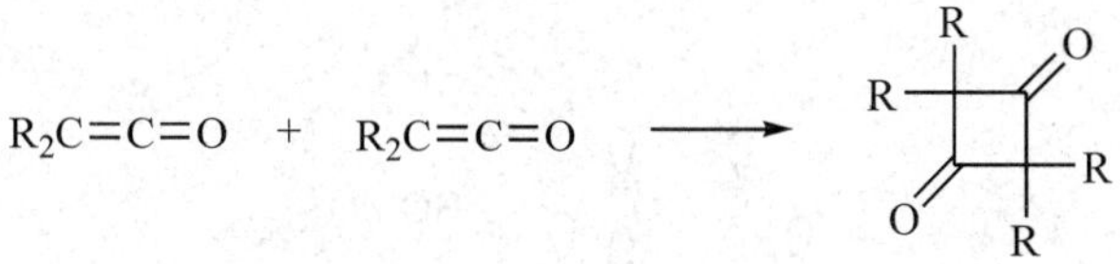

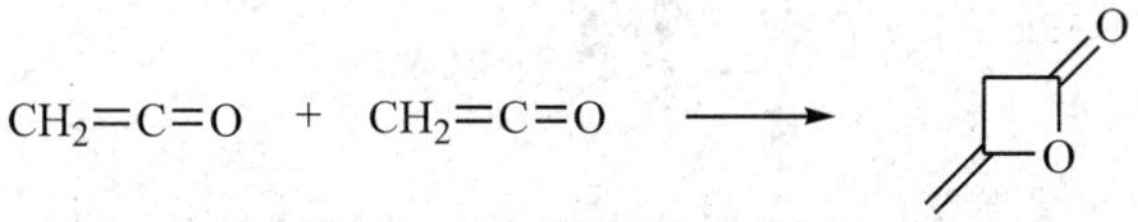

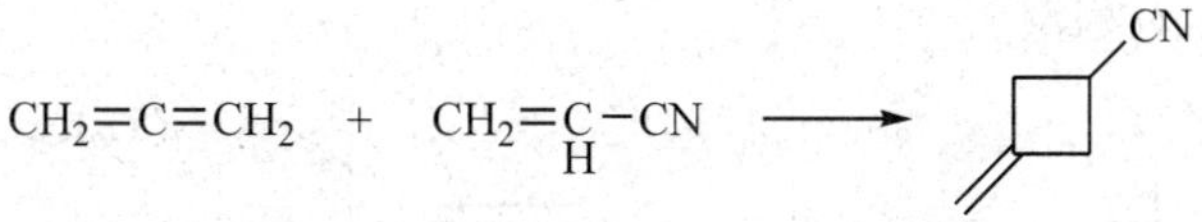

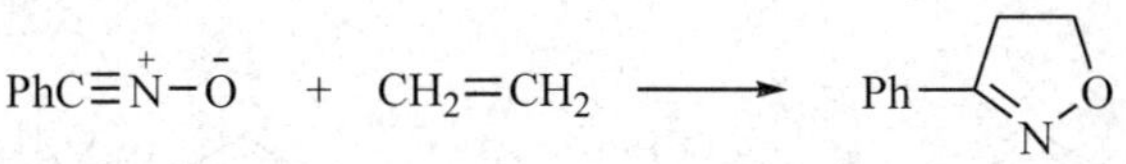

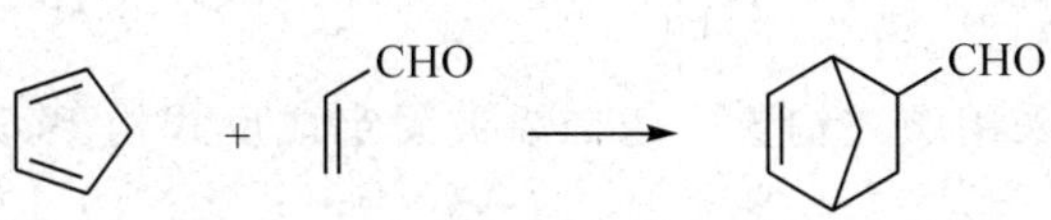

这些环化反应的特点是：

(1) 反应的熵减少，幸而活化所需的焓不高，因此反应得以进行，也是这个缘故，反应通常是可逆的。

(2) 反应常常具有立体专一性，这是协同式反应机理的结果，一般可用前线分子轨道及轨道对称性的理论加以说明。

9.2 Diels-Alder 反应

一般[4+2]环加成反应,称为 Diels-Alder 反应。4 个原子的反应物,通常是双烯类(dienes),而 2 个原子的反应物是烯类,又称亲双烯类(dienophiles)。

9.2.1 Diels-Alder 反应的特点

(1) 双烯类为富电子烯类,而亲双烯类必须是缺电子烯类,才能够促使环化加成反应顺利进行。此时双烯类是以最高占有分子轨道(highest occupied molecular orbital,HOMO)与烯类的最低空轨道(lowest unoccupied molecular orbital,LUMO)结合。

(2) 反应对于二烯和亲二烯体都是立体专一地顺式加成,因此,在产物中也保留着反应物的相对构型:

(3) 二烯必须采用顺式构象。若二烯被固定成反式构象,则不能发生 Diels-Alder 反应,如:

如果采用的顺式构象引起不利的空间相互作用，反应可能很慢：

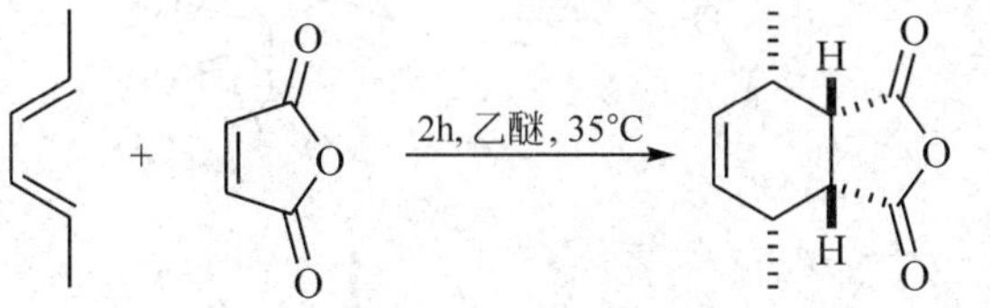

(100%)

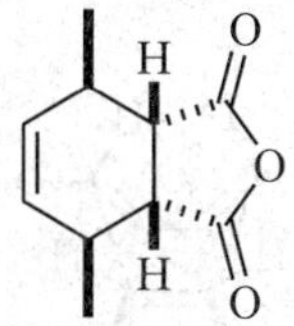

(无此产物)

(4) 烯与二烯加成时分内向(endo)与外向(exo)：

内向

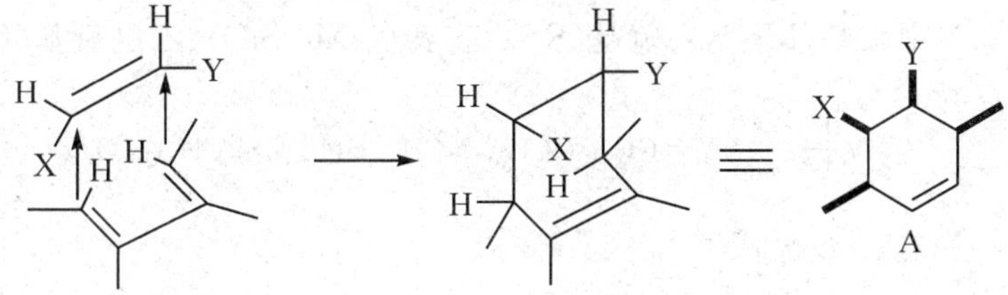

外向

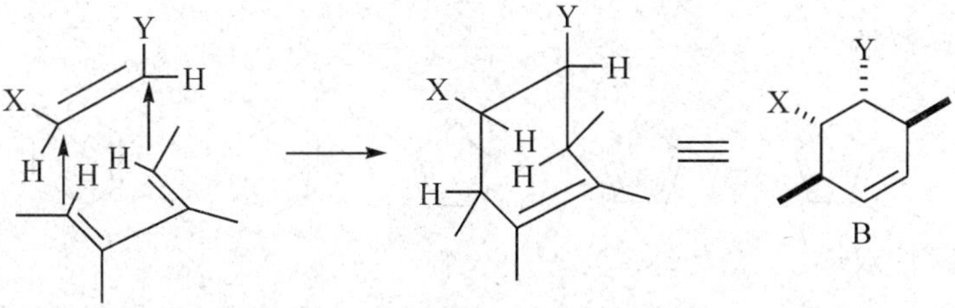

对于产物 A, B, 以热力学的观点, 稳定性 B>A, 但从反应过程的动力学来看, 内向反应空间阻力小, 外向反应空间阻力大, 内向反应容易进行。因而, 反应产物中内向型的加成物常常比外向型的加成物占优势。如果二烯和亲双烯体的顺式加成可导致生成两种可能的加成物, 那么, 内向型的加成物常常比外向型的加成物占优势：

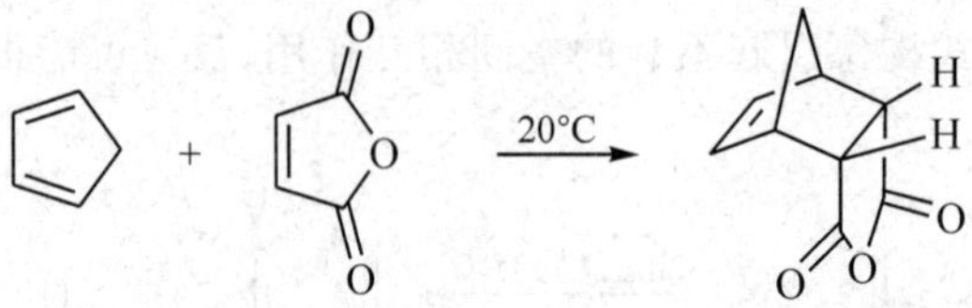

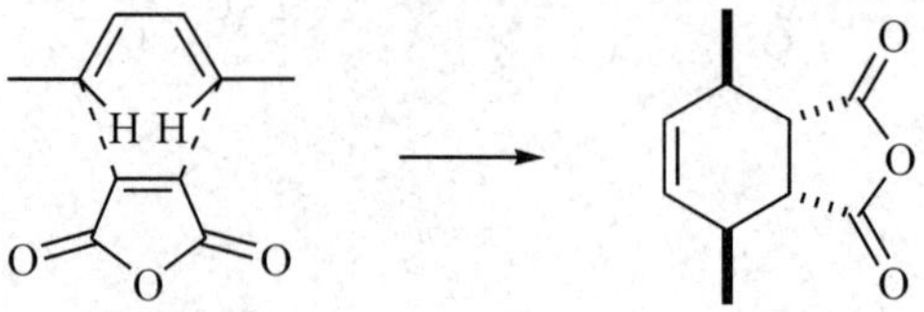

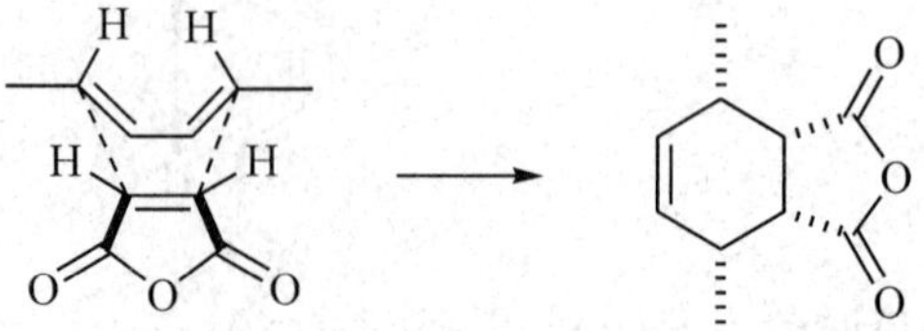

（5）一般使用的富电子的双烯是指含有推电子基的烯烃，如烷基、甲氧基（CH₃O）、二甲胺基（Me₂N）、硫基（RS）、硅氧基（Me₃SiO）、乙酰氧基（CH₃CO₂）等：

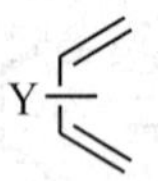

Y⎯⎯ Y = CH₃, OCH₃, NCH₃, SPh, OSi(CH₃)₂, OAc

Danishefsky 双烯：

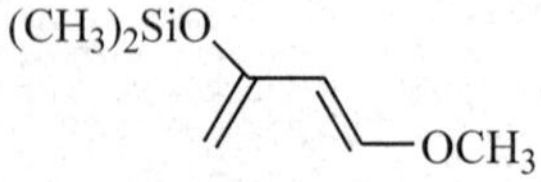

关环双烯：

隐藏性双烯：

非碳原子四烯的对等物：

R₂C=CH—CH=O

含三键的对等物：

R₂C=CH—C≡CR′

9 环化反应

其中 3-丁烯砜(3-sulfolene)及环丁烯是隐藏性的双烯,加热时即得到 1,3-丁二烯,有的含非碳原子或三键的化合物也可替代双烯的地位,而进行 Diels-Alder 反应。

(6) 一般使用缺电子烯类(亲二烯试剂)是指含吸电子基的烯烃,如羰基、羧基、硝基、砜基 SO_2R 及氰基等。含两个吸电子取代基的亲双烯,其反应能力更强。

以 Lewis 酸为催化剂可加速 Diels-Alder 反应的进行。主要是因为 Lewis 酸先与吸电子的烯烃结合,除了增加反应速率外,也较具立体选择性和位置选择性:

	endo	exo
0°C	84%	16%
−78°C, AlCl$_3$	97%	3%

仍然是内向型加成物比外向型加成物更易产生。对位加成物或邻位加成物会多于间位加成物:

PhCH$_3$, 120°C	71%	29%
PhH, 25°C, SnCl$_4$	93%	7%

9.2.2 炔类和含非碳原子的亲双烯基试剂

有的炔类和含非碳原子者,如亚胺、重氮、醛类酮类、硫酮及腈类等也可以作为亲双烯试剂:

$CH_3O_2CC\equiv CCO_2CH_3$ $F_3CC\equiv CCF_3$ $PhCOC\equiv CCOPh$

$NC-C\equiv C-CN$ $R_2C=NR'$ $C_2H_5O_2C-N=N-CO_2C_2H_5$

(triazoline-dione N-Ph structure) $CCl_3CH=O$ $R_2C=S$ $RC\equiv N$

9.2.3 不对称二烯和不对称亲二烯体的加成反应

如果二烯和亲二烯体都是不对称的,那么 Diels-Alder 加成可经两种途径发生,而得到混合的加成异构体。然而,一般说来,两种可能的加成物中的其中一种(邻、对位加成物)会比另一种间位加成产物更有利。这种区域选择性可用前线轨道理论来解释。

对于在二烯或亲二烯体中的大多数取代基,主要的 Diels-Alder 加成物,如下所示,应当注意,间位二取代的产物是较少的异构体:

(1) [diene with R + alkene with R' → cyclohexene ortho product + meta product]

(2) [diene with R + alkene with R' → cyclohexene para product + meta product]

如:

(1) [pentadienoic acid + acrylic acid $\xrightarrow{75°C}$ cyclohexene dicarboxylic acid]

9 环化反应

(2) 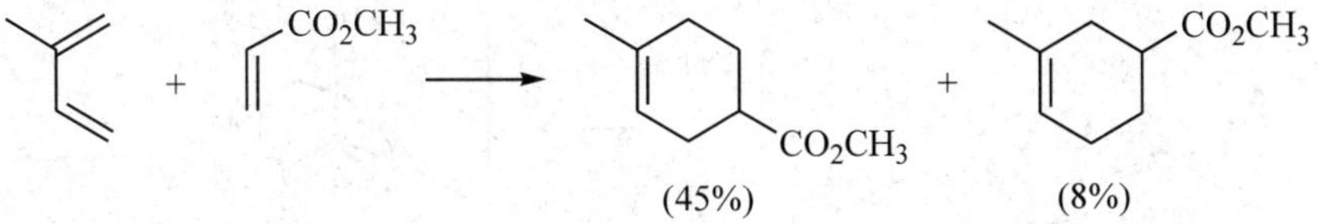 [丁二烯衍生物] + CH₂=CHCO₂CH₃ → [环己烯-CO₂CH₃] (45%) + [异构体] (8%)

(3) 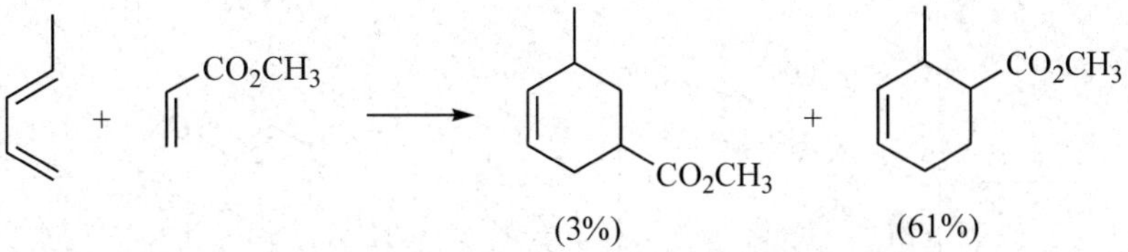 [戊二烯] + CH₂=CHCO₂CH₃ → [产物] (3%) + [产物] (61%)

(4) 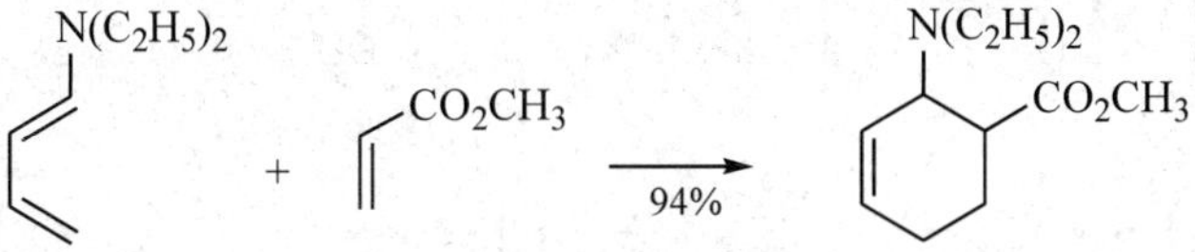 [N(C₂H₅)₂取代的二烯] + CH₂=CHCO₂CH₃ → 94% [N(C₂H₅)₂, CO₂CH₃取代的环己烯]

9.2.4 Diels-Alder 反应的实例

利用 Diels-Alder 加成反应，可以合成各种复杂的环系化合物。下面列举应用 C=O，C=S，C=N— 及 C≡N 等基团作为亲双烯化合物合成环状化合物的实例：

(1) 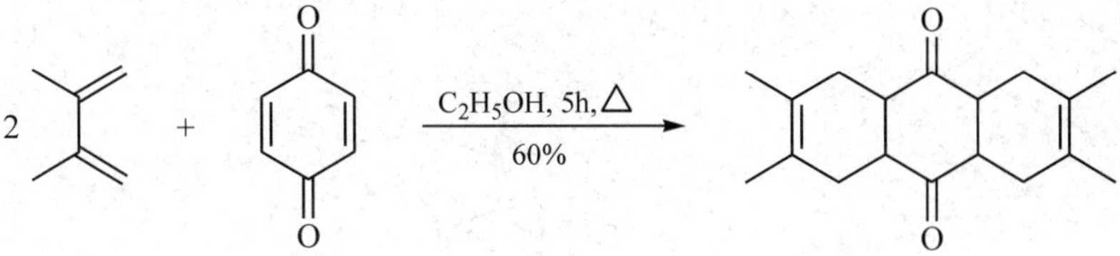 2 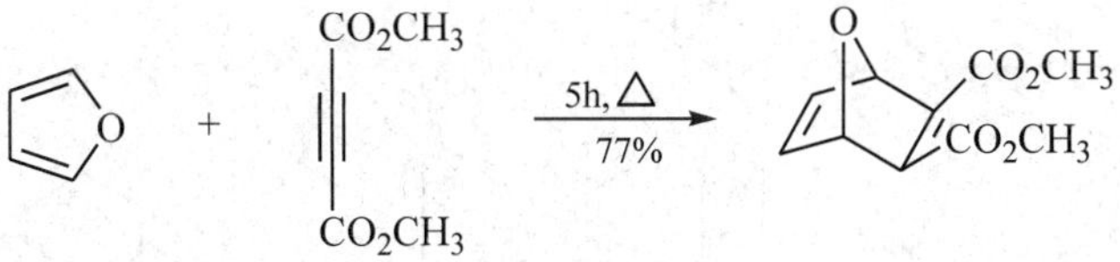 [异戊二烯] + [对苯醌] —C₂H₅OH, 5h, Δ→ 60% [四甲基蒽醌类产物]

(2) [呋喃] + [丁炔二酸二甲酯] —5h, Δ→ 77% [氧桥双环产物]

(3) 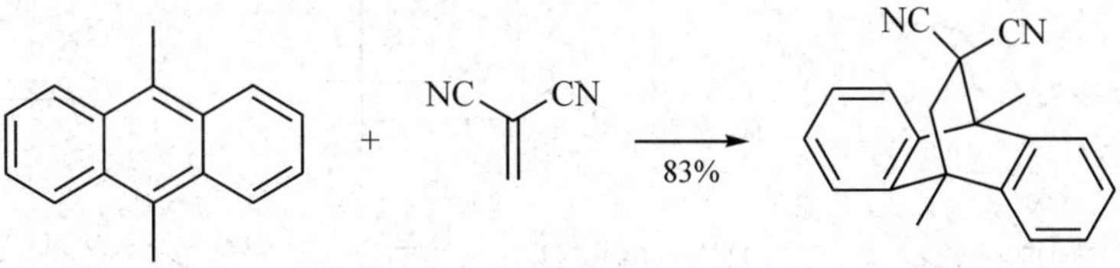 [9,10-二甲基蒽] + [二氰基乙烯] —83%→ [加成产物]

(4) 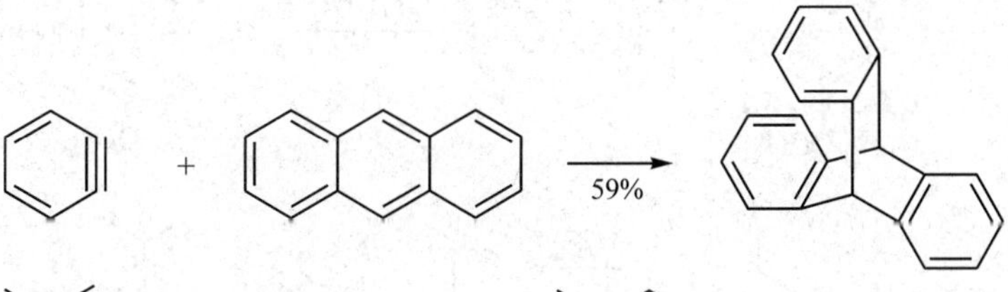 [苯炔] + [蒽] —59%→ [三蝶烯类产物]

(5) 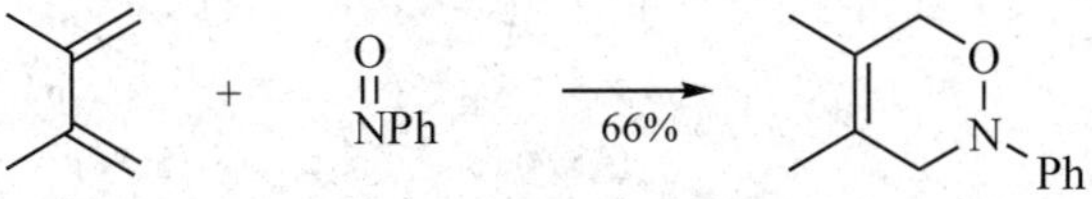 [2,3-二甲基丁二烯] + PhN=O —66%→ [噁嗪产物]

— 183 —

(6) 反应式中总收率55%

(7) 反应式

(8) 反应式（600°C）

(9) 反应式

(10) 反应式（100°C），产物比例 (45%) 和 (55%)

9 环化反应

(18) 适当地利用电子效应(如使用与羟、酮基螯合的 Lewis 酸)及立体效应(如选用体积较大的叔丁基取代基团),用手性烯类诱导的不对称环化加成可产生立体专一性产物。

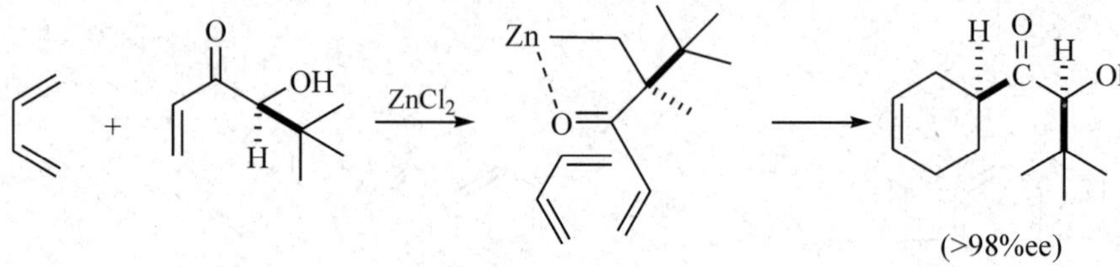

9.3 1,3-偶极环化加成反应

9.3.1 1,3-偶极环化加成试剂

1,3-偶极环化加成(1,3-dipolar cycloaddition)是一种[3+2]的环化加成反应。3个原子的部分以最高占有轨道(HOMO)与烯键或炔键的最低未占轨道(LUMO)发生作用:

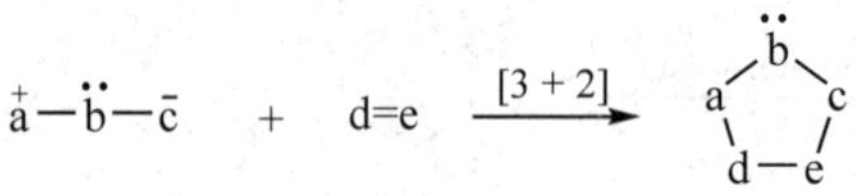

3原子部分,即1,3-偶极分子可以是臭氧 O_3、叠氮 RN_3 等含相同原子者,也可以是含不同类型的原子。

臭氧:

叠氮:

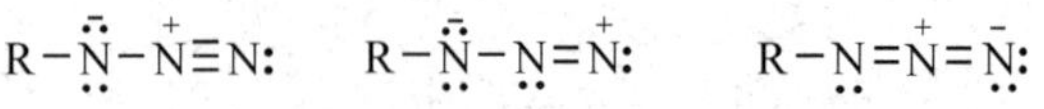

重氮甲烷:

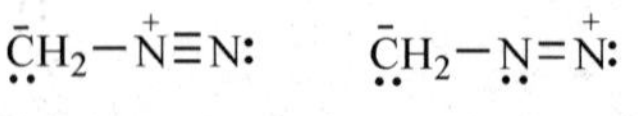

氧化腈:

腈叶立德：

$$R-\overset{-}{C}=\overset{+}{N}-\overset{-}{C}H_2 \qquad R-\overset{+}{C}=\overset{-}{N}-\overset{-}{C}H_2$$

各类偶极分子的反应分述如下(臭氧的反应已在第 6 章提及过)。

(1) 叠氮类化合物与烯类进行的 1,3-偶极环加成反应产生三唑啉(triazoline)，是一类非常有趣和特别的环化反应，属于周环反应的一种。在更高温度时，则分解脱氮而形成乙烯亚胺(aziridine)的三元环化合物，如下面的各反应：

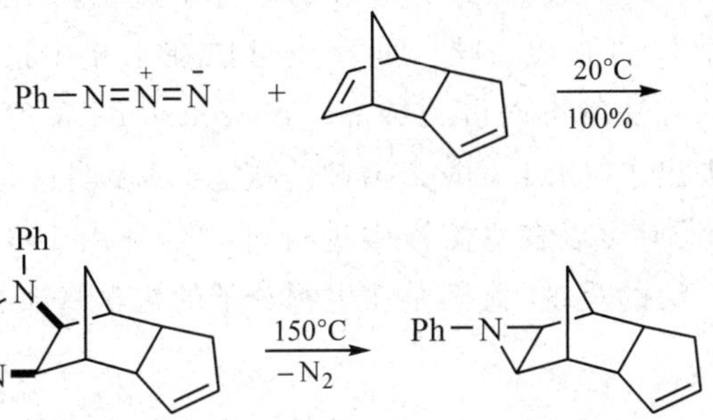

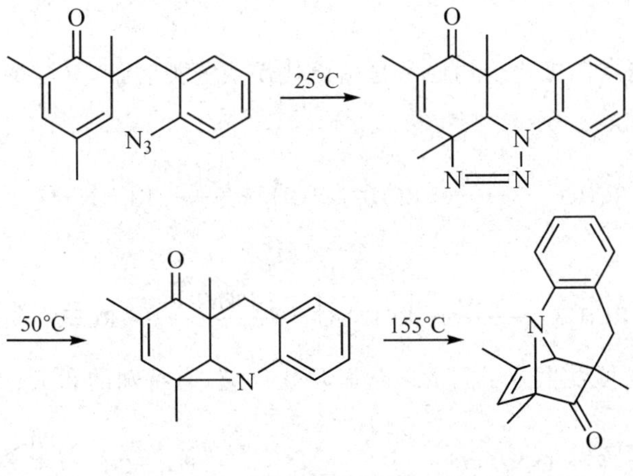

(在氮杂唑的合成中，炔基作为亲偶极体，而重氮或叠氮化合物的激发态具有 1,3-偶极结构，作为 1,3-偶极体参加反应。Huisgen R. 将 1,3-偶极环加成反应用于氮杂三唑的合成。最初，叠氮类化合物与烯类进行的 1,3-偶极环加成反应需要在甲苯回流的高温条件下进行。炔基上两个碳原子的电子云密度相差不大，而生成两种环化产物所需的活化能也十分接近，因此会有 1,4-和 1,5-两种位置异构

体。考虑到实验安全性以及两个异构体分离的问题,这个反应并没有得到有机化学家足够的重视。

$$R-\overset{+}{N}=\overset{-}{N}=N + R'-\!\!\equiv\!\!- \xrightarrow{\Delta} \begin{array}{c}R-N\diagup^{N\diagdown}_{N}\\ \diagdown_{R'}\end{array} + \begin{array}{c}R-N\diagup^{N\diagdown}_{N}\\ R'\diagup\end{array}$$

Sharpless K. B. 研究小组长期从事碳与杂原子之间化学键的形成研究, 21 世纪初, 对氮杂三唑的合成反应进行了改进。他们发现在一价铜离子的催化下, 1,3-偶极环加成反应可以在十分温和的条件下进行, 并且只生成具有区域选择性产物 1,4-二取代的氮杂三唑。此反应可以在水相中进行, 且产率很高, 不需要通过柱层析的方法就可以得到纯品。Sharpless K. B. 等在改进后的 1,3-偶极环加成基础上提出了"Click Chemistry"的概念, 以表明这是十分理想的有机化学反应, 尤其是该反应可以在水溶液中进行, 因此, 利用 1,3-偶极环加成合成氮杂唑的反应受到广泛的重视, 尤其是在生物分子的化学修饰及生物缀合物的合成和研究中。

$$N\!\!\equiv\!\!\overset{+}{N}\!\!-\!\!\overset{-}{N}\!\!-\!\!CH_2R + R'-O-\!\!\equiv\!\!- \xrightarrow[91\%]{Cu^+, H_2O\text{-}t\text{-}BuOH, \text{室温}, 8h} \text{1,4-二取代三唑产物}$$

(2) 氧化腈类偶极化合物通常是由卤代烷或醛类制备, 其与烯类、炔类都可进行环化加成反应:

$$RCHO \xrightarrow{H_2NOH} RCH=N-OH \xrightarrow{[O]} RC\!\!\equiv\!\!\overset{+}{N}\!\!-\!\!\overset{-}{O}$$

$$RCH_2X \xrightarrow{NaNO_2} RCH_2NO_2 \xrightarrow{p\text{-}ClPhN=C=O} RC\!\!\equiv\!\!\overset{+}{N}\!\!-\!\!\overset{-}{O}$$

此类化合物可发生分子间的氧化腈环化反应, 有特殊的意义:

$$Ph-\overset{N-OH}{\underset{Cl}{C}} \xrightarrow{Et_3N, 20°C} Ph-C\!\!\equiv\!\!\overset{+}{N}\!\!-\!\!\overset{-}{O} \xrightarrow{PhC\!\!\equiv\!\!CH} \text{3,5-二苯基异噁唑}$$

$$PhCH=NOH \xrightarrow{Cl_2} \underset{Cl}{PhC=NOH} \xrightarrow{Et_3N} [PhC\!\!\equiv\!\!\overset{+}{N}\!\!-\!\!\overset{-}{O}] \xrightarrow{CO_2Et} \text{异噁唑啉产物}$$

RCNO 经二异丁基铝氢还原,得到 3-胺基醇类;经氧化作用,得到 3-羟基酮类;经 LAD 脱质子得到 α,β-不饱和醛酮类;如生成的异恶啉环上 C-3 无取代,即 R＝H,则以碱水处理,得到 3-羟基腈。

下面是该反应在天然物合成中的应用实例:

$$R-C\equiv \overset{+}{N}-\overset{-}{O} \ + \ CH_3CH=CH_2 \longrightarrow \text{（3-R-5-甲基-4,5-二氢异恶唑）}$$

试剂路径:
- $i\text{-}Bu_2AlH$ → $R-CH(NH_2)-CH_2-CH(OH)-CH_3$
- H_2, Raney Ni → $R-CO-CH_2-CH(OH)-CH_3$
- $i\text{-}Pr_2NLi$ → $R-C(=NOH)-CH=CH-CH_3$
- OH^- → $N\equiv C-CH_2-CH(OH)-CH_3$ (R=H)

(3) 重氮烷类可由对应的胺基烷类与亚硝酸作用产生 N-亚硝基化合物,再解离而得重氮烷类。制备时需特别注意,与重金属作用,或加热时,可能会爆炸。在光照下,重氮烷转变成活泼的激发态亚烷:CR_2,即端烯。

重氮烷类可与苯作用,称为 Buchner 反应:

$$C_6H_6 \ + \ CH_2N_2 \longrightarrow C_6H_5CH_3$$

重氮烷类可将羧酸化合物转变成甲酯;与酰氯作用,并在硝酸银水溶液中转变成多一个碳的羧酸,称为 Arndt-Eistert 反应。

与 RCO_2H 的反应:

$$RCO_2H \ + \ CH_2N_2 \longrightarrow RCO_2CH_3$$

与 RCOCl 的反应:

$$RCOCl \ + \ CH_2N_2 \longrightarrow R-CO-CHN_2 \xrightarrow{Ag^+, H_2O} [RCH=C=O] \longrightarrow RCH_2CO_2H$$

重氮烷类与酮类化合物发生扩环反应。$CH_3N(NO)CONH_2$ 是产生重氮烷类衍生物的试剂。见下一反应:

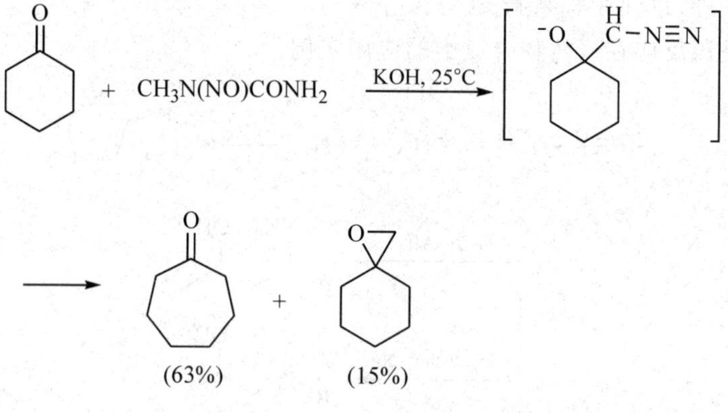

(4) 重氮甲烷也可与烯键发生1,3-偶极加成生成氮杂五环状化合物:

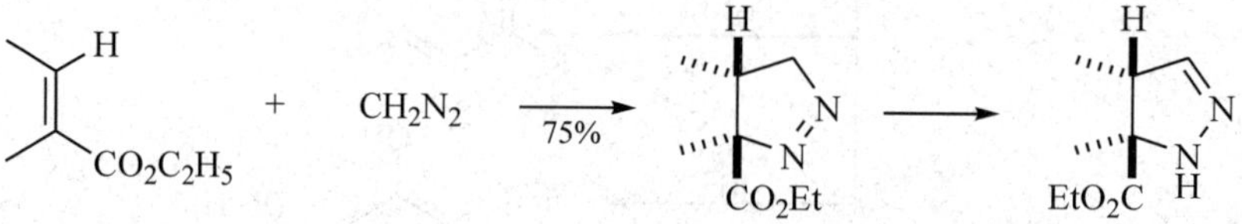

(5) 腈叶立德与双键进行1,3-偶极加成反应,生成二氢吡唑(pyrazoline)的产物,但在稍高的温度或在酸、重金属等催化下,极易脱氮,而形成三元环的最终产物,如下面的反应:

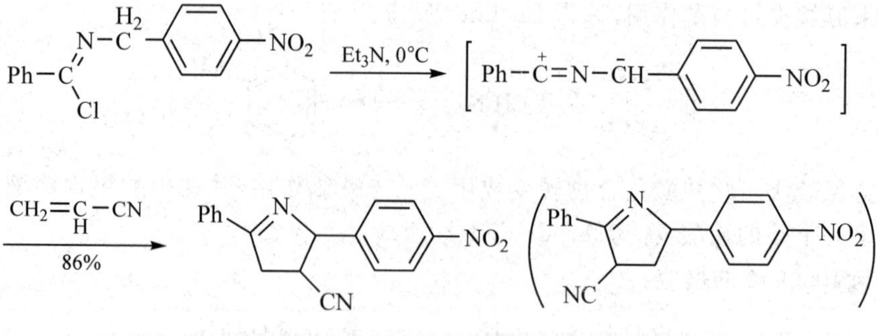

9.3.2 1,3-偶极分子反应时电子转移与分子轨道

1,3-偶极分子中电子在原子间是可转移的,即电子的分配不一定可由原子的电负性预测,其电荷间是互变的。正是由于这个缘故,在进行环化加成反应时,其位置选择性并不容易预测。这类环加成反应也是一个[$4\pi+2\pi$]的过程,因此与Diels-Alder反应有关;但 4π 电子组分不是二烯而是1,3-偶极子,其中4个 π 电子

仅分布在 3 个原子上。因此,至少可以画出一系列共振结构式,在该结构中,原子 1 和原子 3 带有相反的电荷。

$\overset{+}{R}CH-\overset{-}{N}=\overset{..}{N}:\longleftrightarrow RCH=\overset{+}{N}=\overset{-}{N}:\longleftrightarrow \overset{-}{R}CH-\overset{+}{N}\equiv N:\longleftrightarrow RCH-\overset{+}{N}=\overset{..}{N}$

$\overset{+}{RN}-\overset{-}{N}=\overset{..}{N}:\longleftrightarrow RN=\overset{+}{N}=\overset{-}{N}:\longleftrightarrow \overset{-}{RN}-\overset{+}{N}\equiv N:\longleftrightarrow \overset{..}{RN}-\overset{+}{N}=\overset{..}{N}:$

这种体系的最高已占分子轨道和最低空分子轨道可与单烯烃的最低空分子轨道和最高已占分子轨道,以和 Diels-Alder 反应相同的方式相互作用:

对于不对称烯烃(或其他亲偶极试剂)加成的区域选择性的解释更加困难,因而,在这里不作进一步的考虑。

9.4 碳烯和氮烯对烯烃的加成

碳烯是不带电荷的缺电子碳的合成子,即 $R_2C:$,又称为卡宾。它的最典型的反应实例,并且在合成上最有价值的反应是对烯烃的加成反应得到环丙烷类化合物:

氮烯是碳烯的氮类似物,同样可发生对烯烃的加成而得到环氮烷类化合物:

加成反应的确切机理取决于在碳烯或氮烯中非键电子的排布。

如果两个电子在同一轨道中而另一轨道是空的(即所谓单线态),那么,加成则可认为是涉及最高占有轨道(HOMO)和最低空轨道(LUMO)相互作用的 [2+2] 环加成:

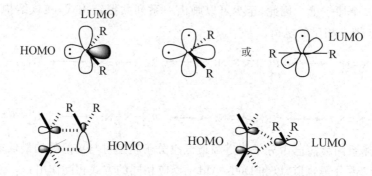

如果两个电子处在不同的轨道,那么,加成反应是按自由基途径分步进行,而不是通过协同反应进行。产物的立体化学取决于其反应机理。

协同的加成是立体专一的,烯烃的相对构型仍然保持在产物中:

但分步进行的自由基加成反应不是立体专一的,并且可导致生成非对映的环丙烷类混合物:

$$\text{环己烯} + N_3CO_2C_2H_5 \xrightarrow[50\%]{h\nu} \text{双环产物-NCO}_2C_2H_5$$

从烯烃形成环丙烷类化合物的另一种方法可通过 Simmons-Smith 反应。它包括烯烃与二卤甲烷以及金属锌（通常是在铜存在下）的反应：

$$\text{烯烃} + \underset{I}{\overset{ZnI}{CH_2}} \longrightarrow [\text{过渡态}] \longrightarrow \text{环丙烷} + ZnI_2$$

$$\text{甲基乙烯基酮} + CH_2I_2 \xrightarrow{Zn/Cu} \text{环丙基甲基酮}$$

9.5 电环化闭环

Diels-Alder 反应和 1,3-偶极环加成反应已在前面介绍，反应都涉及 6 个 π-电子经过一个环状过滤态再分配。如果这 6 个 π 电子包含在同一分子内，类似的再分配便可发生在分子内。这种分子内的周环过程就称为电环化反应：

如同 Diels-Alder 反应和 1,3-偶极环加成反应一样，该反应也是立体专一的，例如：

$$\text{环辛三烯} \xrightarrow{DMSO,\ 50°C} \text{顺式双环产物}$$

$$\text{三烯} \xrightarrow[99\%]{132°C} \text{反式环己二烯}$$

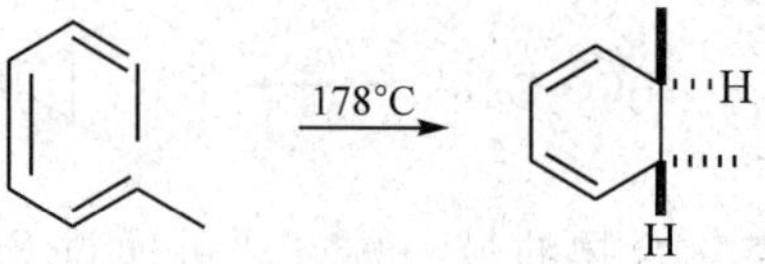

9.5.1 闭环与开环，顺旋与对旋

产物的立体化学可用前线轨道理论来解释。共轭三烯的最高占有分子轨道如下图所示，因此，闭环是一种对旋过程：

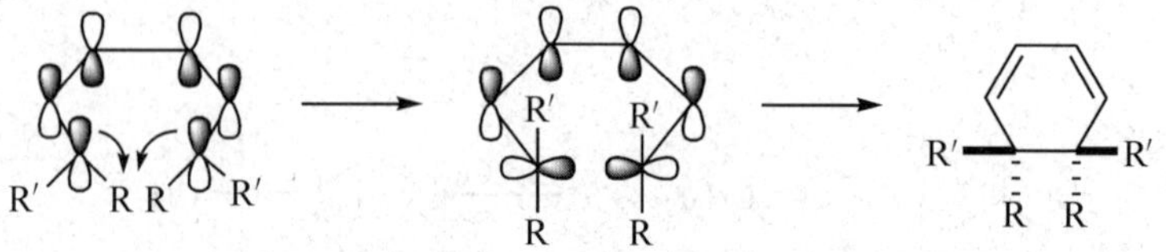

然而，这些反应是可逆的（如同 Diels-Alder 加成反应一样）。上面的例子是一个平衡状态，有时平衡有利于环化的异构体，有时平衡又有利于非环化的异构体，这就提供了一个有用的开环方法。例如，人们可能期望共轭二烯能环化成丁烯（一个顺旋过程，最高已占分子轨道），但在这种情况下，平衡通常有利于二烯的生成：

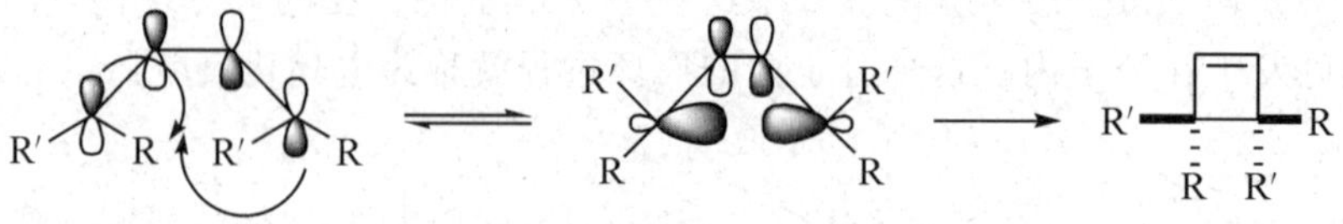

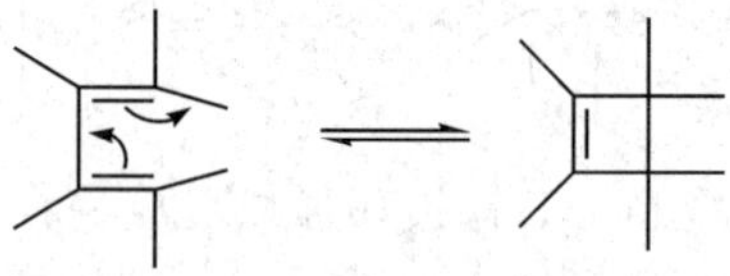

电环化闭环也可通过光化学法来引发。在这种光化学反应中，产物的立体化学与通过热环化所得到产物的立体化学相反，例如：

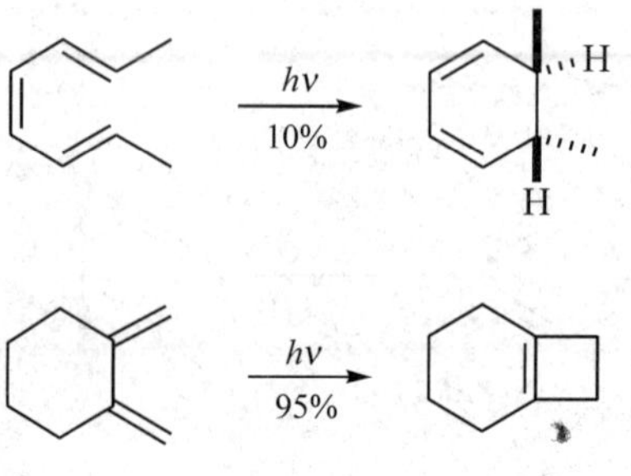

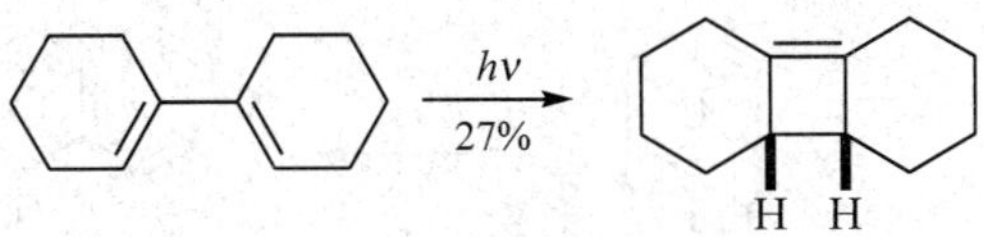

9 环化反应

光照射双烯底物导致一个电子进入邻近的较高能级的轨道,即基态的最低空轨道(LUMO)。这样,原来的最低空轨道(LUMO)现在就变成了光化学闭环中的最高占有轨道(HOMO)。对于二烯和三烯,闭环结果分别是对旋和顺旋。加热反应,有利于顺旋,对旋是禁阻的;但光反应则相反,有利于对旋,顺旋是禁阻的:

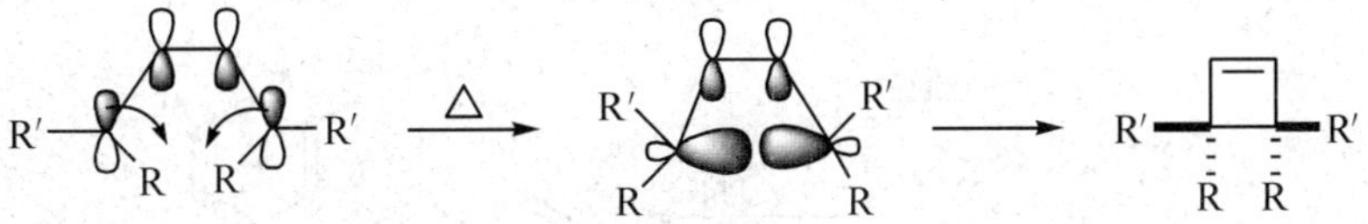

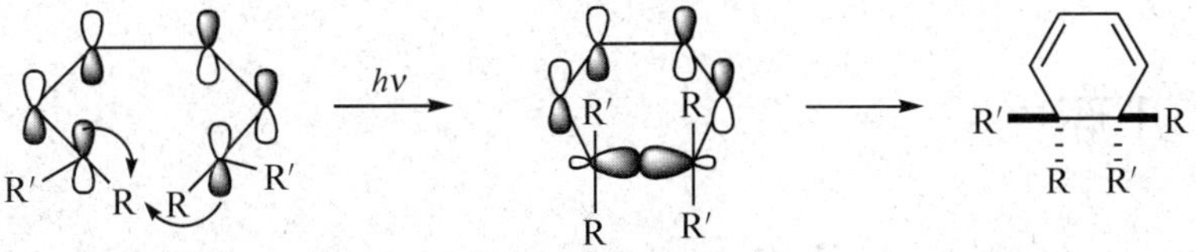

9.5.2 E型与Z型

在光照射下,也导致烯烃的 E- 和 Z- 异构体相互转化,因此,双键构型不固定的二烯或三烯可发生异构化和闭环反应,例如:

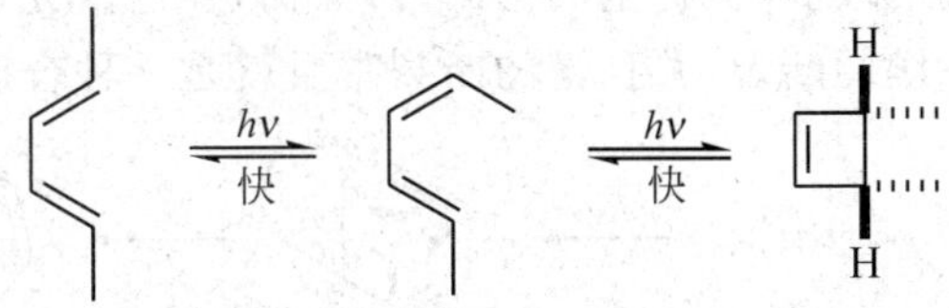

E→Z 异构化用于 1,2-二苯基乙烯的光环化相当有利。照射任一个异构体,或两者的混合物(如从 Witting 反应所得到)均得到二氢菲,它在空气的存在下,发生自动氧化脱氢形成菲,这是目前得到菲衍生物的最简单的合成途径:

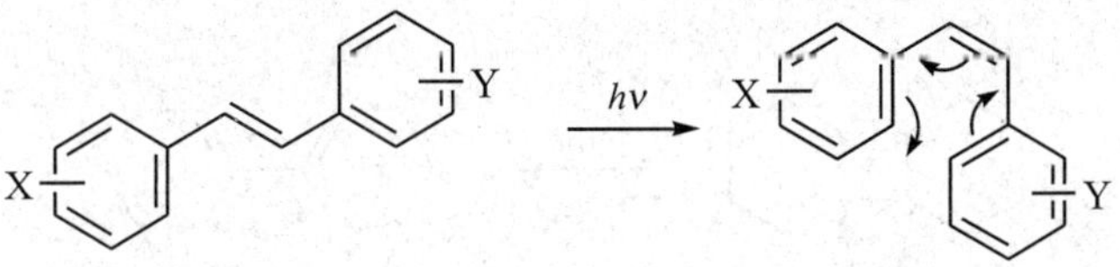

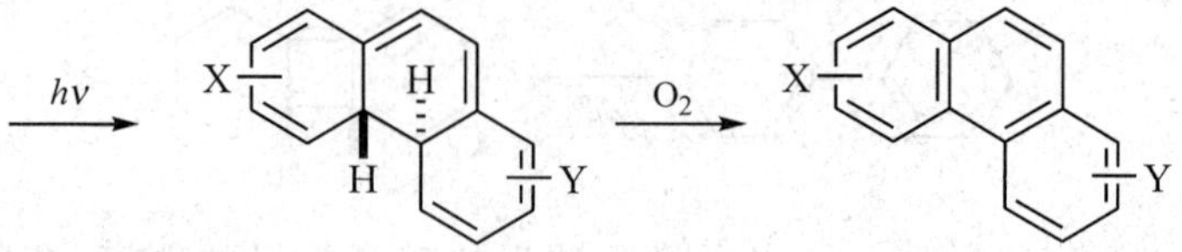

这个方法也成功地应用在螺烯的合成上：

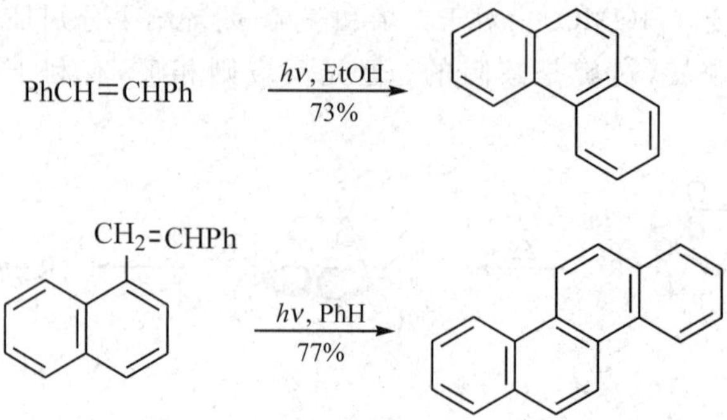

9.6 开环

9.6.1 环化合物分子中的开环

作为合成方法，开环的价值不如闭环那样显著。的确，到目前为止，我们只根据成键反应来讨论了合成，而键断裂的例子（例如，丙二酸或 β-酮酸衍生物的脱羧作用，或者从 1,3-二噻烷或二氢-1,3-噁嗪脱去羰基）则已附随在主要的论题中，在第 7 章，我们曾介绍有关脱除保护基的键断裂，然而，在这部分，我们在一个特定的范围（开环）内来考虑键的断裂，并且键的断裂本身就是一种合成方法。

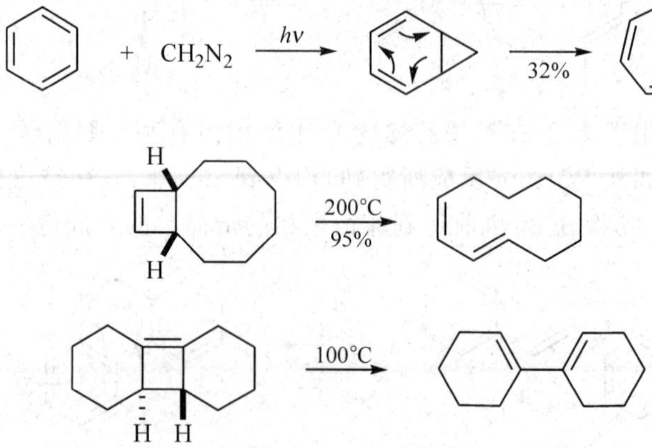

9.6.2 [3,3]σ迁移

本章介绍的周环反应的最后类型是一个涉及 Cope 重排的过程。在涉及一个六元环状过渡态的反应中,通过协同地形成 C_1—C_6 单键,打破 C_3—C_4 键,两个双键移位,1,5-二烯重排成另外一个 1,5-二烯:C—C 单键由 3,4 向 1,6 迁移,这个通过 3 个碳原子的电子迁移称为[3,3]σ迁移。

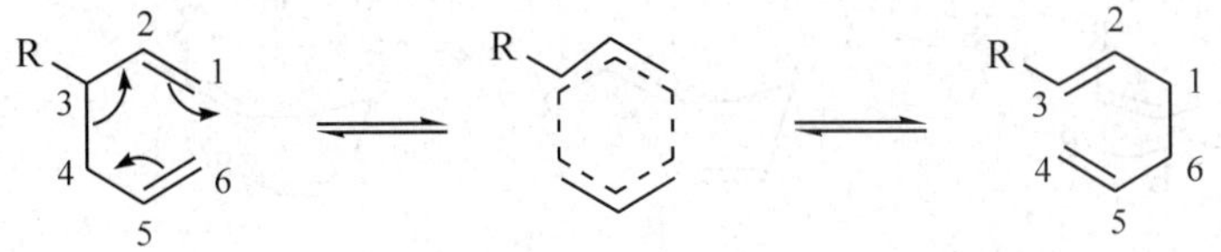

由此可见,如果原来的 C_3—C_4 键是环体系的一部分,那么,此方法则可作为开环方法合成大环化合物的一种反应:

Cope 重排一般说来是立体专一的,尽管产物的构型常常不能预言,若要预言,则取决于过渡态的构象。如果船式和椅式构象均可合理地形成,则椅式构象优于船式构象。

(1)

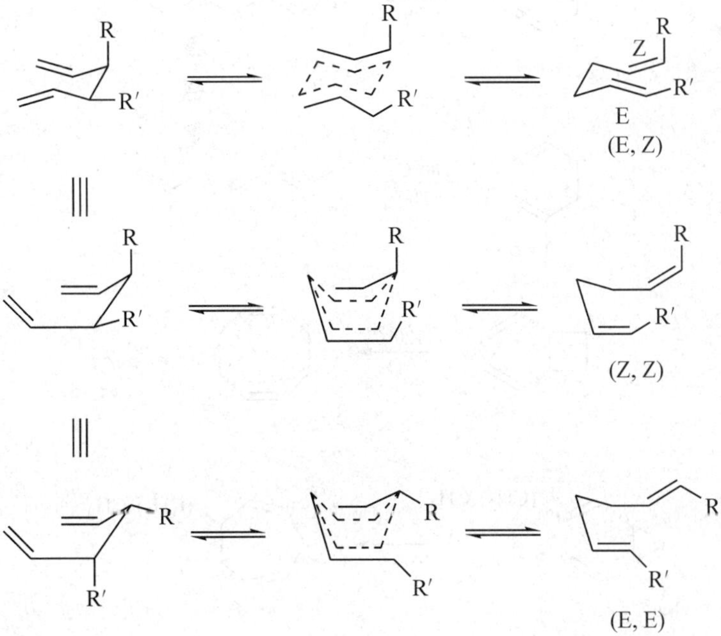

(E, Z)

(Z, Z)

(E, E)

(2)

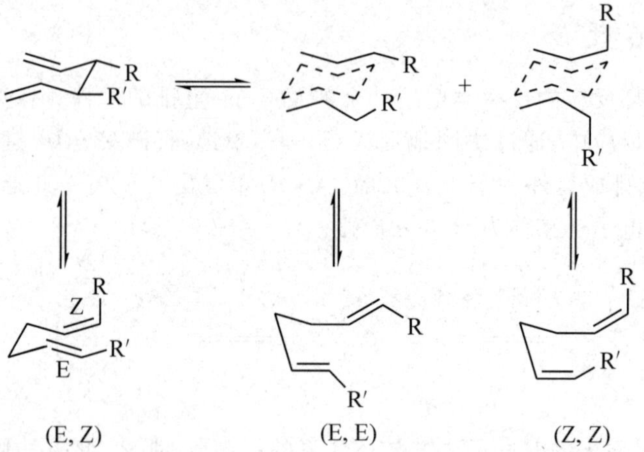

(E, Z)　　　　　(E, E)　　　　　(Z, Z)

优先选择椅式的过渡态可用前线分子轨道的概念加以解释。如果形成的新的单键认为是分子最高占有轨道(HOMO)和最低空轨道(LUMO)的相互作用,像船式的过渡态的形成需要 C_2 和 C_5 间相反的轨道相互作用,而在椅式的过渡态中不存在这样的相互作用。

9.6.3　Cope 重排的实例

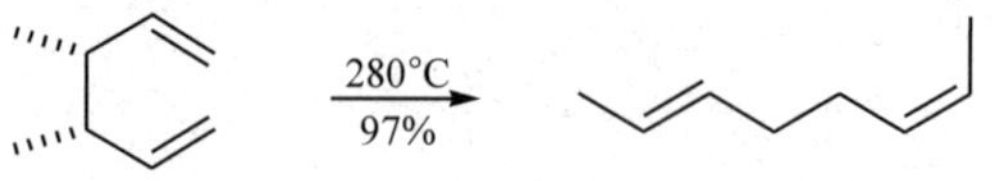

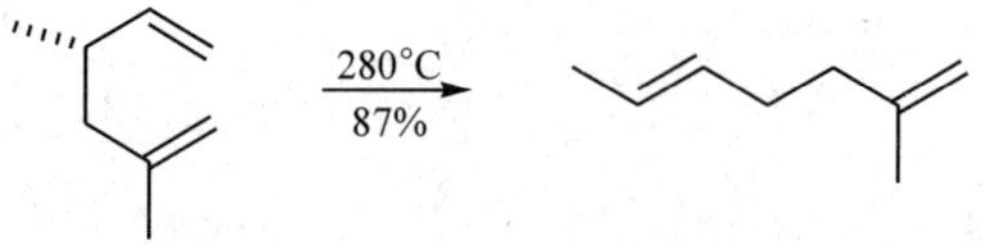

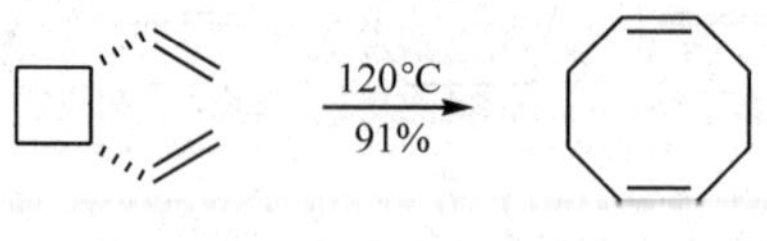

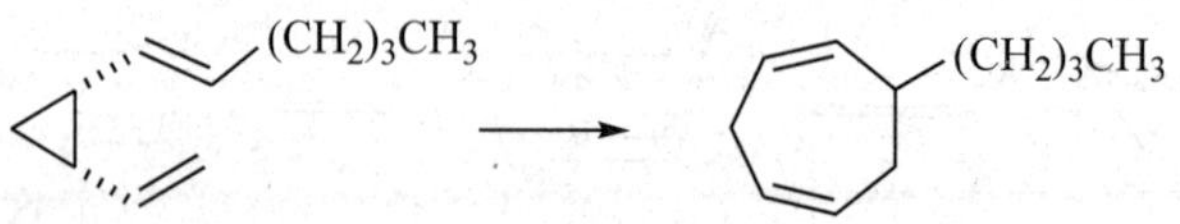

然而,像其他的周环反应过程一样,Cope 重排是可逆的,最终平衡的位置取决于异构体的相对稳定性,例如:

在这种情况下,如果产物进一步反应,那么,正向反应可占优势,例如"氧Cope"重排:

9.6.4 其他一些开环反应

(1) 钳合型的消去反应——钳合成环的逆反应

例如:

NaN_2O_3 是一个 N-硝基化的羟胺的钠盐。

又如:

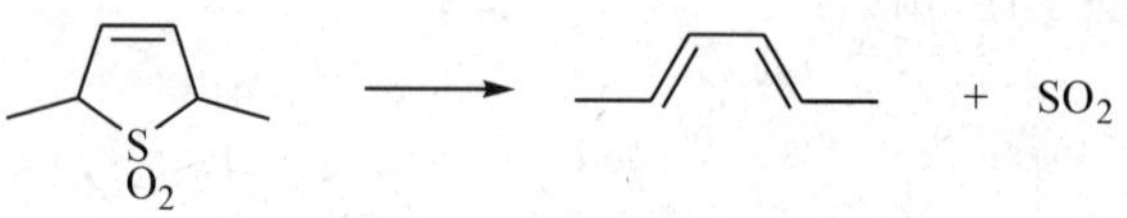

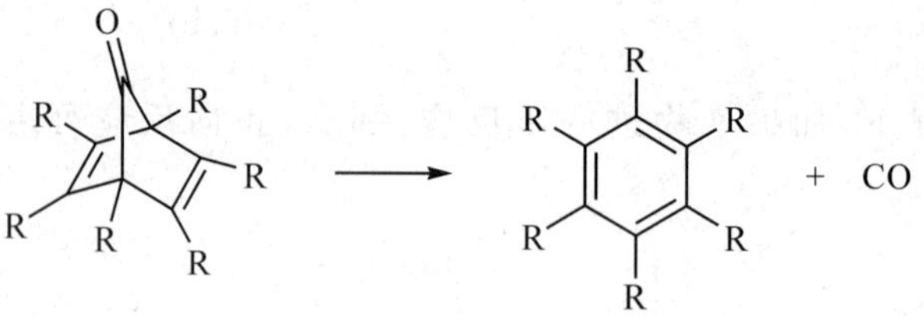

[反应式: 2,5-二甲基-2,5-二氢噻吩砜 → 己二烯 + SO$_2$]

[反应式: 取代双环酮 → 六取代苯 + CO]

(2) 环重氮化合物的分解

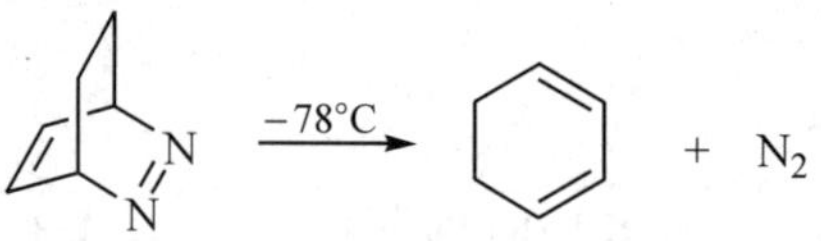

[反应式: 双环重氮化合物 $\xrightarrow{-78°C}$ 1,3-环己二烯 + N$_2$]

环重氮化合物极不稳定,低温下即分解,是协同反应和热解允许反应:

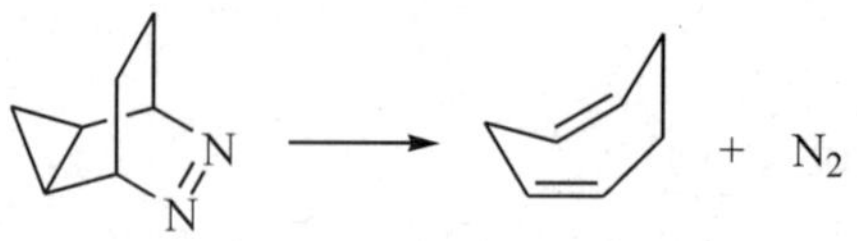

[反应式: 双环重氮化合物 → 环辛二烯 + N$_2$]

反应物室温时不稳定,易分解,也是协同反应:

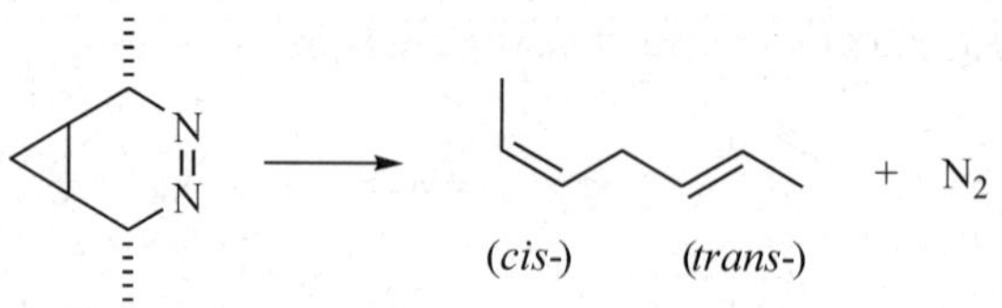

[反应式: 环丙烷并重氮化合物 → (cis-) (trans-)己二烯 + N$_2$]

(3) 成环过渡态的消去反应

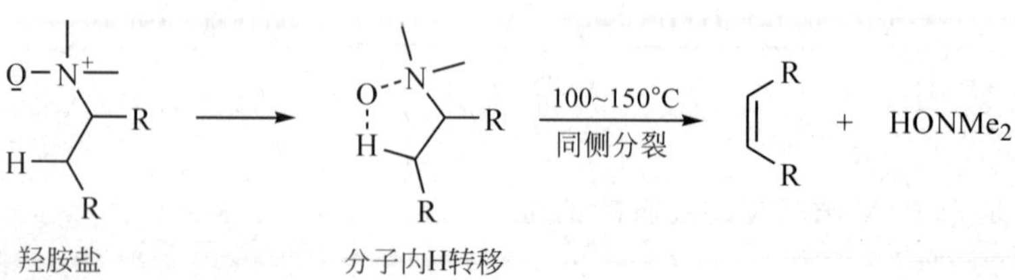

[反应式: 羟胺盐 → 分子内H转移 $\xrightarrow[\text{同侧分裂}]{100\sim150°C}$ 烯烃 + HONMe$_2$]

羟胺盐　　　　　　　分子内H转移

9 环化反应

$$\underset{\underset{R}{\overset{H}{|}}}{\overset{\overset{\displaystyle O}{\|}}{\underset{\displaystyle C}{\overset{\displaystyle \diagup}{}}}\overset{\displaystyle O}{}}\underset{R}{\overset{}{\text{CH}}} \longrightarrow \underset{R}{\overset{}{\text{(6-membered TS)}}} \xrightarrow{400\sim600\,^\circ\text{C}} \text{RCH}=\text{CHR} + \text{CH}_3\text{CO}_2\text{H}$$

$$\underset{\underset{R}{\overset{H}{|}}}{\overset{\overset{\displaystyle S\text{—}}{\|}}{\underset{\displaystyle C}{\overset{\displaystyle \diagup}{}}}\overset{\displaystyle O}{}}\underset{R}{\overset{}{\text{CH}}} \longrightarrow \text{(6-membered TS)} \longrightarrow \text{CH}_3\text{SH} + \underset{\underset{\displaystyle O}{\|}}{\overset{\overset{\displaystyle S}{\|}}{C}} + \text{RCH}=\text{HCR}$$

10 含杂原子有机化合物的合成

10.1 碳-杂原子键的形成

在前面各章中,我们从构成一些特定的目标化合物分子骨架的角度,主要介绍了碳-碳键的形成反应。如果目标化合物是一个完全是由碳原子组成的骨架,这倒是很好。但是,对很多有机化合物来说,不只是由碳原子组成的分子骨架,还具有卤素、氧、硫、氮等原子(统称为杂原子)以及杂环化合物。因此,在此需要讨论碳-杂原子的形成。

10.1.1 碳-卤键的形成

在通常情况下,人们并不认为在一个有机分子中,卤原子是分子骨架的组成部分,而是把它当作连接在骨架上的取代基。我们也认为,形成碳-卤键主要是简单的官能团转化的问题,就像第 2 章所包括的那些:

(1) R-X $\Longrightarrow$ R$^+$ + X$^-$ (亲核取代反应)

(2) R-X $\Longrightarrow$ R$^-$ + X$^+$ (亲电取代反应,有苯衍生物的卤化)

(3) R-X $\Longrightarrow$ R· + X· (自由基反应,形成碳-卤键的另一重要方法)

10.1.2 碳-氧和碳-硫键的形成

与卤素不同,在不带电荷的分子中,氧原子和硫原子都能与碳形成两个价键,即双键。因此,它们能够进入有机化合物的骨架,其贡献接近于骨架上的官能团。

在形成碳-氧键时,很多反应是亲电的碳与亲核的氧反应:

$$R\text{-}O\text{-}R' \Longrightarrow R^+ + R'O^-$$

$$RCO\text{-}OR' \Longrightarrow \overset{+}{RCO} + R'O^-$$

但必须注意,虽然上面出现了合成子 RO$^-$,但其合成等价物却不一定要带负电荷。醇(或水,如果 R'=H)也有足够的亲核性与亲电试剂起反应。

亲核的碳和亲电的氧之间的成键反应并不常见。从合成观点来看,最有用的这类反应是氧化,如从烯烃形成环氧烷和 Baeyer-Villiger 氧化反应:

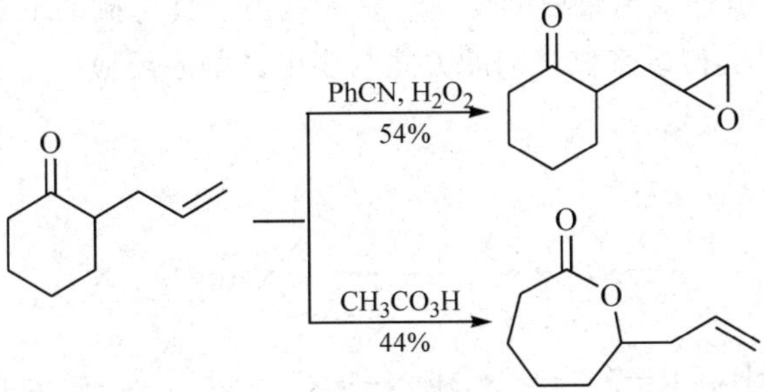

关于 C—S 键的形成，一般是遇到硫的不同氧化态，情况比较复杂。形成 C—S—C 或 C—S—H 组分几乎总是需要亲电的碳和亲核的硫。但硫的氧化物是亲电的（如苯的磺化，因此形成 C—SO$_2$X 或 C—SO$_2$—C）。此组分可能涉及亲核的碳和亲电的硫：

$$CH_3(CH_{12})_{11}MgBr + SO_2 \xrightarrow{80\%} CH_3(CH_2)_{11}SO_2H$$

$$PhSO_2Cl + PhH \xrightarrow[80\%]{FeCl_3} PhSO_2Ph$$

10.1.3 碳-氮键的形成

碳-氮键的形成更为复杂。在有机分子中，一个不带电荷的氮原子形成 3 个共价键。因此组成分子骨架部分的氮能够以单键与 3 个不同的原子键合（如在胺中）。或者它以双键与一个原子键合，以单键与另一原子键合（如 C=N—C）；或在芳香化合物中它可以取代环中的—CH，则它的成键可以表示为：

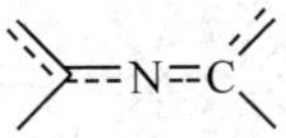

当然，氮还可以叁键与一个碳键组成氰基。

带正电荷的氮是 4 价这一事实可能被认为进一步复杂化了。

按照反应机理，习惯上可以把成键反应分为以下几个方面。

1. 亲核氮和亲电碳

它们最普通的形式是：

这是形成碳-氮键最为重要的反应。氨和胺由于具有孤电子对,是很好的亲核试剂,而且它们以类似碳亲核试剂的方式与亲电试剂起反应。

以胺而论有以下反应：

(1) 烷基化

$$\ce{-N: + R-X -> -N^+-R + X^-}$$

$$\ce{H-N: + R-X -> H-N^+-R X^- <=> N-R + HX}$$

(2) 酰基化

$$\ce{H-N: + \underset{X}{\overset{R}{C}}=O -> H-N^+-\underset{X}{\overset{R}{C}}-O^- -> \underset{H}{N^+}-\overset{R}{C}=O \ X^-}$$

$$\ce{-N: + \underset{X}{\overset{R}{C}}=O -> H-N^+-\overset{R}{C}=O \ X^- -> N\cdot\cdot-\overset{R}{C}=O}$$

(3) 缩合

$$\ce{-\underset{H}{\overset{H}{N}}: + \underset{R'}{\overset{R}{C}}=O -> -\underset{H}{\overset{H}{N^+}}-\underset{R'}{\overset{R}{C}}-O^- <=> \underset{}{\overset{H}{N\cdot\cdot}}-\underset{R'}{\overset{R}{C}}-OH ->[-H_2O] -N=\underset{R'}{\overset{R}{C}}}$$

据此,当分子骨架含有氨基氮时(也就是氮以单键与3个原子键合),在逆合成中,正确的切断几乎总是：

$$\ce{-C-N- => -C\dashv N^+- => -C^+ + :N-}$$

同样,对于酰胺：

$$\ce{\overset{O}{C}-N => \overset{O}{C}-N^+-H => \overset{O}{C^+} + :N-H}$$

对于碳-氮双键,最普通的切断如下：

$$\ce{C=N- => \overset{OH}{C}-\overset{H}{N} => \overset{OH}{C}-N^+-H => \overset{OH}{C^+} + :N-H}$$

其实,也可以统一写成:

$$-\underset{|}{\overset{|}{C}}-\underset{|}{\overset{|}{N}}- \Longrightarrow -\underset{|}{\overset{|}{C}}^+ + {}^-\underset{|}{\overset{|}{N}}-$$

我们只要记得是一个合成子(代表亲核的氮)而不一定就是代表胺离子,就可以了。

不可否认,氨基金属偶尔也会用于形成 C—N 键,但它们是太强的碱,以致不能作为一般亲核试剂使用,因为易于引起消除、重排和其他不希望的副反应。

2. 亲电氮和亲核碳

还有在碳原子上接 —NH_3^+,—NO_2,—N_2^+ 等多种情况。就氨基而言,这类相互作用很不重要。但两个值得注意的例外是,由烯和氮烯的加成形成氮杂环丙烷和 Beckmann 重排。

在芳香化合物的化学中,氮亲电试剂占有重要的位置,NO_2^+,NO^+ 和 ArN_2^+ 是最为熟知的。NO_2^+ 和 NO^+ 只对引入官能团有价值。芳香重氮离子可用于骨架形成反应,不仅与酚这样的富电子芳香体系作用,也与烯醇和其他稳定的碳负离子作用,例如:

$$PhN_2^+ Cl^- + PhCOCH_2COPh \xrightarrow{CH_3CO_2Na \text{ 或 Py}} PhN=N-\underset{|}{\overset{H}{C}}(COPh)_2$$
$$\Updownarrow 80\%$$
$$PhNH-N=C(COPh)_2$$

$$PhN_2^+ HSO_4^- + CH_2(SO_2CH_3)_2 \xrightarrow[50\%]{NaOH} PhNHN=C(SO_2CH_3)_2$$

原则上,硝基化合物 RNO_2 作为亲电氮的来源应该是可能的。例如,可以预期与碳负离子的反应如下:

$$H-\underset{|}{\overset{|}{C}}{}^-\underset{O^-}{\overset{O}{\underset{\|}{N}}}{}^+-R \xrightarrow{H-B} H-\underset{|}{\overset{|}{C}}-\underset{O^-}{\overset{OH}{\underset{|}{N}}}{}^+-R \xrightarrow{-H_2O} \underset{|}{\overset{|}{C}}=\underset{O^-}{\overset{}{\underset{|}{N}}}{}^+-R$$
$$\qquad\qquad B^-$$

实际上,虽然这一过程在某些杂环化学领域有用,但这一反应并没有充分的普遍意义,使它不值得在此进一步讨论。

3. 亚硝基化合物和腈

原则上,亚硝基既可以作为亲电氮的来源,又可以作为亲核氮的来源;因为

N=O 键是极性的,所以亚硝基可以看作醛的含氮相似物(也就是有亲电性的氮),可是氮还有一对具有亲核性能的未享电子对。

实际上,最有用的合成程序与亚硝基化合物作为亲电物种有关,如下所示:

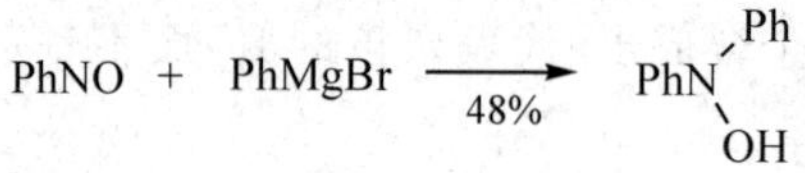

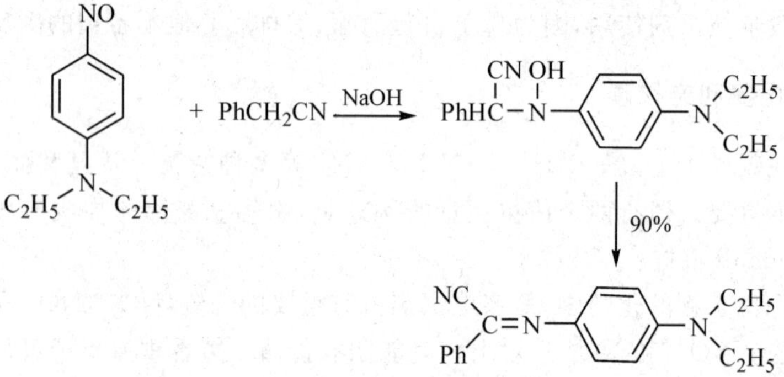

$$PhNO + PhMgBr \xrightarrow{48\%} PhN(Ph)(OH)$$

后一个反应预示碳-氮双键的另一种可能的切断,正、负电荷所在原子如下:

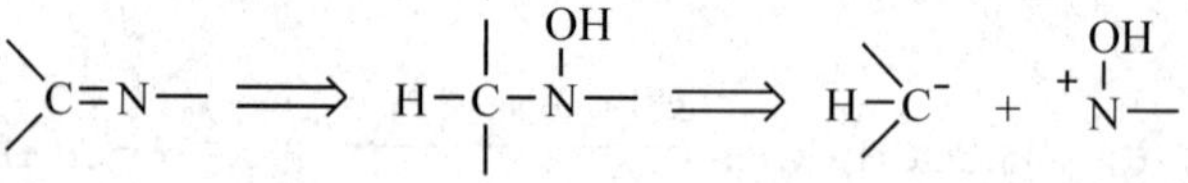

可是,必须强调的是,上述切断相对来说并不常见。亚硝基化合物本身往往难以制备,而且,一旦制得,它们的反应活性可能很高,又难以处理。所以,在多数情况下,C=N 键的正确切断仍是亲电碳与亲核氮:

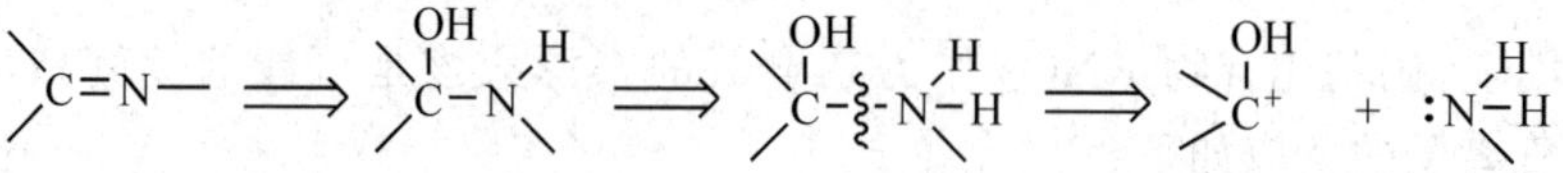

正像羧酸酯可以作为酰基化试剂一样,亚硝酯也是亚硝化试剂:

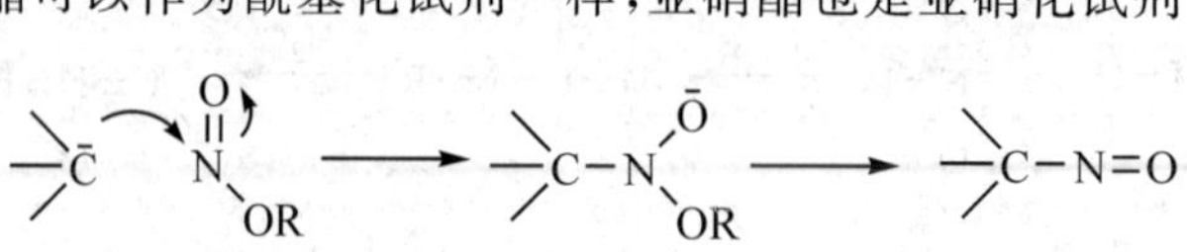

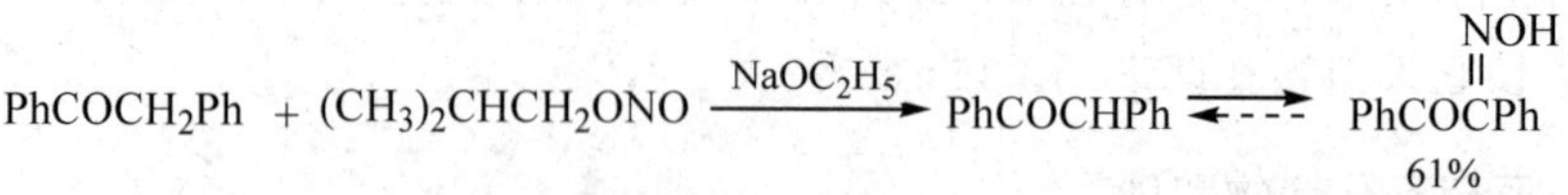

$$PhCOCH_2Ph + (CH_3)_2CHCH_2ONO \xrightarrow{NaOC_2H_5} PhCOCHPh \dashleftarrow PhCOCPh(=NOH)$$
61%

10.2 单杂原子五元杂环化合物的合成

呋喃、吡咯、噻吩环系，广泛存在于各种生物体中，可以从天然产物中制备这些杂环化合物。例如，从稻草、玉米等植物茎料中制取呋喃衍生物糠醛、糠酸等，并由此获得呋喃：

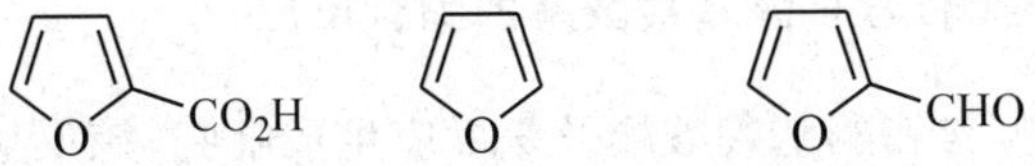

工业上分馏煤焦油能得到噻吩、吡咯，但是，更常用的方法是从某些工业产品的化学试剂开始人工合成这些杂环化合物。

合成呋喃、吡咯和噻吩的方法很多，可以从这些分子的骨架构成上，将其合成方法按组合式分为几种类型来讨论。

10.2.1 [2+3]型环加成

关于吡咯、呋喃、噻吩环的合成，按照合成时杂原子在结构单元中的位置（2或3）不同，也就是反合成时拆开的地方不同，可有3种情形，如下图所示：

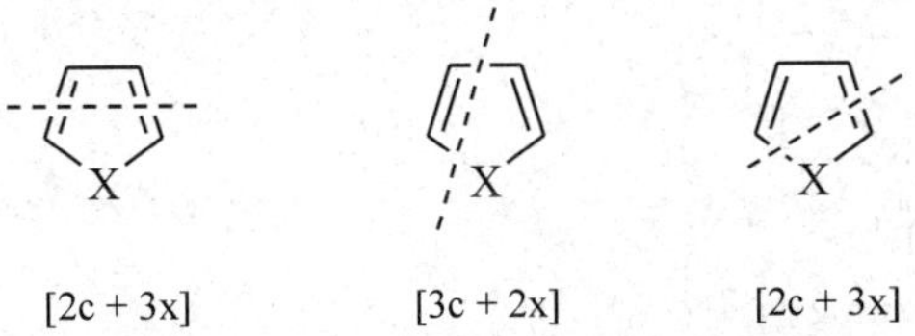

[2c + 3x]　　　　[3c + 2x]　　　　[2c + 3x]

无论是哪种情况，参加反应的两个分子，除了含有杂原子的取代基之外，它们必须至少含有两个活泼的反应中心，如活泼的亚甲基或羰基等。一般情况下，它们多数是活泼的羰基化合物。下面举一些例子说明。

1. α-氨基酮和含活泼亚甲基的羰基化合物的缩合反应（Knorr 反应）

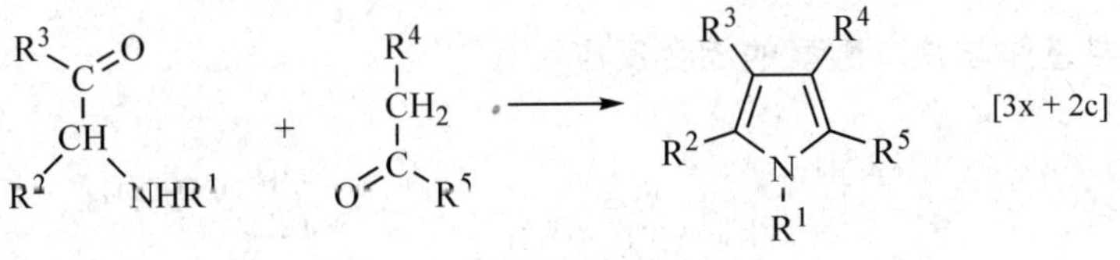

[3x + 2c]

其中 R^1 = H、烷基、芳基等，例如：

$$\text{C}_2\text{H}_5\text{CO}_2\text{-CH(NR}^1\text{)-C(=O)CH}_3 + \text{CH}_2\text{CO}_2\text{C}_2\text{H}_5\text{-C(=O)CH}_3 \xrightarrow{H^+} \text{pyrrole product} \qquad [3x + 2c]$$

2. α-卤代醛（或酮）与 β-酮基羧酸酯的缩合反应

α-卤代醛（或酮）与 β-酮基羧酸酯及氨反应生成吡咯，该反应称为 Hantzsch 吡咯合成；α-卤代醛（或酮）与 β-酮基羧酸酯在吡啶存在下反应生成呋喃，该反应称为 Feist-Bénery 呋喃合成：

$$\underset{R^2}{\overset{R^3}{\text{CH-C(=O)}}}\text{X} + \underset{R^5}{\text{CH}_2\text{CO}_2\text{C}_2\text{H}_5\text{-C(=O)}} \xrightarrow{Py} \text{furan} \qquad \text{(Feist-Bénery)}\; [2c+3x]$$

$$\xrightarrow{NH_2-R^1} \text{pyrrole (Hantzsch反应)}$$

其中 R^1, R^2, R^3, R^5 是 H、烷基或芳基；X 是 Cl 或 Br，例如：

$$\text{CH}_3\text{COCH}_2\text{Cl} + \text{CH}_3\text{COCH}_2\text{CO}_2\text{C}_2\text{H}_5 \xrightarrow[50\%]{NH_3} \text{pyrrole} \qquad [2c+3x]$$

3. α-羟基酮与炔二酸酯的缩合反应：

$$\underset{Ph}{\overset{Ph}{\text{C(=O)-CHOH}}} + \text{C}_2\text{H}_5\text{O}_2\text{C-C≡C-CO}_2\text{C}_2\text{H}_5 \xrightarrow[40\%]{K_2CO_3, CH_3COCH_3} \text{dihydrofuran product} \qquad [3x+2c]$$

$$\xrightarrow[95\%]{CH_3OH,\ HCl}$$ [2-phenyl-4-methyl-3,5-bis(ethoxycarbonyl)furan]

在同样条件下，α-氨基酮与炔二酸酯反应，得相应的吡咯衍生物：

$$\text{PhCOCH(NH}_2\cdot\text{HCl)Ph} + \text{EtO}_2\text{C-C}\equiv\text{C-CO}_2\text{Et} \xrightarrow{80\%} \text{2,4-diphenyl-3,5-bis(ethoxycarbonyl)pyrrole} \quad [3x + 2c]$$

近年来，直接用 β-二羰基化合物与含硫基的炔化物反应，顺利地得到了相应的取代呋喃：

$$\text{HC}\equiv\text{C-CH}_2\text{-}^+\text{S(CH}_3)_2 + \text{CH}_3\text{COCH}_2\text{COCH}_3 \xrightarrow{H^+} \text{3-acetyl-2,4-dimethylfuran}$$

4. α,β-不饱和酮或醛与 α-氨基酸酯，在醇碱催化下反应生成吡咯

$$\text{CH}_2=\text{CHCOCH}_3 + \text{HN(Ts)CH}_2\text{CO}_2\text{C}_2\text{H}_5 \xrightarrow{t\text{-BuOK}} \text{N-Ts-3-methyl-3-hydroxy-2-(ethoxycarbonyl)pyrrolidine} \quad [3c + 2x]$$

$$\xrightarrow{P_2O_5} \text{N-Ts-3-methyl-2-(ethoxycarbonyl)-2,5-dihydropyrrole} \xrightarrow{EtONa} \text{3-methyl-2-(ethoxycarbonyl)-2H-pyrrole} \longrightarrow \text{3-methyl-2-(ethoxycarbonyl)pyrrole}$$

当采用巯基乙酸酯进行这个反应时，得相应的取代噻吩：

$$\text{RR'C=CH-CHO} + \text{HS-CH}_2\text{CO}_2\text{C}_2\text{H}_5 \xrightarrow{Py} \text{5-R,R'-3-hydroxy-2-(ethoxycarbonyl)tetrahydrothiophene} \quad [3c + 2x]$$

$$\xrightarrow[R'=OH]{P_2O_5} \text{5-R-2-(ethoxycarbonyl)-2,5-dihydrothiophene} \longrightarrow \text{5-R-2-(ethoxycarbonyl)thiophene}$$

1,3-偶极化合物与活泼的炔化合物的加成反应也属于[2+3]型的环合反应：

$$Ph-\underset{Cl}{C}=N-CH_2Ar \xrightarrow{(C_2H_5)_3N} Ph-\overset{+}{C}=N-\bar{C}HAr$$

$$\xrightarrow{R-C\equiv C-CO_2CH_3} \text{(吡咯环，2-Ph, 5-Ar, 3-CO_2CH_3, 4-R)} \quad [3x+2c]$$

10.2.2 [1+4]型环加成

一个杂原子或含杂原子的官能团与含 4 个碳原子的链状化合物发生关环反应，这是合成单杂原子不饱和五元环的最重要的一个方法，可以用图示意如下：

$$\text{(4碳链)} + X \longrightarrow \text{(五元杂环)} \quad [4c+1x]$$

式中 4 碳原子链，可以是丁烯、丁二烯、丁烷、丁二酸盐、丁二醇、丁二炔和各种 1,4-二羰基化合物等。

(1) 最重要的是各种类型的 1,4-二羰基化合物的加成反应，即 Paal-Knorr 反应。反应中一个羰基氧消除，另一个成环中杂氧。这个反应的产率高，条件温和，不但是实验合成各种类型的吡咯、呋喃、噻吩的好方法，而且对于这类化合物的生物合成研究也有很重要的意义。1,4-二羰基化合物本身，在浓 H_2SO_4 等脱水剂的作用下，生成相应的呋喃衍生物。也可用多聚磷酸(PPA)为脱水剂：

$$\text{(环己烷-1,2-二酰基二苯)} \xrightarrow{PPA, 140\sim150℃} \text{(中间体, OH)} \xrightarrow[62\%]{H^+} \text{(呋喃衍生物)}$$

Paal-Knorr 反应的机理至今还不十分清楚，可能的反应机理如下：

$$\underset{R^1}{\overset{R^2\ H}{\underset{\|}{R-C-C-C-C-R^3}}} \rightleftharpoons \text{(烯醇式)} \longrightarrow \text{(2,5-二羟基二氢呋喃)}$$

[反应机理示意图：H⁺ 质子化 → 脱水 → 生成呋喃环]

(2) 1,4-二羰基化合物与氨、碳酸铵、烷基伯胺、芳胺、杂环取代伯胺、肼、取代肼和氨基酸等许多含氮化合物，都能发生关环反应得相应的吡咯或取代吡咯。在反应中是两个羰基氧都消除：

[反应式：己二酮 + (NH₄)₂CO₃, 100~115℃ → 中间体 → 二醇中间体 → 2,5-二甲基吡咯，81%~86%]

[反应式：1-(4-氯苯基)戊-1,4-二酮 + H₂N—NHC(O)—NH₂ —AcOH, AcONa, EtOH, 回流, 80%→ 取代吡咯产物]

(3) 1,4-二羰基化合物与 P_2S_5 反应生成相应的噻吩，反应中也是两个羰基的氧都消除：

[反应式：己二酮 + P_2S_5 —87%→ 2,5-二甲基噻吩]

1,4-丁二醛、γ-羰基戊酸和丁二酸盐等都能与 P_2S_5 反应，生成相应的噻吩。

(4) 其他含 4 个碳原子的链状化合物与杂原子或含杂原子的基团反应。

二炔化物与 H_2S 在弱碱催化下关环，生成相应的取代噻酚：

$$R-C\equiv C-C\equiv C-R' + H_2S \xrightarrow[50\%\sim 80\%]{\text{碱}, \Delta} \text{2,5-二取代噻吩}$$

其中 R, R' 为氢、烷基、芳基或羧基，这是工业上合成噻吩的方法。

10.2.3 Yurev 反应

以氧化铝为催化剂,可以使呋喃、吡咯、噻吩的环系相互转化:

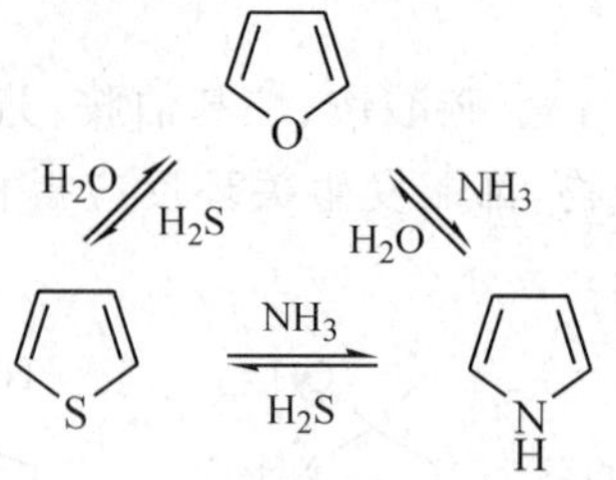

例 当呋喃与氨(或一级胺类)、硫化氢在氧化铝存在下于气相反应时,分别转化为吡咯、噻吩或硒吩。

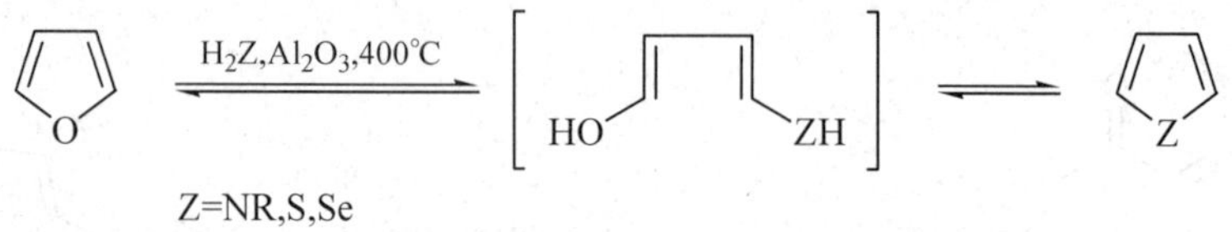

$Z=NR, S, Se$

10.3 单氮原子六元杂环化合物的合成

过去吡啶主要是从煤焦油的分馏中得到的。近年随着石油工业的发展,吡啶及其取代衍生物主要是以石油产品为原料,通过合成方法制备的。一些重要的工业方法,如用乙炔和氨反应的方法,是工业制取用烷基取代吡啶的好方法:

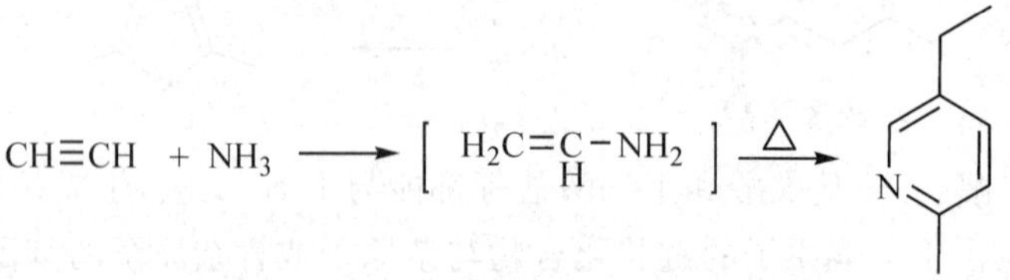

10.3.1 Hantzsch 反应及其类似物的合成

Hantzsch 反应是 β-酮基羧酸酯的缩合反应。这里指的是由两分子的 β-酮酸与一分子的醛和一分子的氨进行缩合,先得到二氢吡啶环系,再经氧化脱氢,即生成一个相应的对称取代的吡啶:

$$2 \underset{\text{OC}_2\text{H}_5}{\overset{\text{O} \quad \text{O}}{\diagdown\diagup}} + \text{R-CHO} + \text{NH}_3 \longrightarrow \text{[3,5-二(乙氧羰基)-2,6-二甲基-4-R-1,4-二氢吡啶]}$$

$$\xrightarrow{\text{HNO}_3 / \text{H}_2\text{SO}_4} \text{[3,5-二(乙氧羰基)-2,6-二甲基-4-R-吡啶]} \xrightarrow[65\%]{(1)\ \text{KOH} \atop (2)\ \text{CaO}} \text{[2,6-二甲基-4-R-吡啶]}$$

Hantzsch 反应应用非常广泛，是合成各种取代吡啶的最简便的一个方法。

由邻硝基苯甲醛开始合成治疗心脏病的药——心痛定，是将 Hantzsch 反应应用于药物合成工业的很好例子：

$$2\ \text{CH}_3\text{COCH}_2\text{CO}_2\text{C}_2\text{H}_5 + \text{NH}_3 + \text{o-NO}_2\text{C}_6\text{H}_4\text{CHO} \longrightarrow$$

$$\text{[4-(2-硝基苯基)-3,5-二(乙氧羰基)-2,6-二甲基-1,4-二氢吡啶]} \xrightarrow{[\text{O}]} \text{[4-(2-硝基苯基)-3,5-二(乙氧羰基)-2,6-二甲基吡啶]}$$

实验证明，Hantzsch 反应的过程，首先是形成链状的 δ-氨基羰基化合物，然后再通过分子内的加成-消除反应发生环化，最后在氧化剂作用下生成芳香化的吡啶环：

$$2\ \text{CH}_3\text{COCH}_2\text{CO}_2\text{C}_2\text{H}_5 + \text{NH}_3 + \text{RCHO} \longrightarrow \text{[链状 δ-氨基羰基中间体]}$$

$$\longrightarrow \text{[2-羟基-1,2,3,4-四氢吡啶中间体]} \xrightarrow{-\text{H}_2\text{O}} \text{[1,4-二氢吡啶]}$$

$$\xrightarrow{[O]} \text{(吡啶环：} C_2H_5O_2C, R, CO_2C_2H_5, 2,6\text{-二甲基)}$$

Hantzsch 反应的反应原理具有普适性。以各种不同的羰基化合物为原料,有多种合成吡啶环系的方法。这些合成方法都与 Hantzsch 反应具有相类似的反应机制,如:

(1) 1,5-二羰基化合物和氨的反应,中间可能就是通过 δ-氨基羰基化合物阶段,然后发生加成-消除反应完成的:

$$OHC-CH=CH-CH_2-CHO + NH_3 \longrightarrow [H_2N-CH(OH)-CH=CH-CH_2-CHO] \longrightarrow \text{吡啶}$$

与此类似的,用含 4 个碳原子以上的链状 α,β-不饱和醛与甲醛缩合,然后在催化剂作用下,再和氨反应,则生成吡啶或相应的取代吡啶,如:

$$CH_3-CH=CH-CHO + CH_2O \longrightarrow HOH_2C-CH=CH-CHO$$

$$\xrightarrow{SiO_2-Al_2O_3, NH_3, 400℃} \text{吡啶}$$

(2) β-二羰基化合物与 α-氰基乙酰胺反应。脱去两分子的水以后,则环化生成吡啶环系化合物:

$$\text{(β-二羰基化合物, OC}_2H_5\text{)} + H_2N-CO-CH_2-CN \xrightarrow{75\%} \text{产物1} + \text{产物2}$$

这个反应曾是合成维生素 B_6 的一种方法。

10.3.2 扩环重排合成法

含氮的三元或五元杂环经分子内重排,能扩大环节生成六元吡啶环系。例如,带有烯丙基侧链的氮杂环丙烯经分子内重排能生成各种相应的取代吡啶。这是近

10 含杂原子有机化合物的合成

年来实验室合成吡啶衍生物的一个新方法,如:

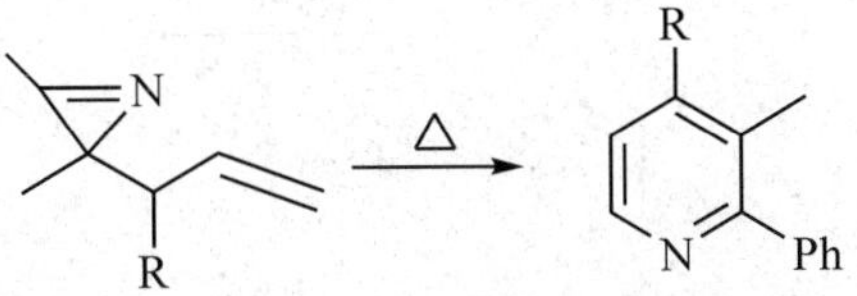

式中,R＝H,CH₃。带有炔丙基侧链的氮杂环丙烯加热时同样发生这样的扩环重排反应。

烯丁基氮杂环丙烯经扩环重排反应的产物是两个取代吡啶的混合物:

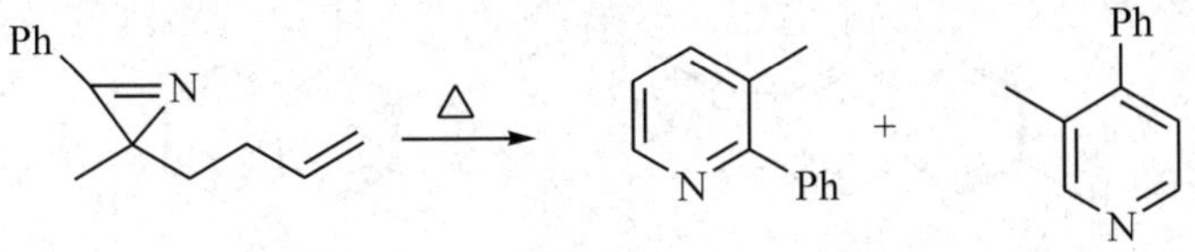

10.3.3 氮杂 Diels-Alder 反应

不对称氮杂 Diels-Alder 反应生成的含氮杂环可以转化为功能化的光学活性哌啶衍生物。亚胺与双烯的不对称环加成催化反应,可以高收率、高选择性地得到氮杂六元环化合物:

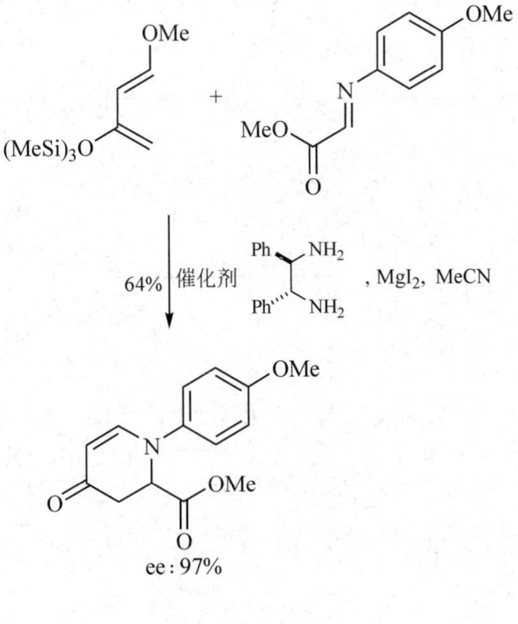

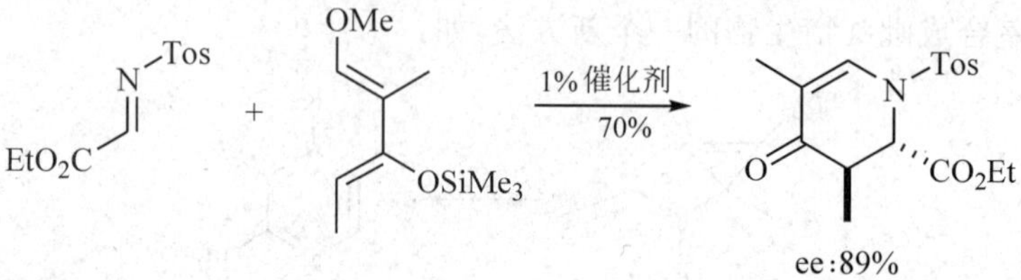

[反应式：EtO₂C-CH=N-Tos + 含OMe/OSiMe₃的二烯 → 1% 催化剂, 70% → 含N-Tos的环状产物，CO₂Et, ee:89%]

所用催化剂如下：

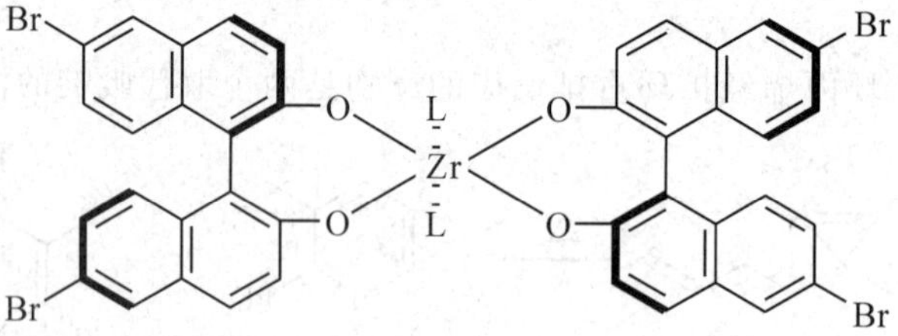

[催化剂结构图：含Br的联萘酚-Zr配合物]

10.4 吲哚合成

芳香腙在酸性催化剂（多聚磷酸、三氟化硼、氯化锌等）的影响下受热，经一系列的缩合、重排而生成吲哚，这叫 Fischer 吲哚合成。

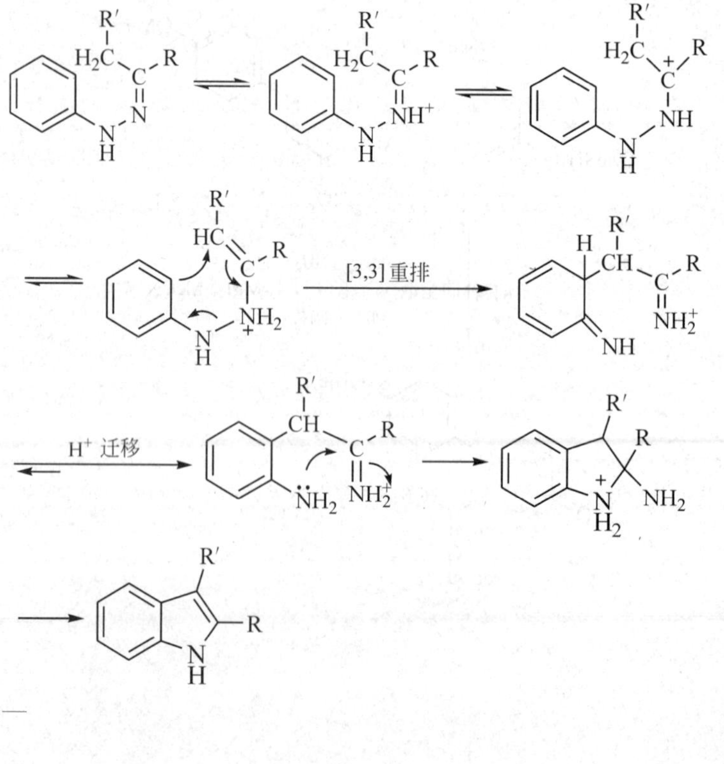

[机理图示：腙 ⇌ 质子化腙 ⇌ 烯胺正离子 ⇌ 烯胺 —[3,3]重排→ 二烯亚胺 —H⁺迁移→ 芳基亚胺 → 2,3-二氢吲哚阳离子 → 吲哚]

— 216 —

10.5 喹啉合成

苯胺、甘油、硝基苯、硫酸亚铁、硫酸在共热时引起剧烈的放热反应产生喹啉(quinoline)，称为 Skraup 喹啉合成法。这是在"一锅法"(one-pot)情况下的几个连续反应：

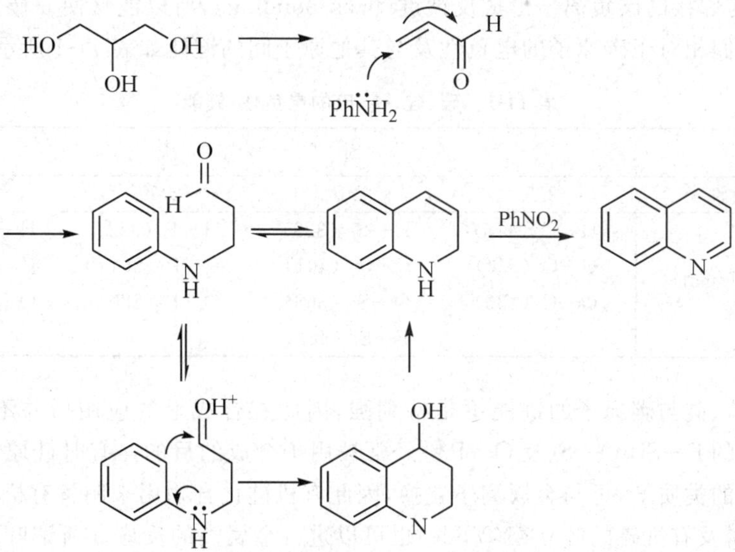

在这一组反应中：①由甘油在浓 H_2SO_4 中脱水成丙烯醛；②苯胺与丙烯醛起 Micheal 反应；③产物缩合成二氢喹啉；④硝基苯与硫酸亚铁组成一个温和的氧化剂，将这中间产物氧化成喹啉，本身被还原成为苯胺，它又可以继续作为原料参加缩合反应。

这样一个多步骤的反应能够顺利进行，而且收率较高。这是因为这一组反应是衔接的，配合得十分完善，所以每一步都没有多少副反应、副产物。例如，丙烯醛是一个高度活泼，而且容易聚合的化合物，它一出现即与苯胺作用；如果直接使用丙烯醛，它的聚合反应反而不利于这个合成反应有效地完成，当中间体二氢喹啉出现时，紧接着被硝基苯氧化成为最终产物。

11 磷、硫、硅在有机合成中的应用

磷(P)、硫(S)和硅(Si)都是第三周期的非金属元素。因为它们都具有空的 $3d$ 轨道,可与邻接的碳负离子形成反馈键(back-bonding),所以能够使 α-碳负离子较稳定。它们相对于碳原子的电负性及与其他原子间的键能如表 11-1 所示。

表 11-1　碳、硅、磷、硫的电负性、键能

	C	Si	P	S
电负性	2.5	1.7	2.1	2.4
键能(kJ/mol)	H—C (416) C—C (356) O—C (336)	H—Si (323) C—Si (301) O—Si (368) F—Si (582)	H—P (322) C—P (264) O—P (380)	H—S (347) C—S (272) O—S (250)

磷、硫、硅与碳原子的键能不是特别强,因此在合成上的应用后并不难除去。极性很强的 F—Si, O—Si 及 O—P 键经常被用于合成的目的。有时硅原子可视为一个巨大的类质子,可与金属离子置换,因此有机硅化合物用来制备有机金属化合物,有机磷及有机硫的叶立德(Ylide)也可以进行金属类的反应。所谓叶立德是指在碳负离子旁边紧接正离子的化合物,如磷的亚烷基化合物就是一种磷的叶立德:

$$R_3P=C\begin{smallmatrix}R'\\R''\end{smallmatrix} \equiv R_3\overset{+}{P}-\overset{-}{C}\begin{smallmatrix}R'\\R''\end{smallmatrix}$$

11.1　磷试剂

近年来,有机磷试剂在有机合成中的应用愈来愈广,在此我们简要介绍这一领域的几个要点。

11.1.1　有机磷化学的基本特点

磷的多种功能大部分是由于它的化学结构与性质决定的:
(1) 磷以三、四、五和六配位等多种形式存在,并且已知它们之间有许多转换;
(2) 3 价磷化合物是弱碱性和高亲核性试剂,它们可以通过亲核进攻在各种

位置(例如氮、氧、硫、卤素和亲电的碳)起反应；

(3) 磷与许多其他元素，包括碳、氮、卤素、硫、氧等形成强键，P=O 键特别强；

(4) 磷能够稳定邻近的负离子。

三烷基或三芳基膦有高度亲核性能，以它们容易与卤代烷反应为例证。

从三苯膦形成的四级盐是熟知的 Wittig 试剂的前体，如：

$$Ph_3P + CH_3I \longrightarrow Ph_3\overset{+}{P}CH_3I^- \xrightarrow{碱} Ph_3\overset{+}{P}CH_2^-$$

在这些试剂中，碳负离子的稳定化作用是由于邻近的磷原子。

亚磷酸酯与卤代烷反应过程不同，在 Michaelis-Arbusov 反应中，形成的烷氧基磷盐经进一步反应生成膦酸酯：

$$(RO)_3P \xrightarrow{R'Cl} \underset{(RO)_2 \overset{+}{P}R'}{O-R\ Cl^-} \longrightarrow RCl + (RO)_2\overset{O}{\overset{\|}{P}}R'$$

在卤化物和 $(RO)_2P(O)CH_2R^2$ 型的膦酸酯中能容纳一系列官能团，其中 R^2 为一个受电子基团，有特殊的合成用途。

膦和亚磷酸酯与 α-卤代酮反应很复杂，可预期得到酮磷盐和酮酸酯：

$$\overset{+}{R_3P}CH_2COR'\ X^- \qquad (RO)_2\overset{O}{\overset{\|}{P}}CH_2COR'$$

三烷基亚磷酸酯能以两种方式与 α-卤代酮反应，结果生成酮膦酯(Arbusov 反应)产物或一个磷酸烯醇酯(Perkow 反应)产物。得到一种还是两种产物，取决于酮的结构：

$$(RO)_3P \xrightarrow{XCH_2COR'} (RO)_2\overset{O}{\overset{\|}{P}}CH_2COR' + (RO)_2\overset{O}{\overset{\|}{P}}O\overset{R'}{\overset{|}{C}}=CH_2$$

与膦的反应也有两种途径，生成酮磷盐涉及在亲电碳上的 S_N2 反应；生成烯醇磷盐涉及膦对卤素的进攻。卤代磷盐已有多种合成应用：

$$R'COCH_2X \xrightarrow{R_3P} R_3\overset{+}{P}CH_2COR'\ X^-$$

$$R'COCH_2X \xrightarrow{R_3P} R_3\overset{+}{P}XCH_2=\underset{O^-}{CR'} \longrightarrow R_3\overset{+}{P}O\overset{R'}{\overset{|}{C}}=CH_2 X^-$$

磷的大小(体积)和可极化性使它与硫的反应比它与第二周期元素氧和氮的反应更容易。

亚膦酸盐和膦在空气中与硫反应分别得到硫代磷酸酯(RO₃)P=S 和硫化磷 $R_3P=S$，而不是氧类似物。

11.1.2 由 Wittig 反应形成碳-碳双键

此反应已成为合成化学家最熟悉的反应之一。

磷类叶立德通常以 3 价的磷化物(phosphine)与卤代烷进行置换，然后再与强碱，如正丁基锂、氢化钠及胺化钠等作用，脱去质子后制得，如：

$$R_3P + \diagdown CH\text{-}X \longrightarrow R_3\overset{+}{P}\text{-}CH\ X^- \xrightarrow{\text{碱}} R_3\overset{+}{P}\text{-}\overset{-}{C}$$

另外，在 Pd 或 Rh 催化剂作用下，三苯基膦与炔烃反应也可以高收率地得到磷类叶立德，如：

$$R\text{---}\!\equiv\!\text{---}R' + PPh_3 \xrightarrow[\text{(2) LiPF}_6, \text{EtOH}]{\text{(1) Pd(PPh}_3)_4\text{(催化剂), THF}} \begin{array}{c} R \\ \diagup \\ Ph_3\overset{+}{P} \end{array}\!\!=\!\!\begin{array}{c} R' \\ \diagdown \end{array} PF_6^-$$

$$R\text{---}\!\equiv\!\text{---}H + PPh_3 \xrightarrow[\text{(2) LiPF}_6, \text{EtOH}]{\text{(1) Rh (催化剂 1.5\%), 丙酮}} \begin{array}{c} R \\ \diagup \\ Ph_3\overset{+}{P} \end{array}\!\!=\!\! PF_6^-$$

磷类叶立德与羰基化合物作用，一步可产生烯类，这类反应称为 Wittig 反应(Wittig G. 是 1979 年诺贝尔化学奖获得者)。其过程是经过一种内盐离子对的中间体，由于磷-氧键很强，反应中极易脱去磷氧化物而生成双键，因此生成双键的位置是固定的，即羰基被置换成亚烷基。

(1) 与 Grignard 反应比较，Wittig 反应的位置选择性较佳：

CH_3MgBr + [cyclohexanone] ⟶ [1-methylcyclohexanol-OMgBr] $\xrightarrow{H_3O^+}$ [methylenecyclohexane] + [1-methylcyclohexene]

磷类叶立德也可以在非极性溶剂中制备后，与生成的无机盐分离，而以无盐溶液（salt-free solution）与醛酮类作用：

$BrPh_3PCH_2CH_3 \xrightarrow{NaNH_2-NH_3(l)} Ph_3P=CHCH_2CH_3 + NaBr \xrightarrow{PhH}$

$Ph_3P=CHCH_2CH_3 \xrightarrow{PhCHO, C_5H_{12}}$

$\underset{H}{\overset{Ph}{>}}C=C\underset{H}{\overset{CH_2CH_3}{>}}$ + $\underset{H}{\overset{Ph}{>}}C=C\underset{CH_2CH_3}{\overset{H}{>}}$

(85%)　　　　　　(4%)

(2) 磷类叶立德也可含其他官能团，发生如下反应：

$Ph_3\overset{+}{P}\overset{-}{C}HOCH_3$ + [cyclohexanone] ⟶ [=CHOCH_3 cyclohexane] $\xrightarrow{H_3^+O}$ [CHO-cyclohexane]

$Ph_3\overset{+}{P}\overset{-}{C}Cl_2$ + [4-N(CH_3)_3-benzaldehyde] ⟶ [4-N(CH_3)_3-C_6H_4-CH=CCl_2]

$Ph_3\overset{+}{P}\overset{-}{C}HCH=CH_2$ + [decalone] ⟶ [decalin with =CHCH=CH_2]

$Ph_3\overset{+}{P}-\overset{-}{C}HPh$ + $PhCHO$ ⟶ $PhCH=CHPh$

$$\text{Ph}_3\overset{+}{\text{P}}\overset{-}{\text{C}}\text{HCO}_2\text{CH}_3 \atop \text{CH}_3 + \text{CH}_3\text{CHO} \xrightarrow{\text{CH}_2\text{Cl}_2} \begin{array}{c}\text{CH}_3\\ \text{H}\end{array}\!\!\text{C}=\text{C}\!\!\begin{array}{c}\text{CH}_3\\ \text{CO}_2\text{CH}_3\end{array}$$

(3) 磷类叶立德并不适合制备四取代的烯类化合物,当其用于制备其他烯类时,虽然可以预期其位置选择性,却不容易预测其立体选择性。

(4) 一般说来,形成反式(*trans*)烯类是由于热力学控制,经由较稳定的苏式(threo)内盐的中间体,而形成顺式(*cis*)烯类是由于动力学控制的结果,经由赤式(erythero)内盐的中间体:

（苏式）　　　　　　　(*trans*)

（赤式）　　　　　　　(*cis*)

11.1.3 Wittig 反应产物的顺反异构

影响 Wittig 反应结果的因素,包括磷叶立德本身的反应性,溶剂的种类,是否含有可溶性无机盐(LiBr 或 LiI)或胺等有关。

(1) 通常情况下,稳定的磷叶立德与醛类作用,大多生成反式烯烃,而在含质子溶剂以及添加锂盐时,可增加顺式产物,如:

$$\text{Ph}_3\text{P}=\text{CHCO}_2\text{CH}_3 + \text{CH}_3\text{CHO} \xrightarrow{\text{溶剂}} \begin{array}{c}\text{CH}_3\\ \text{H}\end{array}\!\!\text{C}=\text{C}\!\!\begin{array}{c}\text{H}\\ \text{CO}_2\text{CH}_3\end{array} + \begin{array}{c}\text{CH}_3\\ \text{H}\end{array}\!\!\text{C}=\text{C}\!\!\begin{array}{c}\text{CO}_2\text{CH}_3\\ \text{H}\end{array}$$

溶剂		
DMF	97%	3%
DMF + LiBr	78%	22%
CH$_3$OH	62%	38%

(2) 活泼的磷叶立德在非极性溶剂及无盐存在情况下,利于生成顺式烯烃,其真正的原因尚无定论,如:

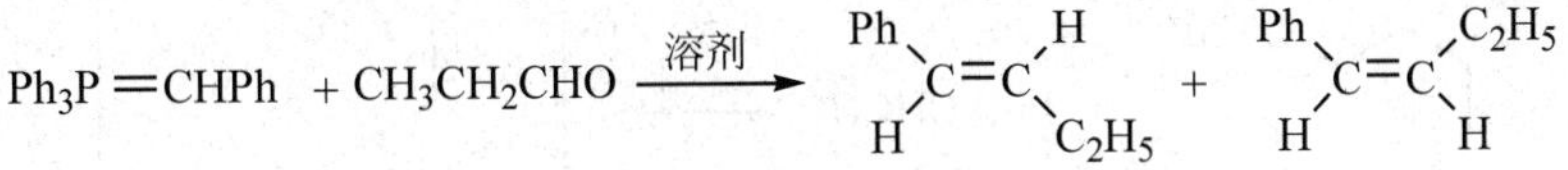

$$Ph_3P=CHPh + CH_3CH_2CHO \xrightarrow{溶剂} \underset{H}{\overset{Ph}{>}}C=C\underset{C_2H_5}{\overset{H}{<}} + \underset{H}{\overset{Ph}{>}}C=C\underset{H}{\overset{C_2H_5}{<}}$$

溶剂	顺式	反式
PhH	74%	26%
PhH + LiBr	9%	91%
$(C_2H_5)_2O$	69%	31%
THF	67%	33%
C_2H_5OH	35%	65%
DMF	35%	65%
DMF + LiI	4%	96%

（3）磷类叶立德在有机合成上应用极广，如下列反应是烯丙的磷类叶立德试剂与 α,β-不饱和的酮进行 1,4-加成后，又再进行分子内 Wittig 反应，而得到双烯化合物：

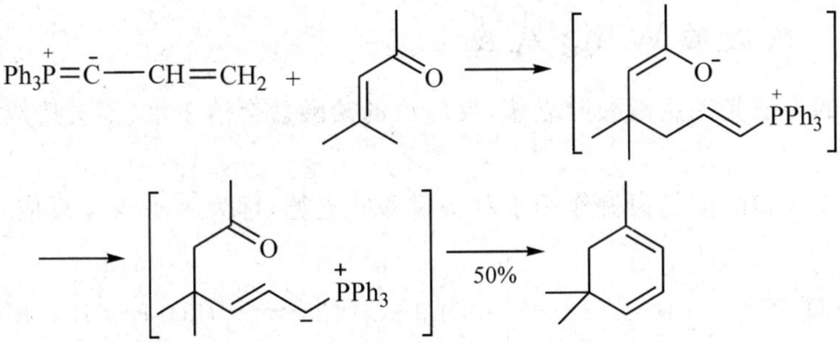

又如下列反应经由 Wittig 反应后，加热进行 Claisen 重排：

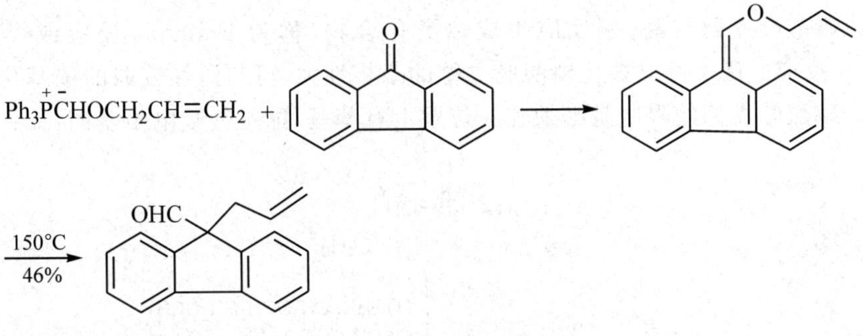

下面的反应是在低温下叶立德和醛进行加成后，随即加入 1mol 的强碱及另一醛类，而得到烯丙醇的产物：

[反应式：OHC-(CH₂)₃-CH₂-OTHP + Ph₃P⁺-C⁻HCH₃ → 中间体betaine]

使用磷类叶立德,在反应后产生的磷氧化物会溶于有机溶剂,不容易与烯类化合物分离。

11.1.4 改进的 Wittig 反应

改进的方法是使用磷酸叶立德,反应后的磷酸盐会溶于水,不会造成分离上的困难。

通常以亚磷酸酯与卤烷作用来制备磷酸叶立德,称为 Arbuzov 反应:

$$(RO)_3P + \underset{R'}{\overset{Z}{CH-X}} \longrightarrow \left[(RO)_3\overset{+}{P}-\underset{Z}{\overset{R'}{CHX^-}}\right] \longrightarrow (RO)_2\overset{O}{\overset{\|}{P}}-\underset{Z}{\overset{R'}{CH}} + RX$$

$$Z = COR'', CO_2R'', CN, Ph$$

以磷酸叶立德与醛、酮反应生成烯类化合物,称为 Emmons 反应或 Wittig-Horner 反应。磷类叶立德比磷酸叶立德的亲核性大,可与活性较弱的羰基化合物反应。磷酸叶立德的限制是必须在 α 位置上有苯基,酯基等吸电子基团,如:

$$(C_2H_5O)_2\overset{O}{\overset{\|}{P}}-\underset{C_4H_9}{\overset{CO_2C_2H_5}{CH}}$$

$$\downarrow \begin{array}{l}(1)\ NaH,\ CH_3OCH_2CH_2OCH_3\\(2)\ CH_3COCO_2C_2H_5\end{array}$$

$$\underset{C_2H_5O_2C}{\overset{CH_3}{>}}C=C\underset{C_4H_9}{\overset{CO_2C_2H_5}{<}} + (C_2H_5O)_2\overset{O}{\overset{\|}{P}}ONa$$

11.1.5 利用 Wittig 反应生成环烯

导致生成环烯烃的反应是 Wittig 反应的进一步推广，这个反应包括分子内的 C-烷基化，例如：

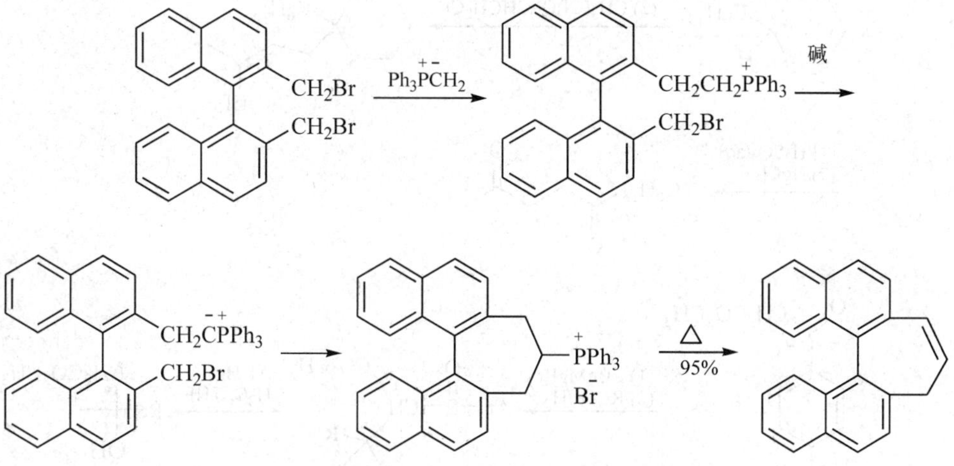

11.2 硫试剂

有机合成上常用的硫化物有硫醚 RSR′、亚砜 RS(O)R′ 和砜 RSO_2R' 等，其对应的官能团基是硫基 RS—(sulfenyl group)、亚砜基 RS(O)—(sulfinyl group) 和砜基 RSO_2—(sulfonyl group)。

11.2.1 硫试剂促使碳阴离子的生成

含硫基、亚砜基及砜基的碳原子，可在强碱作用下脱去质子，形成碳负离子，进行亲核反应。若是再接上其他吸电子基，如羰基、硫基、苯基、烯基等，则应用范围更广，如下列反应：

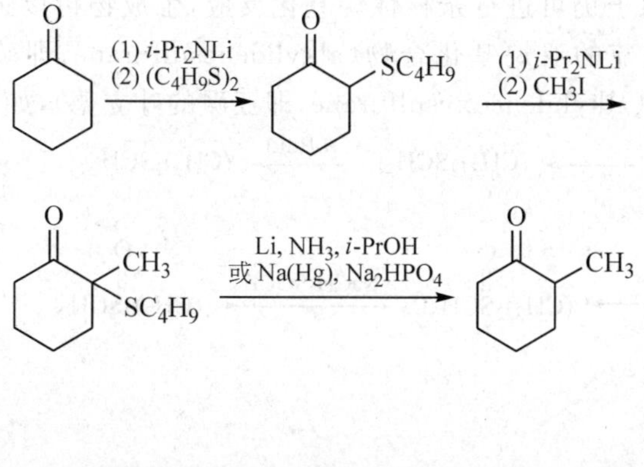

(2) 反应式（结构图略）

有几点需要注意：

（1）制备硫醚是以硫醇化钠 RSNa 与卤素置换或是碳阴离子与硫阳离子 RS 的合成子，如 RSSR 及 RSCl 反应制得。

（2）亚砜是将硫醚以 1mol 的过氧酸，如 m-CPBA 及过碘酸钠氧化而得；砜则是将硫醚或亚砜，以过量的 H_2O_2 在酸性条件下作用而得。

（3）硫醚及亚砜的硫原子仍可进行亲核性烷基化反应，生成物再以强碱脱去 α-碳上的氢原子，分别得到硫的亚烷基化合物（alkylidenesulfurane，即硫的叶立德）及亚砜的亚烷基化合物（alkylideneoxysulfurane，即亚砜的叶立德），如下反应：

$$(CH_3)_2S + CH_3I \longrightarrow (CH_3)_2\overset{+}{S}CH_3 I^- \xrightarrow{n\text{-BuLi}} (CH_3)_2\overset{+}{S}\overset{-}{C}H_2$$

$$CH_3-\underset{\underset{\|}{O}}{S}-CH_3 \longrightarrow (CH_3)_2\overset{+}{\underset{\underset{\|}{O}}{S}}CH_3 I^- \xrightarrow{NaCH_2SOCH_3} (CH_3)_2\overset{+}{\underset{\underset{\|}{O}}{S}}\overset{-}{C}H_2$$

11.2.2 硫叶立德

硫叶立德可与羰基化合物作用,生成环氧类,其反应活性与磷酸或磷类叶立德不同(产生烯类)。之所以会有这样不同的反应活性,在于磷-氧键比硫-氧键的键能强。

硫及亚砜的叶立德,其反应活性介于亚砜和砜之间:

$$CH_3SO_2-\bar{C}H_2 < (CH_3)_2S\overset{+}{C}H_2^- < (CH_3)_2\overset{+}{S}-\bar{C}H_2 < CH_3\overset{O}{\underset{\|}{S}}-\bar{C}H_2$$

(1) 硫的叶立德反应时受动力学控制,从轴向位置进攻,即生成的环氧化合物以氧原子在平伏键为主:

(2) 而亚砜的叶立德反应时受热力学控制,即生成的环氧化合物以直立键为主:

(3) 亚砜的叶立德与 α,β-不饱和酮进行 1,4-加成反应,而硫的叶立德则视碳上有无取代基而定。有取代基时进行 1,4-加成,无取代基时进行 1,2-加成。

进行 1,4-加成反应得环丙烷。这些叶立德的反应(亲核性)对等于卡宾(Carbene)反应(亲电性):

(4) α,β-不饱和亚砜及砜可与亲核基团进行 1,4-加成反应,但反应性较 α,β-不饱和酮弱:

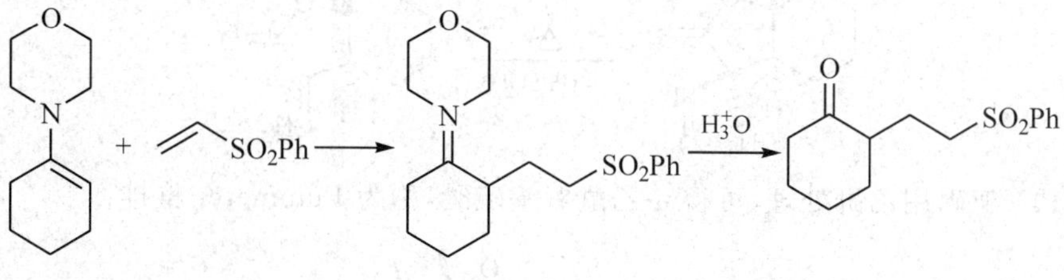

11.2.3 手性亚砜和亚砜的反应

(1) 由于亚砜基具不对称的硫原子,可适当的利用手性亚砜的诱导效应制备手性化合物:

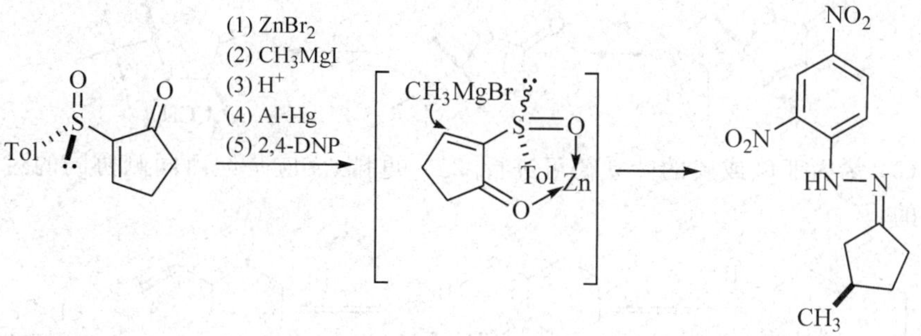

(2) 在适当的条件下,亚砜类化合物可脱去 SO_2,生成烯烃,如 Ramberg-Backlund 反应:

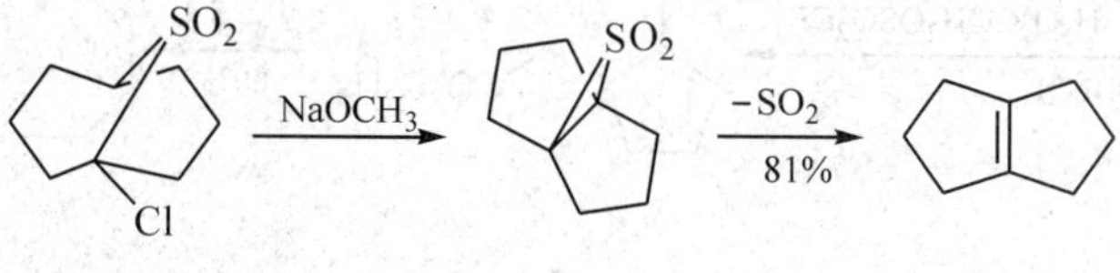

其反应过程为:

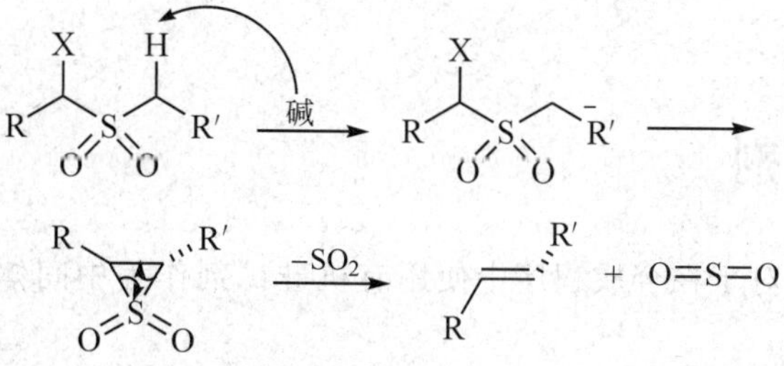

（3）亚砜可与 β-H 共同脱去氢亚砜生成烯类，如下反应是进行同边脱去反应：

（4）亚砜用乙酐处理，可得 α-乙酰氧基硫醚，称为 Pummerer 重排：

（5）烯丙亚砜或硫的叶立德可进行[2,3]重排，反应是经由同侧协同的过程而进行的：

11.3 硅试剂

近年来，人们对于在合成程序中使用有机硅试剂作为中间体已表现出相当大的兴趣。

11.3.1 有机硅化学的基本特点

在元素周期表的第四主族（ⅣA）中，硅在碳的下方，它的电子构型 $3s^2 3p^2$ 表明它有 4 价，但是它与其他元素成键有几个方面和碳的情况不同，例如：

(1) 和碳相比，硅与氧及氟形成较强的键，而与碳和氢形成较弱的键；

(2) 硅的 $3p$ 电子不能有效地与碳或氧的 $2p$ 电子重叠，因此，通常在稳定的分子中找不到 C=Si 和 O=Si 重键；

(3) 与碳不同，硅能形成稳定的六配位体系，例如 SiF_6^{2-}。此外，还必须记住，硅的电负性比碳低，所以 Si—C 键极化为

$$\overset{\delta+}{-Si}-\overset{\delta-}{C}-$$

这样导致烷基硅烷倾向于被亲核试剂进攻。硅也有稳定 α-碳负离子和 β-碳正离子的能力。

$$\overset{-}{C}-Si \qquad \qquad Si-C-\overset{+}{C}$$

在前面曾提到硅醚 R′OSiR₃ 作为羟基保护基团，和 C=C—OSiR₃ 作为烯醇 C=C—OH 的潜在基团。硅氢化物也是一类重要的单体，通过它们可以合成许多新的有机硅化合物，有些硅氢化物又是有效的硅氢化试剂，通过硅氢化反应，可以合成很多有用的碳官能基有机硅化合物。在此主要探讨含一硅键化合物的反应性。硅-碳键属于共价键，但因两元素的电负性存在差异，又赋予一定的离子键特征。此外，由于硅原子具有空的 $3d$ 轨道，其配位数可以大于 4，从而又促进了硅-碳键的异裂，因此，在离子试剂作用下，硅-碳键能断裂，发生取代反应、消除反应、重排反应等。特别是，硅取代基对 α-位置的碳负离子以及 β-位置上的碳正离子都产生稳定的作用，正是利用这些特性，有机硅在合成上应用极广。

11.3.2 Peterson 反应

α-硅基碳负离子与羰基化合物作用，生成 β-羟基硅烷，并脱去硅氧化物而得到烯类化合物。这与磷叶立德的 Wittig 反应类似：

$$\text{C=O} + \text{C-SiR}_3 \longrightarrow \underset{SiR_3}{\overset{O^-}{C-C}} \longrightarrow \text{C=C}$$

但与 Wittig 反应不同，在多数情况下能生成 E 和 Z 两种异构体，两种异构体几乎以相同比例生成：

$$\text{Me}_3\text{SiCH}_2\text{SPh} \xrightarrow{i\text{-PrLi, THF,} -70^\circ\text{C}} \underset{\underset{\text{Li}}{|}}{\text{Me}_3\text{SiCHSPh}} \xrightarrow[87\%]{\text{PhCHO}} \text{PhCH}=\text{CHSPh}$$

(E:Z=1:1)

当 α-硅基碳负离子与羰基化合物加成时,也有可能得到赤式和苏式两种 β-羟基硅烷的非对映异构物;而脱去硅氧化物时,则依酸碱条件的不同,有立体专一性。

如赤式的羟基硅烷在碱性条件下,进行同边脱去反应得到反式烯烃:

$$\text{Me}_3\text{SiCH}_2\text{Ph} \xrightarrow{n\text{-BuLi, TMEDA}} \underset{\underset{\text{Li}}{|}}{\text{Me}_3\text{SiCHPh}} \xrightarrow{\text{PhCHO, } 0\sim35^\circ\text{C}}$$

$$\underset{\underset{\text{Ph}}{|}}{\overset{\text{LiO}}{\text{C}}}-\underset{\underset{\text{Ph}}{|}}{\overset{\text{SiMe}_3}{\text{C}}} \longrightarrow \text{Li}^+\left[\underset{\text{Ph}_2\text{C}-\text{CHPh}}{\text{O}-\text{SiMe}_3}\right] \xrightarrow{77\%} \text{Ph}\diagup\!\!=\!\!\diagdown\text{Ph}$$

但在酸性条件下,进行反式消除反应,产生顺式烯烃:

11.3.3 硅基烯的碳负离子

硅基烯的碳负离子可由下列方法制备成功后,再与亲电试剂反应:①硅基烯在强碱作用下,脱质子;②卤化物以金属置换;③硅基烃类与有机金属化合物加成;④炔烃的硅氢加成反应等。

$$\text{CH}_2=\text{CHBr} \xrightarrow[\text{(2) Me}_3\text{SiCl}]{\text{(1) Mg}} \text{CH}_2=\text{CHSiMe}_3 \xrightarrow[\text{(2) (C}_2\text{H}_5)_2\text{NH}]{\text{(1) Br}_2} \underset{\text{Si(CH}_3)_3}{\overset{\text{Br}}{\text{CH}_2=\text{C}}} \xrightarrow[\text{(2) RCHO}]{\text{(1) }t\text{-BuLi}} \underset{\text{SiMe}_3}{\overset{\text{R \;\; OH}}{\text{CH}_2=\text{C—CH}}}$$

$$\text{H—C}\equiv\text{C—SiMe}_3 \xrightarrow{\text{C}_3\text{H}_7\text{CuMgBr}_2} \underset{\text{H \;\; SiMe}_3}{\overset{\text{C}_3\text{H}_7 \;\; \text{Cu}}{\text{C}=\text{C}}} \xrightarrow{\text{C}_5\text{H}_{11}\text{I}}$$

$$\underset{\text{H \;\; SiMe}_3}{\overset{\text{C}_3\text{H}_7 \;\; \text{C}_5\text{H}_{11}}{\text{C}=\text{C}}} \xrightarrow{m\text{-CPBA}} \underset{\text{H \;\; O \;\; SiMe}_3}{\overset{\text{C}_3\text{H}_7 \;\; \text{C}_5\text{H}_{11}}{\triangle}} \xrightarrow{\text{H}_3^+\text{O}} \text{C}_3\text{H}_7\text{COC}_5\text{H}_{11}$$

$$\text{HSiR}_3 + \text{R}^1\text{—C}\equiv\text{C—R}^2 \longrightarrow \underset{\text{R}_3\text{Si \;\; H}}{\overset{\text{R}^1 \;\; \text{R}^2}{\text{C}=\text{C}}}$$

硅基烯在 m-CPBA 处理下得到环氧化合物，经酸处理后，可得到羰基化合物，而羰基就在原来硅基的位置上。

在 Lewis 酸催化下，硅基烯也可以进行酰化反应：

$$\underset{\text{SiMe}_3}{\overset{\text{Cy \;\; C}_2\text{H}_5}{\text{CH}=\text{C}}} \xrightarrow{\text{CH}_3\text{COCl, AlCl}_3} \left[\underset{\text{COCH}_3}{\overset{\text{Cy \;\; SiMe}_3}{\text{CH}_2\text{—C}^+\text{—C}_2\text{H}_5}} \right] \longrightarrow \underset{}{\overset{\text{Cy \;\; C}_2\text{H}_5}{\text{CH}=\text{C—COCH}_3}}$$

在 Pd 催化剂作用下，硅基烯与卤代烃作用可以生成各种新的 C—C 键产物，如：

$$\text{CH}_2=\text{CHSiMe}_3 + \text{ArI} \xrightarrow[\substack{\text{HMPA 或 THF,} \\ \text{TASF (1.0~1.2mol)} \\ 76\%\sim 98\%}]{(\eta^3\text{-C}_3\text{H}_5\text{PdCl})_2 \text{ (催化量)}} \text{CH}_2=\text{CHAr}$$

$$\text{TASF} \cdot (\text{Ft}_2\text{N})_3\text{S}^+(\text{Me}_3\text{SiF}_2)^-$$

硅基烯与反式卤代烃反应生成反式产物，与顺式卤代烃反应生成顺式产物，如：

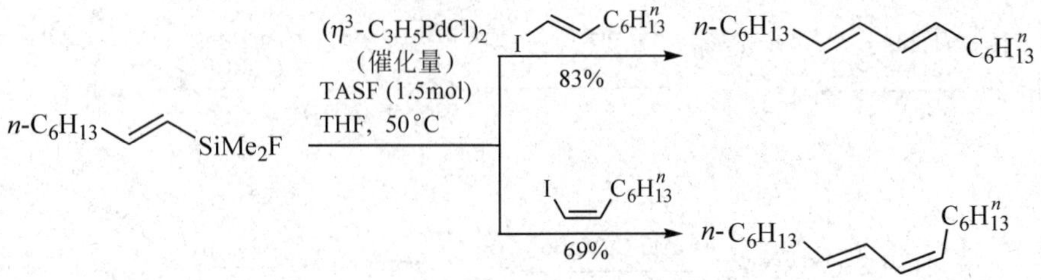

11.3.4 烯丙硅烷的亲核反应

烯丙硅烷在 Lewis 酸处理下,可进行亲核性反应,主要是因为硅基可稳定 β-碳正离子:

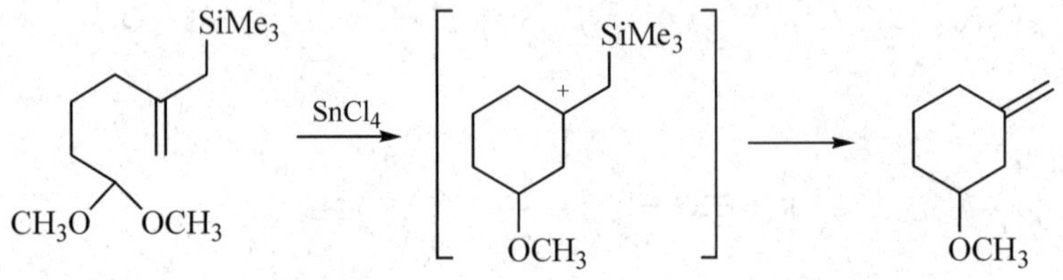

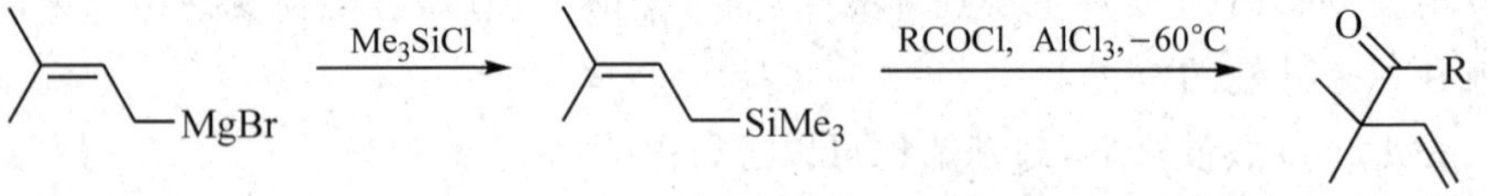

若用 F⁻ 离子处理,则得到烯丙负离子,可作为亲核性反应,如:

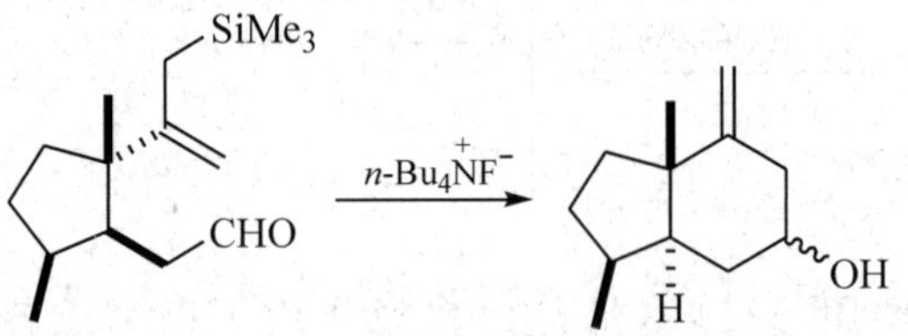

在有乙酸基为离去基团时,用金属钯配合物处理,可得四亚甲烷 (tetramethylene),与烯类发生 [3+2] 加成反应:

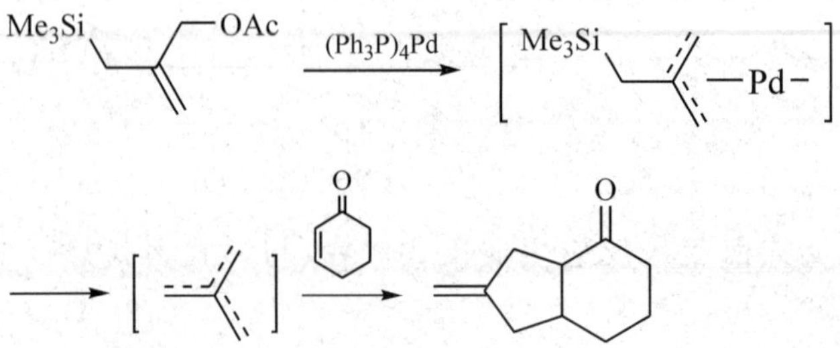

12 合成问题的简化

合成一个目标化合物有不同的路线,经济快速的路线,必然是比较良好的路线。因此,可以说,简单的路线就是良好的路线。通常简化合成路线的办法有:使用分子的对称性;利用分子的重排反应;借用天然化合物或其他易得的化合物分子中的部分结构,也就是实行半合成;同时形成两个以上的键或官能团;有类似化合物的合成法可以模拟等。了解这些方法,就可以提高工作的效率。

12.1 利用分子的对称性简化合成路线

对称分子是指有对称面的分子。对称面可通过价键(如化合物Ⅰ),或通过若干原子(如化合物Ⅱ),将分子割成两个相等的部分:

对称面
（Ⅰ）

对称面
（Ⅱ）

对称分子的这个特点能使合成简化,收到"事半功倍"的效果。在对称分子的合成中,最简单的作法是沿着分子的对称面割开分子成两个相等的部分。

例 1

合成：

$$\text{MeO-C}_6\text{H}_4\text{-CH=C(H)-Me} \xrightarrow{\text{HCl (g), PhH, 5~10°C}} \text{MeO-C}_6\text{H}_4\text{-CHCl-CH}_2\text{CH}_3$$

$$\xrightarrow{\text{Fe, 85~90°C}} \text{(MeO-C}_6\text{H}_4\text{)}_2\text{C(Et)-C(Et)(C}_6\text{H}_4\text{-OMe)} \xrightarrow{\text{HI, }\Delta} \text{(HO-C}_6\text{H}_4\text{)}_2\text{C(Et)-C(Et)(C}_6\text{H}_4\text{-OH)}$$

例 2

$$\text{H}_3\text{CH}_2\text{CH}_2\text{C-}\underset{\underset{\text{CH}_3}{|}}{\overset{\overset{\text{OH}}{|}}{\text{C}}}\text{-CH}_2\text{CH}_2\text{CH}_3 \Longrightarrow 2\ \text{CH}_3\text{CH}_2\text{CH}_2\text{MgBr} + \text{CH}_3\text{C(O)OC}_2\text{H}_5$$

合成：

$$\text{CH}_3\text{CH}_2\text{CH}_2\text{Br} \xrightarrow{\text{Mg, Et}_2\text{O, 25°C}} \text{CH}_3\text{CH}_2\text{CH}_2\text{MgBr} \xrightarrow[\text{(2) H}_3^+\text{O}]{\text{(1) CH}_3\text{CO}_2\text{C}_2\text{H}_5} \text{C}_3\text{H}_7\text{-}\underset{\underset{\text{CH}_3}{|}}{\overset{\overset{\text{OH}}{|}}{\text{C}}}\text{-C}_3\text{H}_7$$

但是，对称分子合成问题的处理并不是总能这样简单，特别是对通过其中的若干原子组成对称面的分子的处理。究竟分子的哪些部分应该规定为它的中心部分，这应该根据选用什么原料所定。如驱蛲净[1-乙基-2,6-双（对-(1-吡咯烷基)苯）乙烯基吡啶碘季铵盐]的合成中，中心部分可以以吡啶为原始原料，也可以以2,6-二甲基吡啶为原始原料。其中，A 是以吡啶为原始原料时的中心部位；B 是以2,6-二甲基吡啶为原始原料时的中心部位。

12 合成问题的简化

以 2,6-二甲基吡啶为原始原料的合成如下：

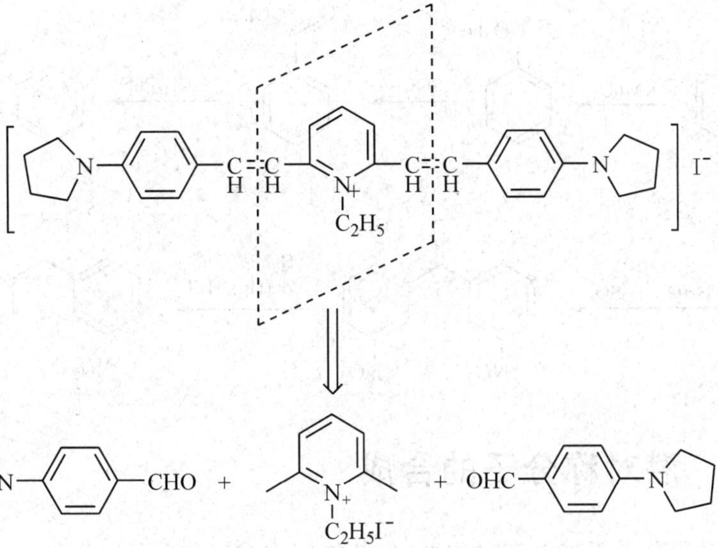

[结构式：中心为 N-乙基-2,6-二取代吡啶鎓碘化物，两侧通过 —CH=CH— 连接至对位吡咯烷基苯环]

逆合成分解为：

吡咯烷基-C₆H₄-CHO + 2,6-二甲基-N-乙基吡啶鎓碘化物 + OHC-C₆H₄-吡咯烷基

合成：

四氢呋喃 $\xrightarrow{HBr, H_2SO_4}$ 1,4-二溴丁烷 $\xrightarrow{PhNH_2, EtOH}$ N-苯基吡咯烷

$\xrightarrow{HCONMe_2, POCl_3}$ 4-(吡咯烷-1-基)苯甲醛 $\xrightarrow{\text{2,6-二甲基-N-乙基吡啶鎓碘化物}}$ TM

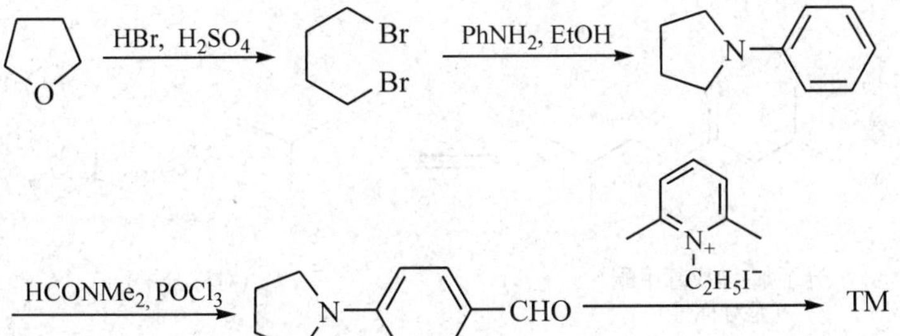

有些时候，分子的中心部分尚需经历一定的变换，才能符合合成的要求，如 3,3′-二氨基二苯基甲烷的合成：

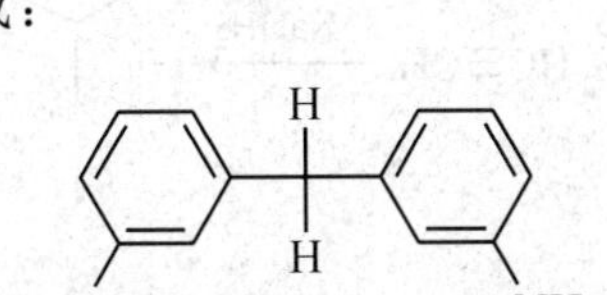

[结构式：3,3′-二氨基二苯基甲烷]

首先改变分子的中心部分 —CH₂— 成为 C=O，即：

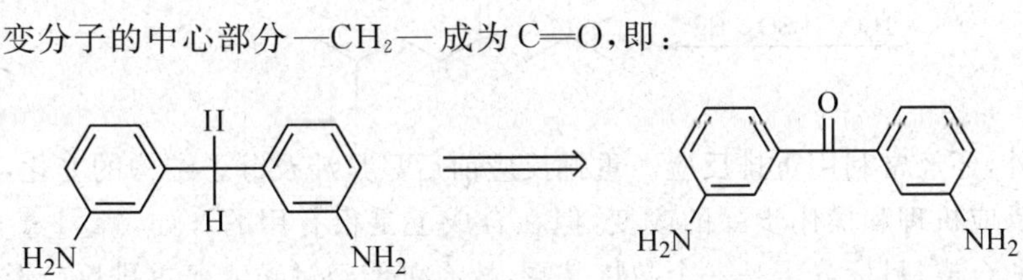

[结构式：3,3′-二氨基二苯基甲烷 ⟹ 3,3′-二氨基二苯甲酮]

合成：

[反应路线图：甲苯 →(KMnO₄) 苯甲酸 →(SOCl₂) 苯甲酰氯 →(AlCl₃, PhH) 二苯甲酮]

[反应路线图：二苯甲酮 →(HNO₃, H₂SO₄) 3,3'-二硝基二苯甲酮 →(H₂, Pd C 或 Zn(Hg), HCl) 3,3'-二氨基二苯甲烷]

12.2 潜对称分子的合成

潜对称分子原来没有对称性，但却能回推成对称分子。因此，合成时先将潜对称分子回推为对称分子，然后进行合成，这样就可以使许多复杂问题简单化，如：

[结构式：异丁基-异戊基甲酮（无对称性） ⟹ 对称炔（对称分子）]

合成：

[反应路线：异丁基溴 + HC≡CH →(NaNH₂) 对称炔 →(H₂O, H₂SO₄, Hg²⁺) 异丁基-异戊基甲酮]

另外，还经常利用重排反应。重排反应前后只是涉及分子结构的变化，并不涉及多少反应机理和操作步骤的改变，但在合成上是很有用的。如：螺[4,5]葵酮-1化合物的合成，目标分子是一个叔烷基酮，故有可能经过频哪醇重排反应形成：

合成：

12.3 模拟化合物的运用

对于复杂的化合物,首先考虑把与反应无关的部分去除,使得分子简化,然后就比较容易找出分子中的关键部位,再根据合成法则进行反推与合成。然而,关键部位往往是最难合成的部位,我们不妨像小孩学东西一样,先从模仿开始。前人已做了大量的合成工作,我们可以借鉴,进行模仿。只要能为目标分子难以合成的结构部分找到可模仿的对象,就可以实现重点突破,难点已破,整个合成问题也就迎刃而解了。

借用天然化合物或其他易得的化合物分子中的部分结构,也就是实行半合成。随着精细化工的发展和分析、分离技术的发展,越来越多的精细化学品可以方便地得到,而这些产品中正好有我们需要解决的难题化合物,因此可以借用这些精细化学品进行目标化合物的合成。

有类似化合物的合成法可以模拟,工作的难度也就降低了。如合成二环[4,1,0]庚酮-2：

对于这个分子的合成,难点是它分子中所含的三碳环结构,为解决这个困难,需要以环丙烷化合物为模仿的对象,因此有必要去了解它们的合成：

卡宾

α-重氮酮化合物比重氮甲烷稳定,更方便用来产生卡宾化合物,因此,可借重氮甲

烷与酰氯作用来制备:

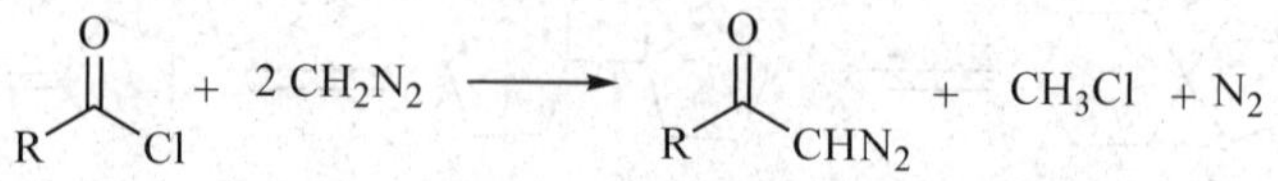

$$RCOCl + 2CH_2N_2 \longrightarrow RCOCHN_2 + CH_3Cl + N_2$$

通过模仿,做下列回推:

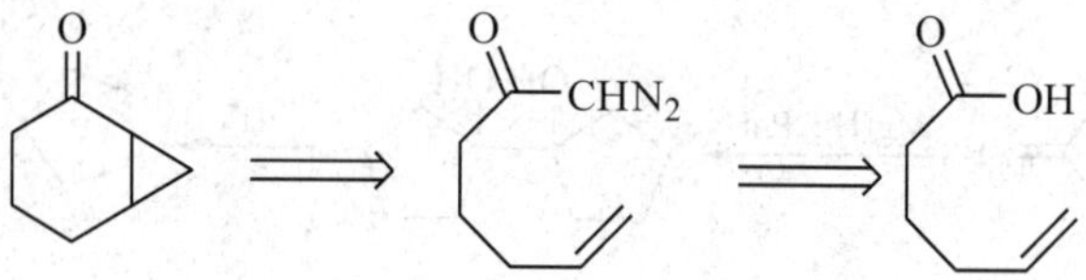

[回推路线图：双环[4.1.0]庚酮 ⇒ 重氮酮中间体 ⇒ 己烯酸]

合成:

己烯酸 $\xrightarrow{\text{(1) SOCl}_2}{\text{(2) CH}_2\text{N}_2}$ 重氮酮 $\xrightarrow{\text{Cu, 环己烷, }\Delta}$ 双环[4.1.0]庚酮

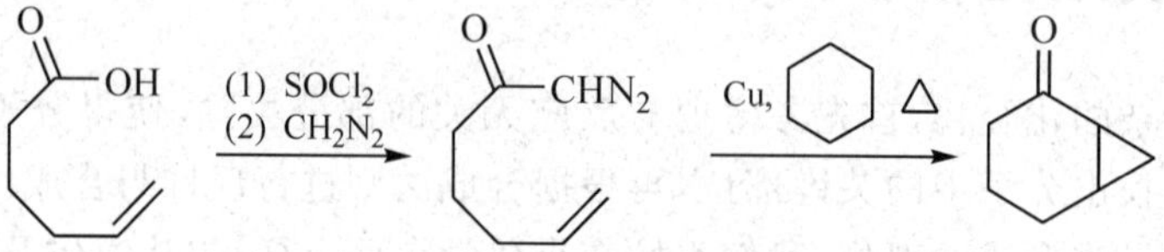

12.4 平行-连续法(会聚法)

一个复杂的化合物的合成,需要多步去实现。多步合成有两个极端的策略,一个是"连续法",一步一步地进行反应,每一步增加目标分子的一个新部分,如:

$$A \xrightarrow{B} A-B \xrightarrow{C} A-B-C \xrightarrow{D} A-B-C-D$$
$$\xrightarrow{E} A-B-C-D-E \xrightarrow{F} A-B-C-D-E-F$$

这样处理有两个主要缺点:①即使每一步都获得极好的产率,但多步合成的总收率仍很低;②如果必须携带另外一些活性官能团,很难做到通过很多步反应仍不发生变化。

另一个策略是"平行-连续法"(也就是会集法,convergence)。在这个合成法中,分别合成目标分子的主要部分,并使这些部分在接近合成结束时再连接在一起,即:

$$A \xrightarrow{B} A-B \xrightarrow{C} A-B-C \Bigg\} \longrightarrow A-B-C-D-E-F$$
$$D \xrightarrow{E} D-E \xrightarrow{F} D-E-F$$

— 240 —

这样总收率会比用"连续法"所得到的高,而且目标分子的不稳定部分被包含在较小的单元中。

因此在一个复杂的化合物的合成中,尽量将目标分子分成两大部分,再将两部分各拆解成次大部分,避免将目标分子按小段逐一拆解。对于有对称性的分子,可以拆开成相同的部分,这样更减少了合成步骤,更有效地提高收率。

例 1

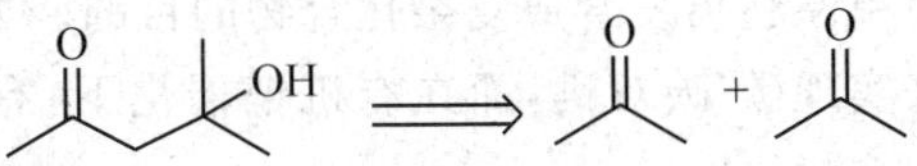

合成:

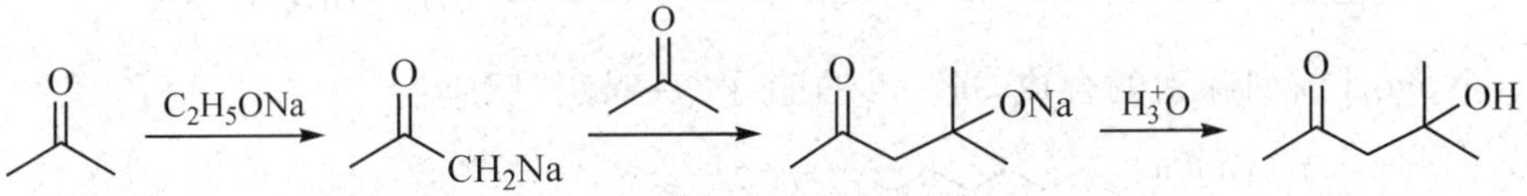

例 2

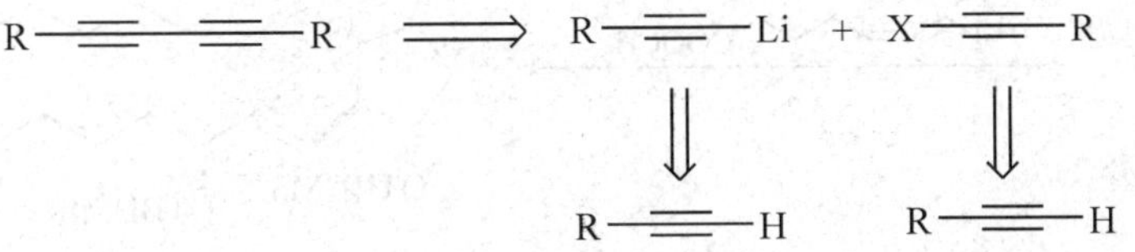

合成:

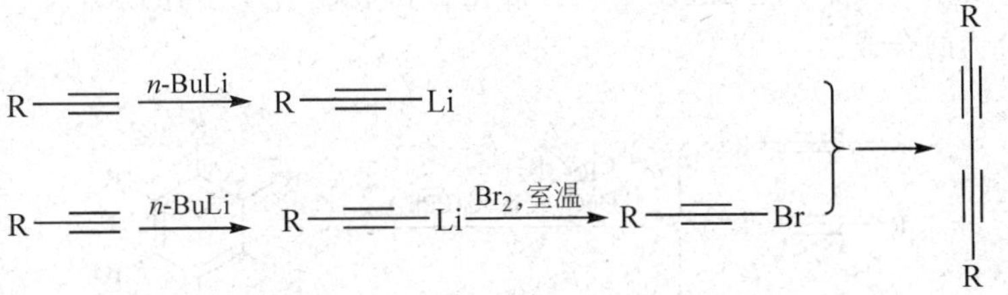

12.5 金属有机化合物导向有机合成

除以上从合成的策略上进行合成的简化外,发展简单易行的合成路线也是合成化学家长期以来关注的问题。近十几年来利用金属有机化合物导向有机合成的反应和"一锅法"反应,为合成结构复杂的分子开辟了新的途径。

金属有机化合物在有机合成的均相催化反应中起着十分重要的作用,往往在金属有机化合物催化下产生一系列的有机合成反应,如 Ziegler 的烷基锂或苯基锂应用于有机合成，Heck 的钴催化氢甲酰化反应等。金属有机化学的发展不仅为研究有机反应机理，特别是为现代有机合成提供了强有力的手段。现代有机合成要求反应具有高的选择性，即区域选择性和立体选择性，以及符合"原子经济"，即产物中最大限度地体现反应物的原子数。

在金属有机化合物的催化作用下，系列有机反应可以用"一锅法"实现。"一锅法"反应已经成为一个重要的合成策略。其特点是一个简单的操作中包括两个或多个转变，以达到从简单原料出发合成复杂化合物的目的。如，大家熟知的 Wittig 反应，通常需要 3 步来实现碳-碳双键，而在有机钯催化下，有三正丁基膦存在时，可以"一锅法"把醛变为烯烃：

$$RCHO + BrCH_2CO_2C_2H_5 + n\text{-}Bu_3P \xrightarrow{\text{催化剂 Pd(PPh}_3)_4} RHC=CHCO_2C_2H_5$$

Noyori 前列腺素的合成，进一步推进了"一锅法"反应：

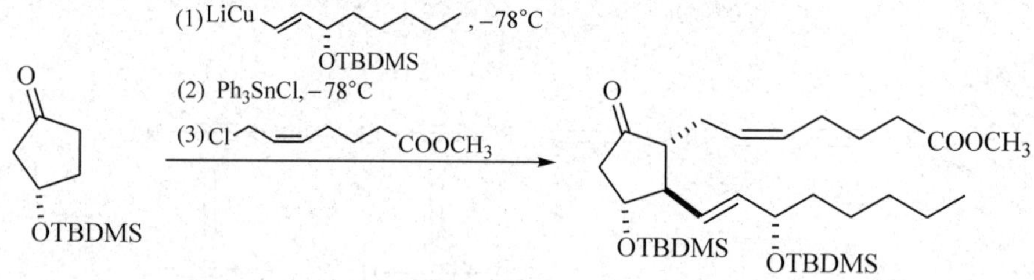

反应不仅具有高度的立体选择性，优先生成 E-异构体，而且收率很高，符合现代有机合成的要求。又如，利用过渡金属有机化合物，从 3 种不同的炔烃，"一锅法"实现苯衍生物的合成：

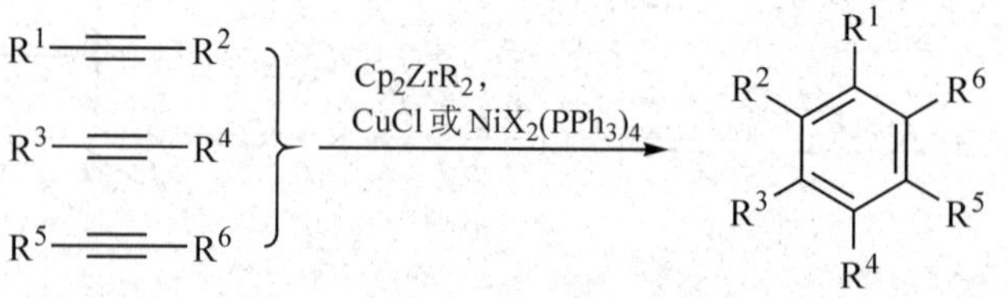

镍催化二甲基锌加成引发的炔、共轭二烯和醛的四组分反应，可以合成出更复杂的化合物，炔、共轭二烯和醛的结构可以有多种变化，因而可以获得多种多样的产物：

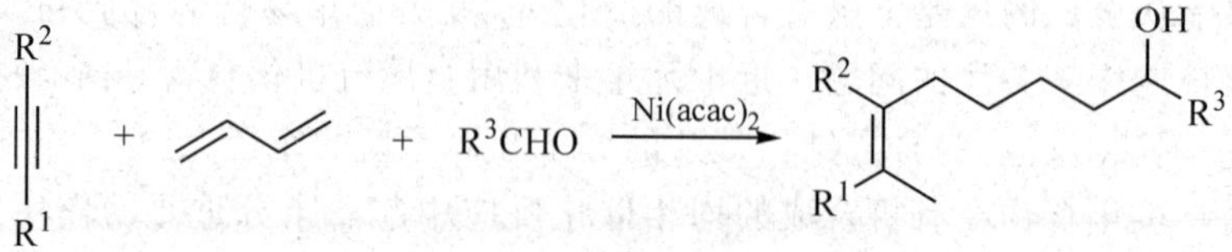

13 Corey 有关有机合成路线设计的五大策略

有机合成路线设计的基本知识已经在上述各章中介绍。大致可分成两类：一类是有机合成的具体技术，有氧化反应、还原反应、环化反应、杂原子和杂环化合物的合成，磷、硫、硅化合物在有机合成中的应用等；另一类是有机合成路线设计的策略，即思维方法，有绪论、有机合成与路线设计的基础知识、分子的拆开、导向基、极性转换及其在有机合成中的应用、基团的保护、合成问题的简化等。在此，我们感觉有必要进一步介绍在本书中已多次提及在有机合成路线设计领域的著名专家 Corey E. J. 的专著《化学合成的逻辑》(The Logic of Chemical Synthesis)，重点介绍有机合成路线设计的五大策略，使读者在有关路线设计的策略上有更大的提高。

13.1 总论

Corey 根据他的极为丰富的有机合成路线设计经验，将有关有机合成路线设计的总的策略分为 5 个方面，称为"五大策略"。这就是：

(1) 基于转化方式的策略(transform-based strategy)

选择有高效的、简化的转化方式，以列出一条起自目标物(TG)的反合成路线，也可以分成多个反合成步骤(anti-synthetic steps)，而有多个亚目标物(sub-goals)。

(2) 基于结构目标的策略(structural-goal strategy)

从目标物的分子结构出发，考虑引向一个有效的前体，可以是中间体，逐步反推到合成的起始物。也可以有多条反合成路线再加以比较。也可以双向探索(bidirectional search)，即从目标物反推到某中间体，再由已有的原料出发列出合成此中间体的路线。

(3) 拓扑学的策略(topological strategy)

这里应用了数学上的名词"拓扑学"，其化学含义就是从目标分子的键的联结(connection)方式出发，考虑一个或几个断键(disconnections)的地方，着手反合成的思路。

(4) 立体化学的策略(stereochemical strategy)

针对有立体结构的目标物，用立体化学的方法，即考虑到立体的关联性，逐个地去除(remove)立体中心。在多个立体中心中要选择性是暂时保留,还是首先去除。

(5) 基于官能团的策略(functional group-based strategy)

根据目标物分子所有的官能团,选择适当的官能团转换方式。

由此可见,Corey 所考虑的反合成的方法仍然是我们前面各章已经讨论过的各种思路:考虑关键反应的反合成转化方式、目标物的分子结构、目标物分子中键的联结与断键处、目标物的立体结构与立体中心、目标物所有的主要官能团等。分成五大策略,使合成设计思路更加完善。

无论是何种策略,Corey 在反合成思考中是很重视对目标物"分子复杂度(molecular complexity)"的逐步减小。所谓分子复杂度是由分子的大小(molecular size)、所有的元素和官能团、环的结构和数量、立体中心的数目或密度、化学活泼性与结构稳定性(即动力学和热力学稳定性)等各种因素综合组成的。一个复杂分子的成功的合成就在于对其进行反合成分析时,正确地逻辑推导以逐步减少分子复杂度。

13.2 基于转化方式的策略

基于转化方式的策略就是在合成的几个关键反应上选择最佳的单元合成反应。

13.2.1 转化方式的类型和种类

首先 Corey 将每一个常用的合成反应(即反合成中的转化方式)用目标物结构(TG)、反合成子(retron)、转化方式(transform)、前体(precursor) 4 项表达出来。其中,反合成子就是指在反合成分析中考虑的合成子。这些常用的合成反应可分成:①骨架联结的转化;②官能团的变化;③手性中心的转换。

(1) 骨架联结的转化

例如:

目标物结构

$$\text{Ph}\overset{\overset{\displaystyle\vdots}{}}{\underset{\text{OH}}{\text{C}}}\text{CO}_2\text{Bu-}t$$

反合成子

$$\underset{\text{OH}}{\text{C}}\underset{\text{O}}{\text{C}}$$

转化方式：Enolate Aldol 反应。
前体

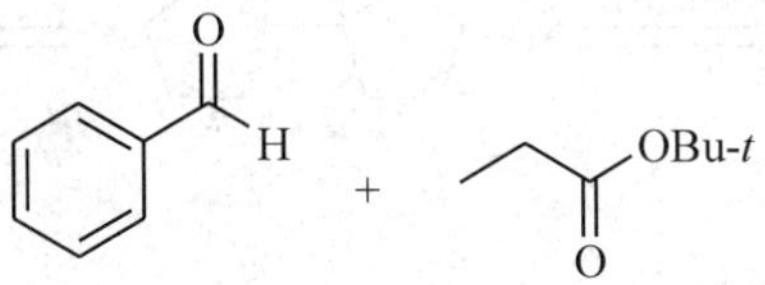

[PhCHO + CH₃CH₂C(O)OBu-t]

又如：
目标物结构

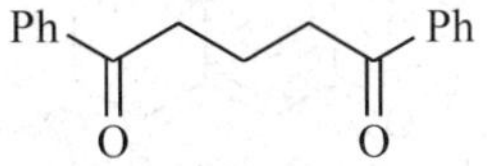

[Ph-C(O)-CH₂CH₂CH₂-C(O)-Ph]

反合成子

[O=CH-CH₂CH₂CH₂-CH=O]

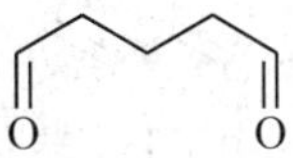

转化方式：Micheal 反应。
前体

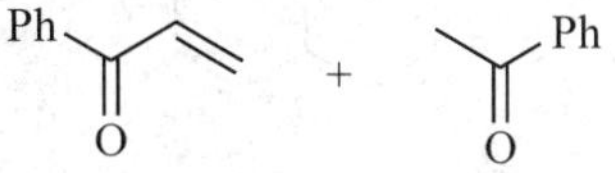

[Ph-C(O)-CH=CH₂ + Ph-C(O)-CH₃]

这样方式类似的反应（或转化方式）有许多。在这些反应中，有些是直接反应，符合进行合成路线设计时应尽量简化的原则。而重排反应并不简化，仅是为了达到理想的骨架，但是有利于进一步的简化，如：

Cope 氧化重排：

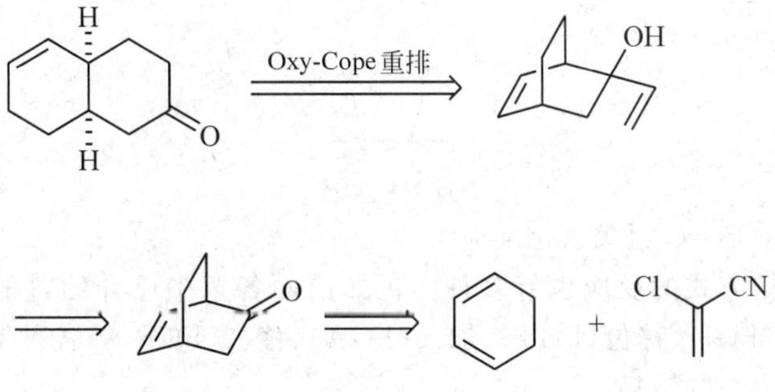

[顺式十氢萘酮衍生物] $\xrightarrow{\text{Oxy-Cope 重排}}$ [双环辛烯醇]

$\Longrightarrow$ [降冰片烯酮] $\Longrightarrow$ [环己二烯] + [CH₂=C(Cl)CN]

频哪醇(pinacol)重排：

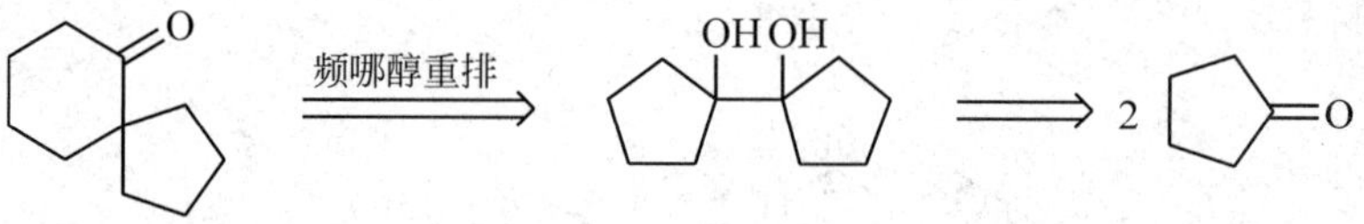

(2) 官能团的变化

例如：

目标物结构

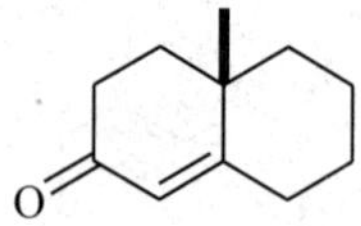

反合成子

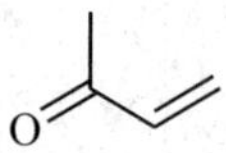

转化方式：烯丙基的氧化反应(由 CH_2 转化为 $C={\!=\!}O$)。

前体

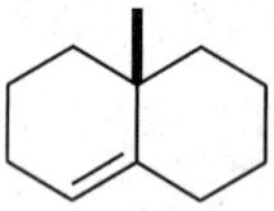

又如：

目标物结构

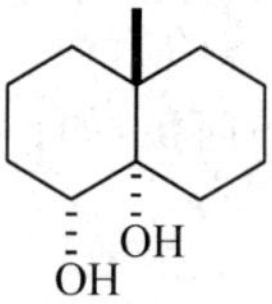

反合成子

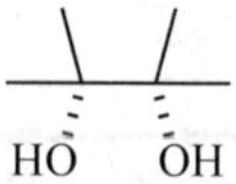

转化方式：$C{=\!=}C$ 顺式氧化反应。

前体：这样方式的反应也有多种。正如前面各章中已介绍过的，这些反应有官能团的转换(FGI)、移位(FGT)、加入(FGA)、移去(FGR)等各种不同情况。

(3) 手性中心的转换

利用手性控制剂(chiral controller)或其他辅助基团的诱导，使对映的或非对映的立体选择性合成能按照预期的方向进行。

如下实例：

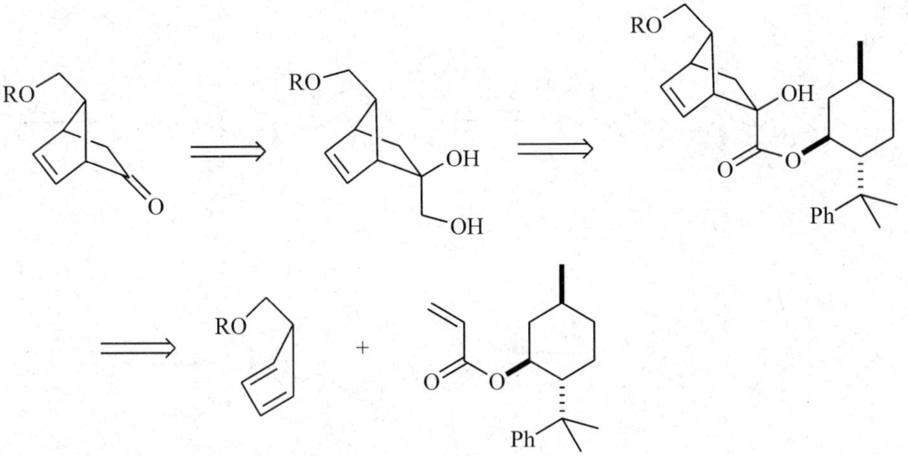

13.2.2 选择转化方式的方法和实例

有机合成路线设计的原则是尽可能达到反合成（或合成）的简化。这就要做到对关键的步骤选择好一个或几个最佳的转化方式。Corey 将此探索称为"导向转化方式的反合成研究"(transform-guided retrosynthesis search)。对一个目标物来说，反合成分析可以是分成多步的，但每一步必须有一个简化的转化方式，这是研究的目标。这一理想的转化方式就称为"目标转化方式"(T-goal)。因此，研究、比较、最后选择目标转化方式就是基于转化方式的策略的主要任务。

举一个例子。目标分子中有一个六元环，经常考虑的目标转化方式是 Diels-Alder 反应、[4+2]加成：

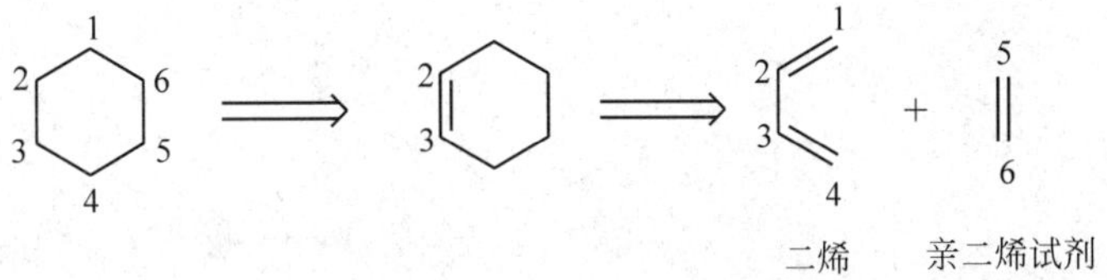

二烯　亲二烯试剂

此时，要考虑的是 2,3-π 键如何建立，二烯与亲二烯试剂分子本身是否对称，所起的 Diels-Alder 反应的类型（不同的二烯和亲二烯试剂有不同的电子效应和立体效应）是什么，怎样确保反应有效地进行。从一个具体的目标物，烟曲霉醇(fumagillol)来看，它的目标转化方式应该是 Diels-Alder 反应。这时要考虑 MeO 与 HO 间的转化关系，可以用 OsO_4 对烯键进行顺式加成，因而首先在目标物分子中在六元环的 d 与 e 之间引入 π 键组成一个反合成子。

反合成的第一部分如下(这里还要考虑六元环的 a 位螺环上的环氧丙烷的合成)：

接下来第二部分是带另一个环氧丙烷的二烯化合物的反合成：

如果考虑到这一条反合成路线中用 OsO_4 氧化还不太理想的话，也可以考虑使用三甲硅基的特殊性质的另一条反合成路线。此时，六元环的断键处(b,c)就与上法不同了，也就是说，合成此目标物六元环的断键可以在两个不同的地方进行。合成时可根据实验时的客观条件选择其中之一。

13 Corey 有关有机合成路线设计的五大策略

再看另外一种目标物角鲨烯(squalene)的反合成分析,角鲨烯分子中没有六元环,是个多烯键的化合物。它的目标转化方式应该是 Wittig 反应和 Claisen 重排反应。

Wittig 反应:

Claisen 重排反应:

反合成路线:

这里两个目标转化方式联合应用,Corey 称为"战术组合"(tactical combination)。这里用"战术"一词,是区别于他所用的"策略"(strategy,也即"战略")一词,表示逻辑思维层次的不同。

13.2.3 计算机对有机合成路线设计的辅助设计

有了很多常用的、成熟的有机合成中的转化方式,就可将它们作为基本单元信息储存在计算机中,再加上计算机的逻辑思维程序设计,就可能根据目标物分子结构,进行计算机辅助有机合成路线的设计(CAD in Organic Synthesis)。

13.3 基于目标物结构的策略

在目标物分子结构已知的前提下,可以探索是由哪些部分联结起来组成目标物,也就是在反合成分析中,目标物分子可拆成哪些结构单元(合成子),使合成能有效地、简化地进行。此时,应根据目标分子的结构,分成不变的主体结构(也可以将主体结构分成几个部分,Corey 称它们为 building blocks)和含有反合成子的亚结构(retron-containing subunits,反合成中要变化的)。探索的目的就是为了找到目标结构(S-goal),并由此找到目标起始物,即起始原料(SM-goal)。

为了达到此目的,可以进行多方向探索或双向探索(从目标物出发和从合适的原料出发共同找到一个理想的中间体)。

例如,Buspirone 的反合成可以是:

这些都是起始原料。

又如,Heptalene 的反合成。此化合物是两个不饱和的七元环稠合在一起。这使我们想起两个不饱和六元环稠合在一起的萘。因此,可以从两个方向考虑:

13 Corey有关有机合成路线设计的五大策略

向左,向右都是可行的。

下面还有几个典型的例子：

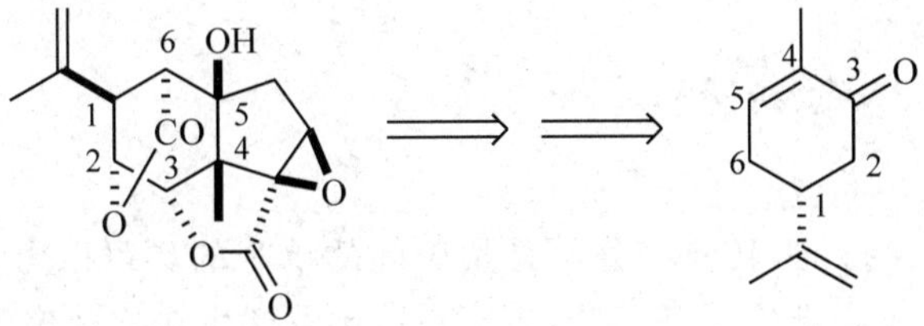

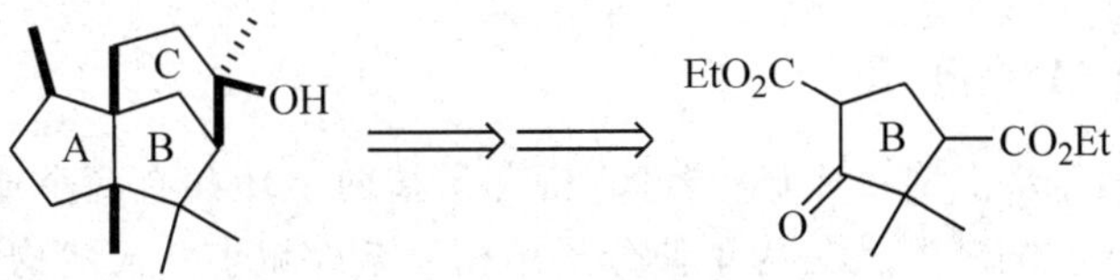

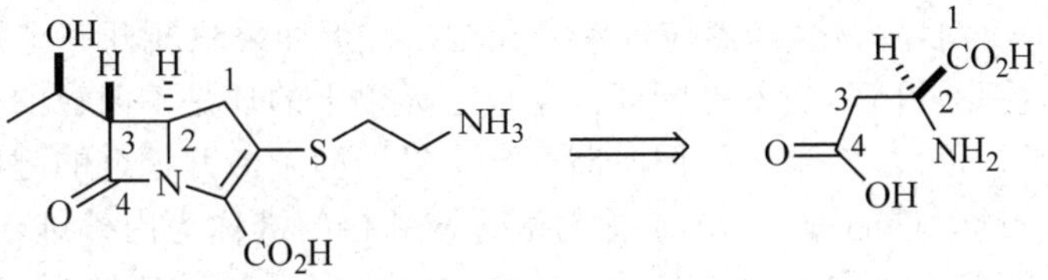

13.4 拓扑学策略

前面提到的拓扑学策略就是指寻找或选择断开位置的策略。有一整套断开位置规律的总结,可分成非环键和环键,环键又可分成孤立环、螺环、稠环、桥环等体系。当然,反合成分析时,有一些环是可以保持的,即作为不变的主体结构对待。在反合成中,这些环保持不变,合成时它们直接来自原料。

13.4.1 非环键的断开

有如下规律：

(1) 确定可保持的主体结构。芳环、芳烷、烷基可属于此类结构。要考虑到它们应达到最大利用效率,又称为原子节约。如果能保持一个芳烷基,则要比保持一个芳基为好。这样才能使合成达到较高的简化。

(2) 如环直接嵌入骨架中,不要在环旁切断,而应在离环1～3个碳原子处;有立体中心时,也在离该中心1～3个原子处切断。在两个官能团之间,也应在其中1～3个碳原子处断开。

(3) 碳原子和杂原子的连接处是切开的地方。

(4) 如果一个分子切开后,能出现两个相同的部分,这是切开的好方法,会使合成步骤简化。

13.4.2 孤立环的断开

有如下规律:

(1) 不属于要保持的,又处于分子骨架中间的单个的环可以考虑断开一个或两个键。此时可考虑在杂原子旁断开,更应在能导致产生对称结构处断开。

(2) 应断开环中那些容易合成的键,如内酯、半缩醛、半缩酮等。

13.4.3 稠环的断开

稠环是指两个环共有一个碳-碳键。桥环是指两个环共有两个或两个以上碳-碳键。研究这些环的断开就是为了使分子结构复杂度减小。天然物常常含有很多稠合的环,其稠合方式又多种多样。考虑这类分子的断开是策略性很强的工作,且难度也很大。在这里只能介绍一些常用的规律。

(1) 为了使稠环简化,当然应该断开稠合处。但如果只断开一个键,必然生成更大的环。这只是开环,而不是断环。生成七元以上的环是不明智的,因而也是策略上不允许的。因此,对稠环要同时断开两个键。除了断开稠合的键以外,还要断开一个在稠合键附近的键。Corey 把与稠合键邻接的键称为内外键(exendo,简称 e 键,即对一个环来说是内键,但对另一个环来说是外键)。离稠合键更远一些的键称为远离内外键(offexendo 键,简称 oe 键)。要断开的键可以是 e 键,也可以是 oe 键,根据具体情况而定。靠近杂原子的键应断开,三元环或四元环可断开(不生成大环),合成需要时也可以断开 oe 键,例如:

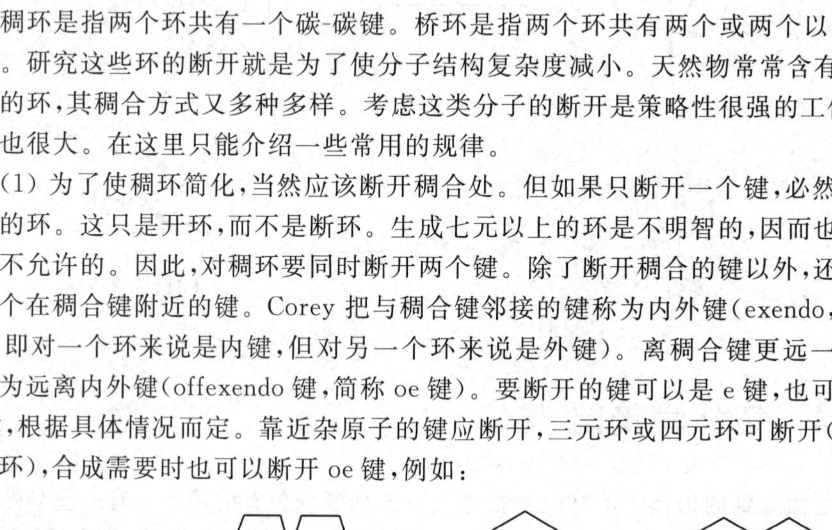

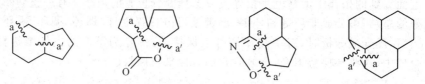

图中 a,a' 是指不同的断键处,这些断键处,也就是在合成时的成键处,因而反合成时要考虑成键的方法。见下面一个实际例子:

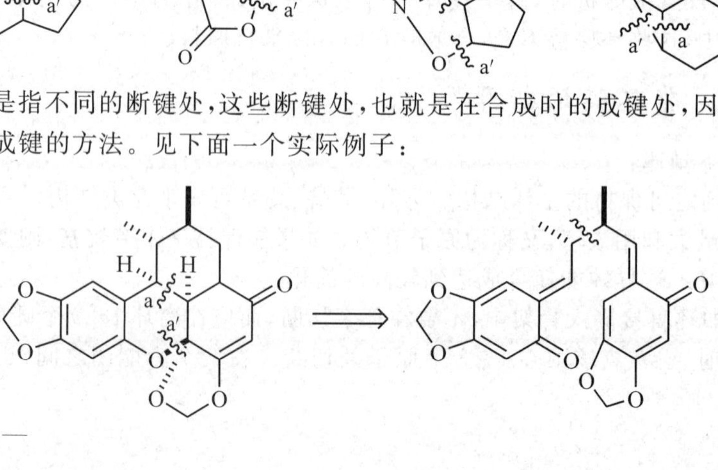

在此实例中,断键时显然考虑了拆开成两个相同的分子,以简化合成。

(2) 三元环断开时,当然是[2+1]拆开;四元环断开时应是[2+2]。

(3) 有些环是优先考虑拆开的,如内酯、缩酮、内酰胺、半缩酮等。

(4) 有些多核稠环,如甾体化合物有特殊的断开方法。例如:

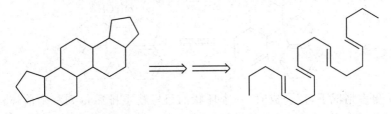

13.4.4 桥环的断开

有如下规律:

(1) 两个环以一个桥键相接,此共有的桥键不能作为断键处。四到七元环常在桥键的 e 键处断开。因而仍然有不能生成七元以上的大环的规则。两个五元环桥连在一起,可断开桥键,只生成六元环。

(2) 在两个碳原子之间往往有多个桥键,拆开一个桥可使结构简化。此时可选碳原子最多的桥链断开。但有杂原子处,即使不是最长的桥链也应优先断开。

(3) 在芳环或杂原子芳环内的键一般不断开,例如:

  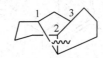

13.4.5 螺环的断开

可断开一个键,也可断开两个键。如断开一个键,则断开 e 键;如断开两个键,则一个是 e 键,另一个是在 β 的 oe 键:

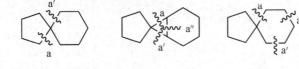

对于最后一个分子,如断开一个键,则断开 f 或 h 键;如断开两个键,则断开 a 与 g 键,或断开 d 与 e 键。

13.4.6 作为拓扑学策略的重排转化的应用

重排转化方式可以作为拓扑学策略的一种辅助手段。看下列两种情况:

(1) 反合成通过重排能得到对称性的分子,再断开就得到两个相同的部分,简化了反合成路线。这又一次说明分子的对称性在反合成中确能大大简化步骤,如频哪醇重排:

(2) 更多情况下,反合成时,一个环状的目标物重排后得到一个前体,能断开成两个或更多的并不相同的碎片。但只要这些碎片容易继续进行反合成,而且符合简化的原则,这种重排仍然是必要的。这种实例很多,如:

13.5 立体化学的策略

在这一策略中,反合成时要考虑的是立体复杂性的减小,即通过反合成逐步减小立体中心的数目和密度,将它们选择性地移去。这里的立体中心(stereocenter)泛指包含碳原子的手性,也有双键的顺反,还有像环己烷一样的立体构象等各种立体关系。为此目的,就必须考虑立体简化转化方式(stereosimplifying transform)的选择,所需反合成子的建立,前体所有的空间环境等。这种前体也就是合成反应时试剂所作用的底物。从以下 4 个方面来介绍立体化学的策略。

13.5.1 立体化学简化-转化方式的选择性

这种简化-转化方式是多种多样的,因而有各种不同的控制方法。有所谓"底物控制的简化-转化方式",如:

目标物是一稠合的双环己烷。由此到它的二级前体(右式),立体中心(或立体因子)是简化了。每个分子的右半部保持不变,都是立体结构固定的环己烷。合成时无须引入手性因素,即可建立另一个立体结构(左半部的环己烷)。这类方式就叫"底物控制的简化-转化方式"。

再见下一例:

反合成过程中,尽管各分子的左半部的立体结构也像上一例一样保持不变,但右半部通过两个立体选择性的反合成方式(OsO_4 顺式氧化和 Wittig 反应)来完成。也就是说,立体结构的建立是由这两步反应机理来确定的。这类方式称为"机理控制的简化-转化方式"。前一步是顺式加成,当然是有立体选择性的;后一步也是由底物的空间控制(spatial control)的反应。

反合成中,类似于这种烯键的消去,还可以有由烯键变炔键。合成反应有 LiAlH$_4$ 氢加成或 R$_2$BH 硼氢化。再见另外两个实例:

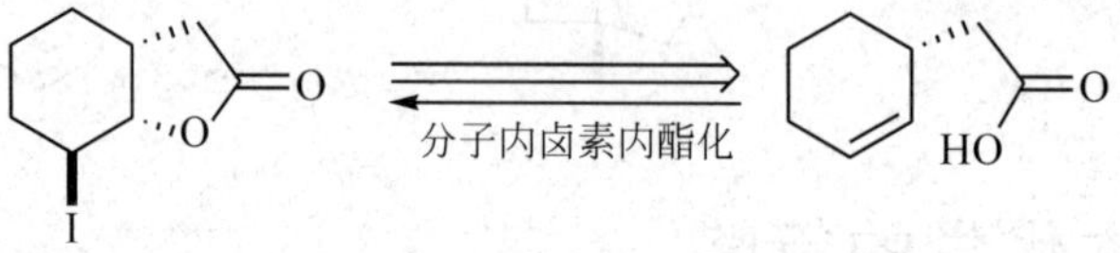

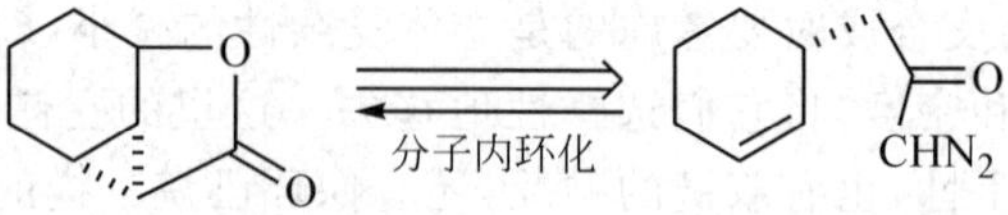

分子内卤素内酯化

分子内环化

这两个实例都是通过分子内的反应来完成的。用一个简单的反合成,使立体中心由三个到一个,是分子内的机理控制方式。这里有一个重要的启示就是目标物都是立体刚性很强的分子。立体刚性愈强的分子,在反合成中可变性(feasible)也愈强,愈容易去除某个立体中心。

再看下一例:

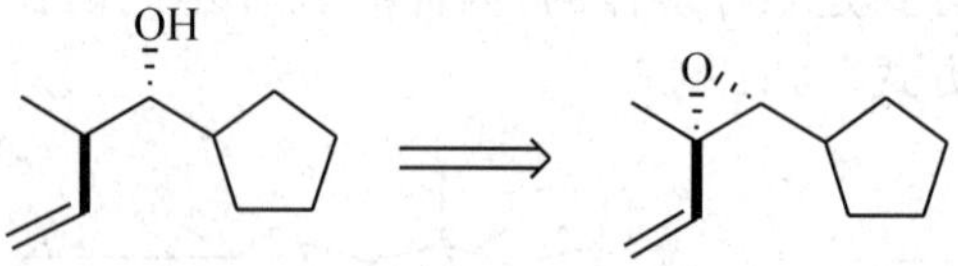

这个反合成虽然并未减少立体中心,但从立体合成反应来看,仍然是很有价值的。这步反合成是有烯丙基参与的 S$_N$2 机理控制方式。

下面这些反合成又是底物控制方式:

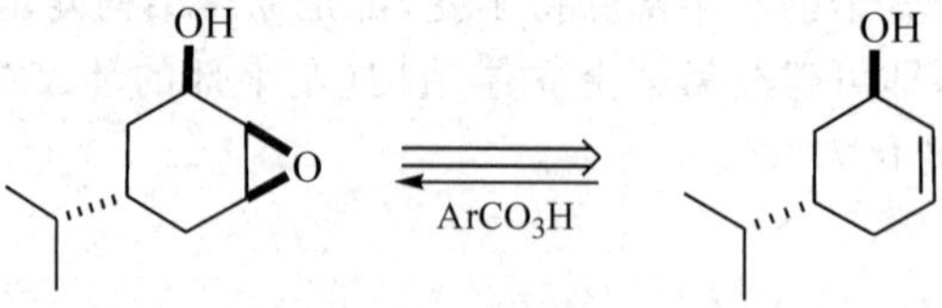

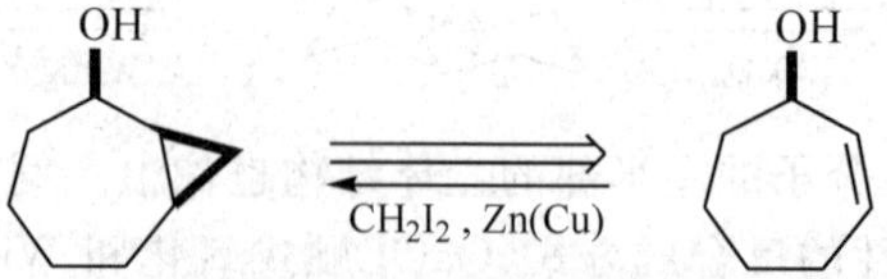

ArCO$_3$H

CH$_2$I$_2$, Zn(Cu)

下面的一些实例是利用手性试剂所进行的立体控制方式：

13.5.2 反合成中的可清除立体中心

Corey 把目标物中的立体中心分成两大类：可清除的(clearable)立体中心(以 CL 表示)和不可清除的立体中心(以 nCL 表示)。因为在选择性较强的立体反应中,产物的立体结构是有倾向性的,即某一种立体结构占优势。反合成中,这种合成时建立的手性中心就是可清除的。它的对映体就是不可清除的。这样一方面增加了目标物的复杂度;另一方面,弄清立体中心是否可清除,又是反合成中很重要的一步。

看下列实例：

左侧向中的反合成是可行的,右侧向中的反合成是不可行的。

13.5.3 多环体系的立体化学策略

在实际进行反合成时,立体化学的策略必须与拓扑学策略结合在一起。这一节和下一节分别就有环和无环来讨论立体化学策略。首先考虑针对多环体系的策略。

（1）立体中心单独存在于一个环中

若一个立体中心不是几个环所共有,是孤立的,此环往往是在反合成中要保持的环。手性中心不必清除。它可能来自原料,如：

在此例中,手性碳原子除为环己烷的一个原子外,它还是内酯环的原子,但此环是个特殊的环,很容易被拆开。下例中手性碳原子就是两个环以桥连接的立体结构中的共用原子。它是合成反应中生成的,所以也是反合成中可清除的。

还有几个例子:

$$\text{(structure with OH, OH)} \xrightleftharpoons[\text{Aldol 缩合,再酸化}]{} \text{(diketone structure)}$$

$$\text{(bicyclic isoxazoline)} \xrightleftharpoons[\text{[3+2]环加成}]{} \text{(nitrile oxide + alkene)}$$

(2) 立体中心共属于两个或多个环

这种立体中心在环断开时,也被清除。稠环的稠合键上就会有这种中心。反合成中要十分重视这一问题的合理解决。

13.5.4 非环体系的立体化学策略

一般可用下列几个方法来减少目标物的复杂度:

(1) 利用非对映的与对映的立体选择转化进行键的断开。

(2) 利用断开转化的反合成子的建立,移去或交换官能团来清除立体中心。常要考虑 C=C,C=O,C=N 的反合成生成。

(3) 利用立体选择性的官能团移动使 1,4 或 1,n 的立体关系转化为 1,2 的立体关系,同时有一个断开的转化。

(4) 立体中心并不改变,但用分子断开将立体中心分开到某一部分。

(5) 选择一个合适的目标结构作为目标物的前体,这种结构能用来鉴定不可清除的立体中心。

(6) 也可以在分子断开后,生成具有 C_2 对称结构的前体以鉴定不可清除的立体中心。

(7) 利用立体选择性的转化减少活泼官能团的数目,尤其是那些活性影响立体控制的断开联结的转化的官能团。

(8) 应用联结转化方式使一个原有不可清除的立体中心 L 的非手性,断开成为一个可清除的立体中心的构象固定环。这一点在 13.6 节中再讨论。

反合成时,不仅会考虑键的断开,还会考虑键的联结;不仅考虑开环,还考虑闭环。联结为了进一步断开,闭环也是为了进一步开环。

下面是应用上述策略的一些实例：

例 1 利用方法(1),(2)：

例 2 利用方法(4)：

例 3 利用方法(3),(1)：

例 4 利用方法(5),(4)：

例 5 利用方法(7),(1):

$$\text{(结构式)} \underset{7}{\Longrightarrow} \text{(结构式)} \Longrightarrow \text{(结构式)}$$

$$\underset{1}{\Longrightarrow} (CH_3)_2N-CO-CHO + t\text{-}BuO_2C-CH=CH-CH_2-OH$$

13.6 基于官能团的策略

利用官能团的转化方式来进行反合成是极为普遍的。前面各章中已经介绍很多。但 Corey 在此方面又有独到之处。在这里主要介绍他的观点。

13.6.1 官能团的分类

官能团按它们在有机合成中的作用可分成 3 类：

(1) 在合成中起最重要作用的官能团。常见的有 C=C,C=O,C≡C,OH,CO_2H,NH_2,NO_2,CN 等。

(2) 在合成中作用要差一些的官能团,如 N=N,S=S,R_3P 等,但在某些场合下仍然起较好作用。

(3) 有些官能团不在分子的重要部位,而在周围,但在合成中起活化或控制作用,因而在目标分子中可能没有,但是在合成过程中会再出现,如 X, Se, P, SO_2, Me_3Si, —O— 以及各种硼烷等。这些周围的官能团还包括连接在基本基团上的另一些基团,如烯胺、邻二羟基、亚硝基脲、β-羟基-α,β-烯酮、胍等。

对一个反合成子来说,可以有一个官能团(以 1-GP 表示),也可以有两个官能团(以 2-GP 表示),因此,相应的转化方式也有 1-GP 与 2-GP 之分。

同一化合物中有众多官能团,各有各的特性,又互相影响,这就增加了分子的复杂性。基于官能团的策略就是要在官能团方面逐步起简化作用。我们分别在以下几节中讨论这一策略。

13.6.2 官能团决定骨架的断开

常见的取决于官能团的(FG-keyed)转化有一个官能团和两个官能团,尤以两个官能团更常见，如 Aldol，Micheal，Claisen，Dieckmann 反应，Claisen 或 Oxy-Cope 重排，Mannich 反应，Friedel-Crafts 酰化等。如果一个目标物中有这些反应的反合成子，就可以利用官能团转换(FGI)或官能团加入(FGA)来制备反合成子。见以下反合成：

$$\text{结构式} \underset{NaBH(OAc)_3}{\overset{FGI}{\Longleftrightarrow}} \text{结构式} \overset{2\text{-}GP}{\Longrightarrow} \text{结构式}$$

$$\overset{2\text{-}GP}{\Longrightarrow} \text{环己酮} + \text{结构式} \Longrightarrow 2 \text{ 环己酮}$$

第一步是拓扑学策略所决定的。为了打开分子中部的六元环，将羟基转化为羰基。后面一连串的两个官能团化。首先打开此六元环(Aldol 缩合)，然后将分子拆成两部分。此时用的是羰基还原。这一步采用一个立体选择性反应，可用 NaBH(OAc)$_3$ 试剂。最后，有两个环的分子还可以拆成两个环己酮。目标物的主要原料是环己酮。这就大大简化了合成路线。

再看下一例。目标物是一个具有两个六元桥环的醛类。反合成时，首先要选定两个甲基之间的碳-碳单键为策略关键的键(strategic bond)。目标分子经过几步官能团转化调整后，就可进行 Aldol 转化，把一个环拆开，再用 Michael 加成反应断开环的支链。最后一个二取代的环己酮是简单、易得的手性原料：

$$\text{结构式} \overset{2FGI}{\Longrightarrow} \text{结构式} \overset{FGI}{\Longrightarrow} \text{结构式}$$

$$\overset{Aldol}{\Longrightarrow} \text{结构式} \Longrightarrow \text{结构式} + \text{结构式}$$

下例是在同一目标物中进行两个关键官能团的切开。这两个关键部位是羰基的 α 氢和胺基。这也叫两个关键官能团的转化方式的战术组合(tactical set)。

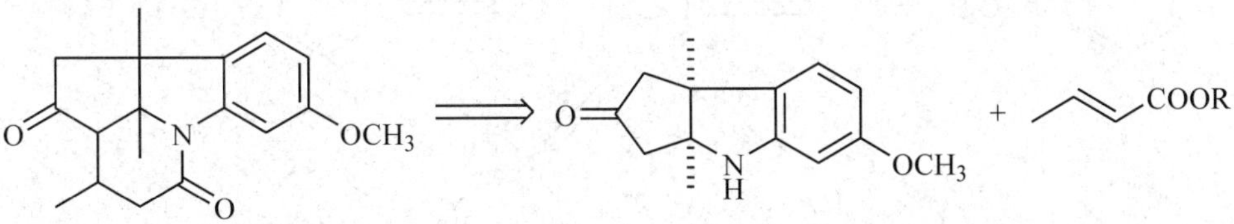

反合成中既有环的打开，也有环的形成(闭合)。环的形成为了更容易地实现环的打开。见下一例。这也是两种转化的战术组合。

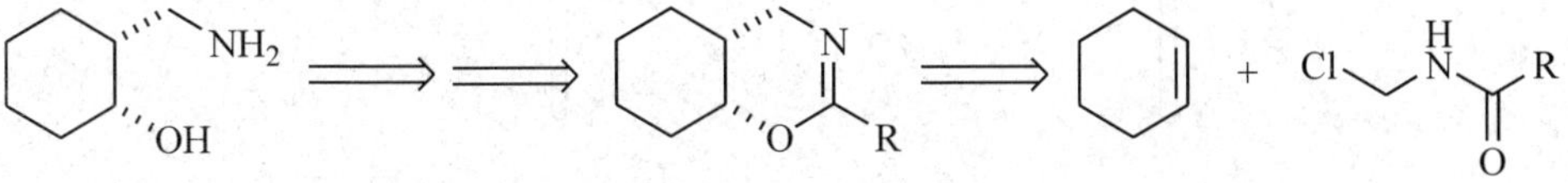

再看一个更复杂些的例子：

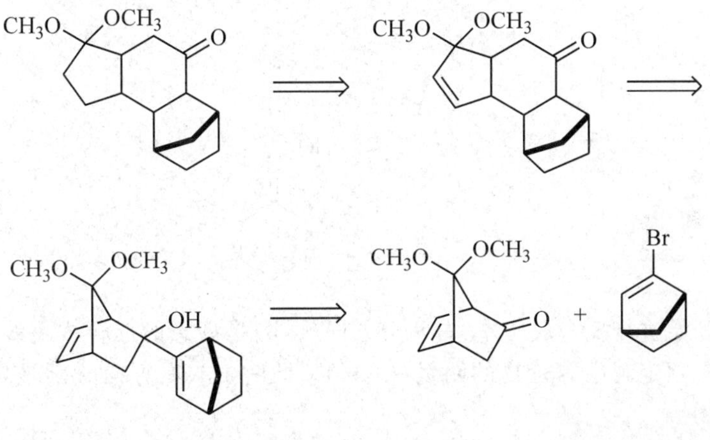

第一步将五元环由饱和环变成不饱和环(可进一步采用 oxy-Cope 转化)，以更有利于合成。第二步是利用[3,3]σ迁移重排将中间的六元环打开，再把分子拆开成两个简单前体。进一步的合成就容易了。

总之，只有在熟悉各种转化方式的特点的基础上，才能够灵活地将几个转化战术组合在一起。

13.6.3 官能团等价物的策略应用

Corey 也很重视官能团的等价物。关于这种等价物，前面几章中已讨论很多，不再重复。这里只举一个实例，说明其重要性：

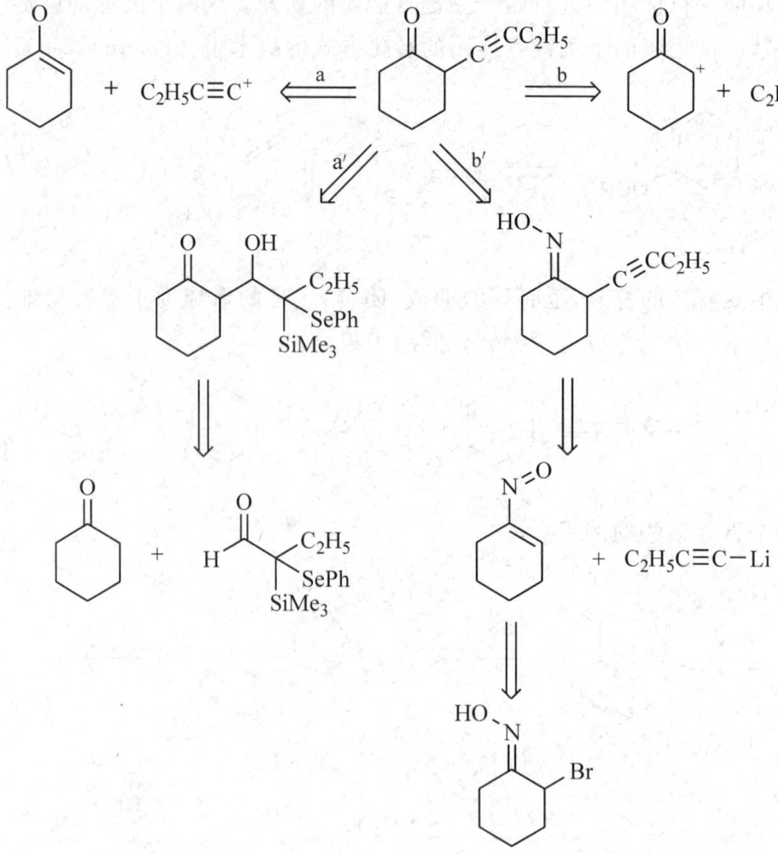

从目标物开始进行反合成。左、右两个方向(a,b)是理想的反合成路线,但实际均行不通。必须走利用等价物的路线(a′,b′)。此时,左、右方向分别是烯醇型环己酮的等价物。

多环化合物合成时,有解环和成环的反复步骤。成环是为了进一步解环。因此,Corey认为这种环也是一种等价物。见下面两个实例:

例 1

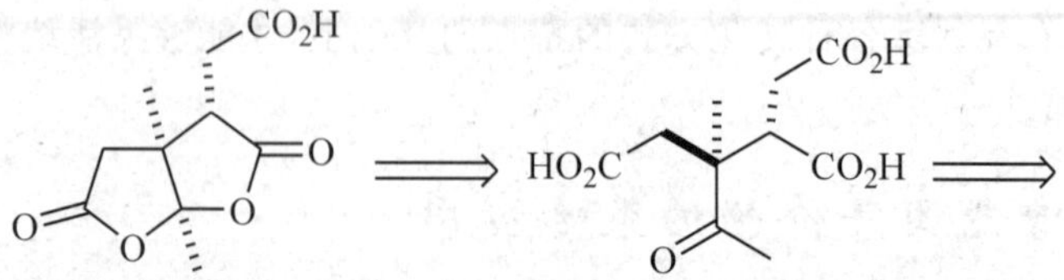

例 2

13.6.4 利用官能团策略减少官能团度和立体中心

在考虑基于官能团的策略时,简化主要就是指官能团数量的逐步减少,也就是官能团度的简化。但一般也包括立体中心的减少。这里,也涉及很多常用的有机合成反应,我们不再逐条列出,看下列几个反合成即可明白。

例 1

例 2

例 3

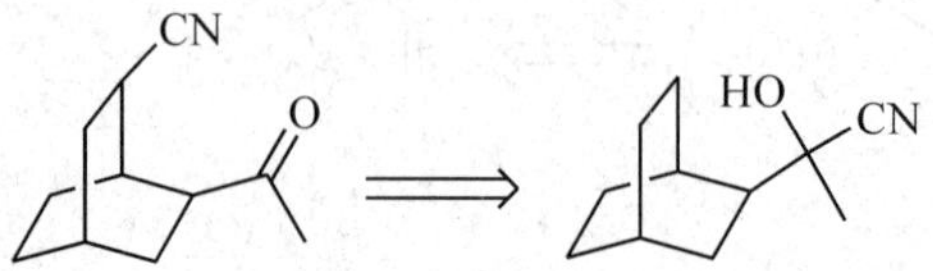

例 4

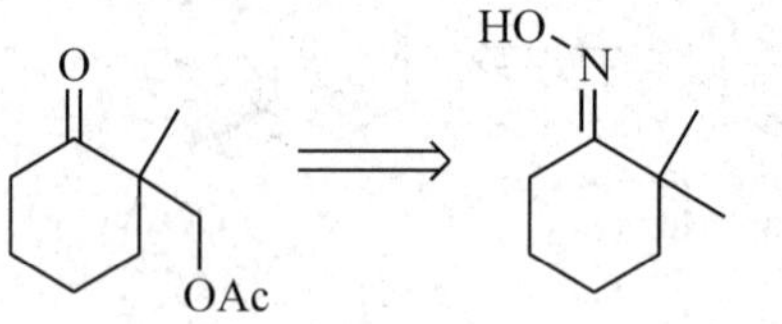

例 5

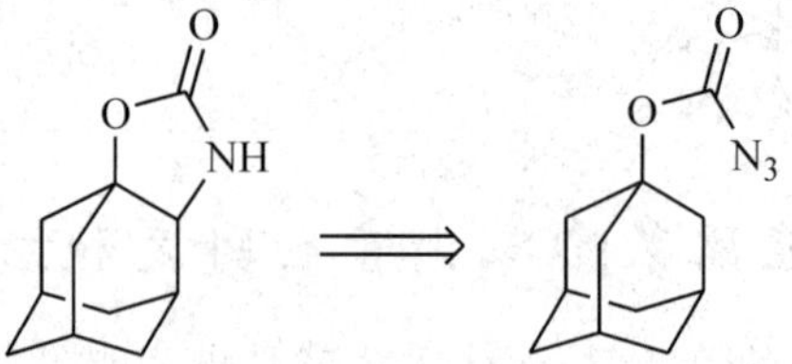

例 6

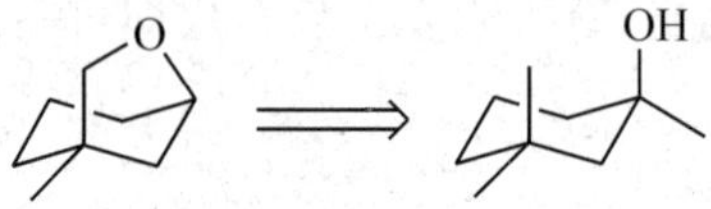

13.6.5 官能团的附加物在联结和断开上的应用

这里有碳-碳单键,也包括双键和三键。当然,也涉及环的断开和建立,也有"建为了断"的辩证关系。还有,断开环的一根键,就有一对有活性的官能团生成。这就是所谓的"附加物"(appendage)。利用这些附加物,可以进行另一些反应,包括建立一个新环。

因此,这里要考虑几个问题:①从一个官能团生成一对官能团;②提高官能团的活化水平;③一个环转化为另一个环,带有一个或两个附加物;④从一对较小的环变成一个较大的。从立体化学考虑,还包括:⑤将一个在刚性较强的环上的立体中心变成有弹性(flexible,也就是易变的)的环的立体中心。其实,这里所谓的附加物,就有些相似于以前讲到的,为了有利合成而设法加上去的辅助基团,如:

反合成的第一步目标是去掉支链,但不易直接断开。因而采取先建立一个三元环,然后在大环上增加一两个附加物,以加强整个分子的活性,支链就可断开了。最后一步是采用 Birch 还原反应实现的。还可多看一些实例:

例 1

例 2

例 3

例 4

例 5

例 6

例 7

例 8

在反合成分析中,有几个重要的方法要注意:

(1) 很重要的一条是关于联结转化(connective transforms)方式,也即断裂方式的选择。例如环中双键的断裂就是常遇到的问题。一般可以采取两种方法:一是用臭氧化,一步就可完成;另一要两步才能完成,如 OsO_4-$Pb(OAc)_4$ 法等。见下面两个反应:

(2) 有时，为了合成一个较大的环，往往先有一个较小的环，通过开环与闭环，再形成较大的环。这里仍会涉及附加物的参加。见下面几个例子。

例 1

例 2

例 3

例 4

Corey 的有机合成路线设计的五大策略(或战略)就介绍到这里。对结构较复杂的目标物来说,必须将这五个策略结合起来综合应用才能解决它的反合成设计。

14 天然产物全合成实例

在前 13 章中,分别介绍了有机合成的主要反应和合成路线设计的方法。最后一章,我们用几个天然产物全合成的实例,作为对前述知识的综合应用,使读者更深入体会所学的知识。

14.1 除虫菊酸的合成

除虫菊酸[(+)-trans-chrysanthemic acid](Chrysanthemic acid)是一种单萜酸,结构上是环丙烷上含有反式的取代基。1950 年左右,在非洲大量种植除虫菊,并研究其作为杀虫剂的机理,其主要有效成分为除虫菊酸(Pyrethrin)的酯。

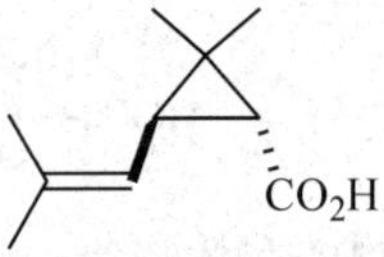

除虫菊酸

这类化合物的特点是击倒力强,杀虫作用快,广谱性,易降解,对高等动物及鸟类低毒,使用安全,因而不污染环境。同时受到结构上的影响,不耐光和热,残效期极短,长期以来作为家庭杀虫剂。由于种植条件限制,除虫菊酯的产量有限,有效成分的含量也较低。目前市场上销售的是这类化合物的化学合成类似物,如戊二烯拟除虫菊酯(Nesmethrin),丙烯拟除虫菊酯(Allethrin)。

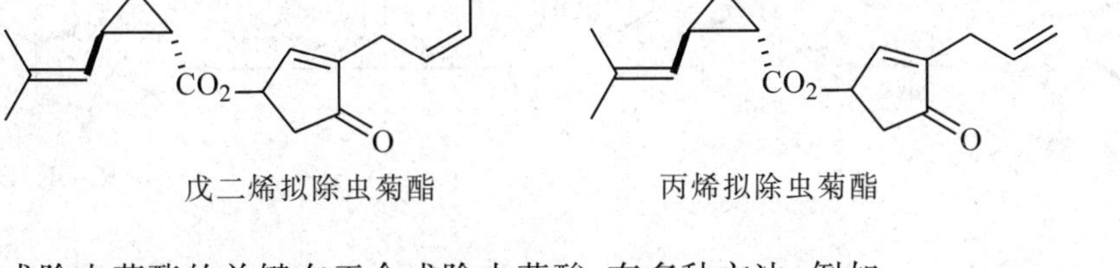

戊二烯拟除虫菊酯　　　　丙烯拟除虫菊酯

合成除虫菊酯的关键在于合成除虫菊酸,有多种方法,例如:
(1) 以卡宾或硫的叶立德与双键加成

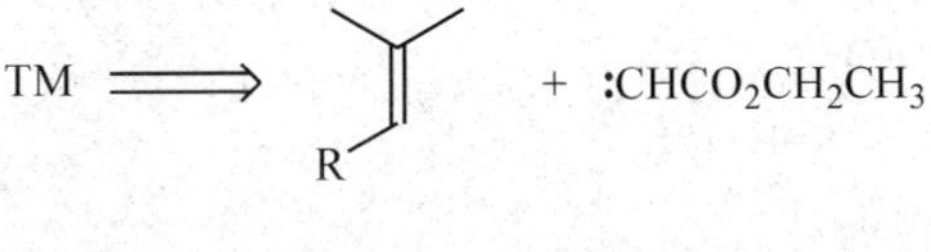

TM $\Longrightarrow$ （含R基的烯烃） + :CHCO$_2$CH$_2$CH$_3$

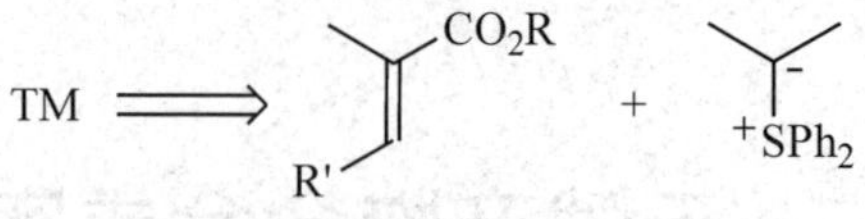

(2) 利用有机金属作为分子内亲核性取代反应

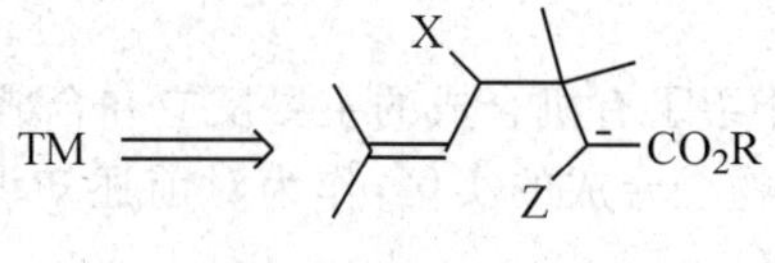

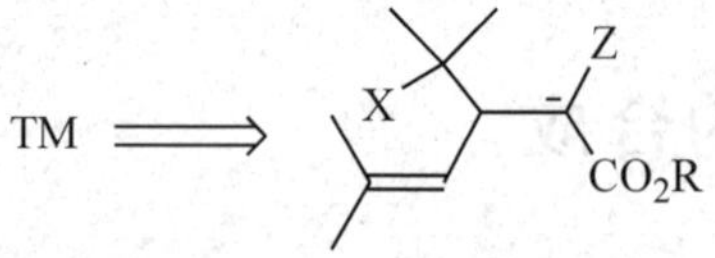

(3) 由 α-卤代环丁酮在碱处理下进行 Farvoskii 重排反应

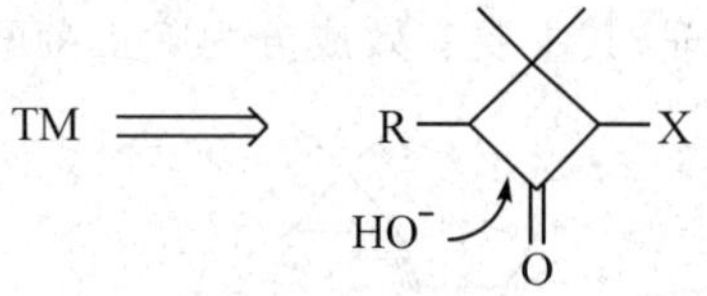

(4) 利用已知具有环丙烷结构的起始物

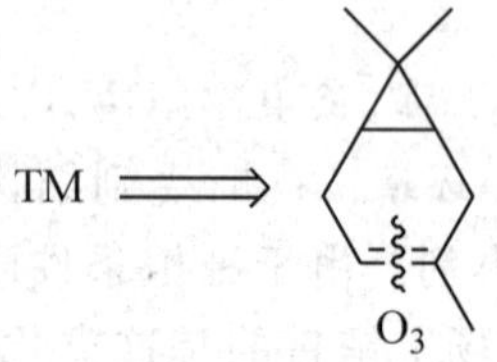

除虫菊酸的合成路线之一：

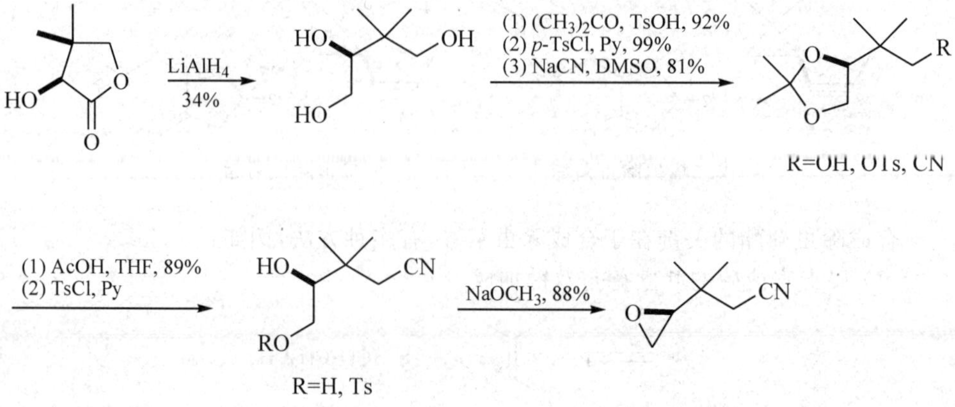

R=OH, OTs, CN

R=H, Ts

14.2 紫杉醇的合成

紫杉醇(Taxol)是继阿霉素和顺铂之后最热点的新抗癌药,于 1992 年底被美国 FDA 批准作为治疗晚期癌症的新药上市,是治疗乳腺癌和卵巢癌的特效药。紫杉醇在肿瘤的治疗药物中代表了一类新的、独特的抗癌药物。它的抗癌机制与其他的药物机制不同。它的主要作用是通过促进极为稳定的微管聚合并阻止微管正常的生理性解聚,从而导致癌细胞的死亡,并抑制其细胞的再生。

紫杉醇是 20 世纪 70 年代初从短叶红豆杉(*Taxus brevifolia*)的树皮中分离得到的。由于该树是一种生长缓慢的矮小灌木,紫杉醇主要在其树皮中,含量平均为 0.015%,提取收率平均为 0.01%。因此,为供试验及临床所需,必须砍伐,剥取树皮,必然破坏自然环境与生态平衡,并将导致资源枯竭。虽然后来从红豆杉的茎叶部分分离得到紫杉醇的前体浆果赤霉素Ⅲ(Baccatin),以供半合成紫杉醇,但紫杉醇仍然供不应求,限制了对其他癌症的治疗研究。因此,为了增加紫杉醇的来源,世界各国都在加紧对紫杉醇及其衍生物的开发研究。

14.2.1 紫杉醇的发现及历史

1964 年,美国北卡罗来纳州三角研究所(RTI)的 Wall M. E. 博士发现,西部红豆杉树皮的提取物在 KB 细胞株的试验中显示很强的细胞毒活性。1969 年,他们分离到足够量的活性物质——紫杉醇。由于紫杉醇能用 Zemplen 醇解法分解为可结晶的两个部分,通过对这两个化合物,即对溴苯甲酸衍生物(Ⅰ)和双碘乙酸酯衍生物(Ⅱ)的 X 射线单结晶衍射分析,紫杉醇的结构得到最后确定。紫杉醇的结构研究结果于 1971 年首次发表:

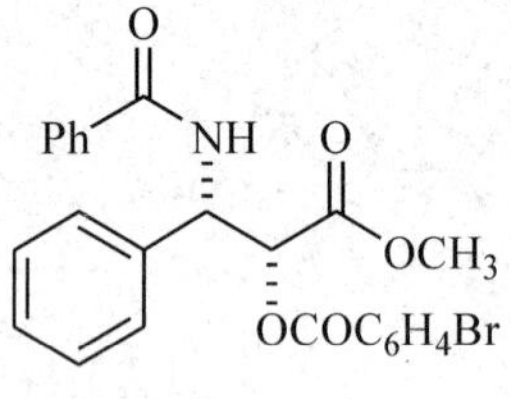

尽管紫杉醇显示了良好的细胞毒活性,但具有两个缺点:一是来源有限,二是溶解度低。由于一定的水溶性对抗癌药物是非常重要的,而紫杉醇几乎完全不溶于水。正是这个原因使对紫杉醇的研究在随后的 10 年中几乎完全停顿。但是,紫杉醇促进小管蛋白聚合为对热和钙稳定的微管,并以非共价键化学计量地与聚合的微管而不是与小管蛋白的亚基结合,从而可防止细胞分裂并促进细胞死亡。这一重大发现使得紫杉醇的研究成为药物化学界研究热点。1978—1982 年,美国对紫杉醇进行了大量的临床前研究。同时紫杉醇的剂型这一非常困难的问题也得到了解决。

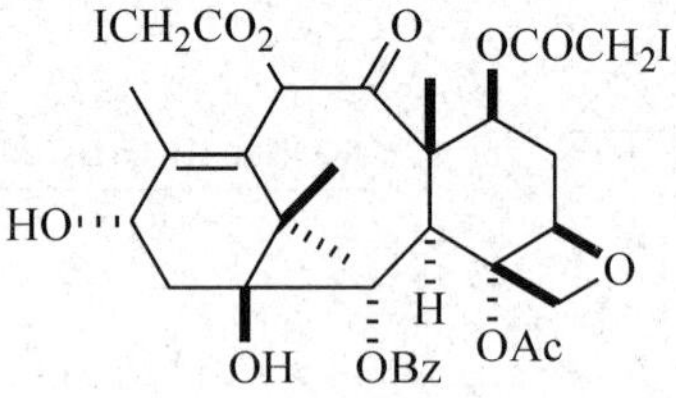

14.2.2 紫杉醇的化学合成

(1) 由浆果赤霉素Ⅲ(Baccatin Ⅲ)的半合成

由于浆果赤霉素Ⅲ(Baccatin Ⅲ)和 10-脱乙酰浆果赤霉素Ⅲ(10-deactyl Baccatin Ⅲ)在植物中的含量相对比较高,因而将其转化为紫杉醇的工作可以大大地改善紫杉醇供应短缺的情况。

尽管紫杉醇与浆果赤霉素Ⅲ的差别仅在于一个简单的酰化反应上,但是由于浆果赤霉素进行酰化时,13 位羟基周围的立体位阻,使得反应较为困难。

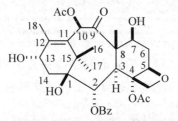

浆果赤霉素Ⅲ(Baccatin)

Potier P. 首先用肉桂酸对浆果赤霉素进行酰化，然后利用温和羟基氨基化反应得到紫杉醇。尽管该反应的立体选择性和区域选择性较差，但是，他们却利用该反应从 10-脱乙酰浆果赤霉素Ⅲ合成了紫杉醇衍生物 Taxotere。在某些试验中它显示了优于紫杉醇的生物活性。

Taxotere

紫杉醇的半合成研究与直接从植物提取紫杉醇的方法相比较主要有下面两个优点：①浆果赤霉素和 10-脱乙酰浆果赤霉素在植物中的含量要远远高于紫杉醇；②半合成紫杉醇的研究可以使紫杉醇侧链具有很大的变化，这样就有可能在将来发现活性更强的紫杉醇衍生物。Taxotexe 的合成就是一个很好的例子。

（2）紫杉醇化学全合成

合成紫杉醇这一复杂的天然分子是有机合成化学家所面临的巨大挑战。全世界共有 40 多个一流的研究小组从事紫杉醇的全合成工作，主要分为两种合成战略：①线战略：即由 A 环到 ABC 环和由 C 环到 ABC 环；②会聚战略：即由 A 环和 C 环会聚合成 ABC 环。

1994 年，Holton R. A. 和 Nicolaou K. C. 几乎同时宣告紫杉醇的全合成获得成功。他们的成功，标志着有机合成化学登上了一个新的台阶。

Holton 采用了由 A 环到 ABC 环的线性合成战略。他们以樟脑为原料,通过数步反应先形成在 B 环上带有一个酮基的化合物,以便形成 C 环:

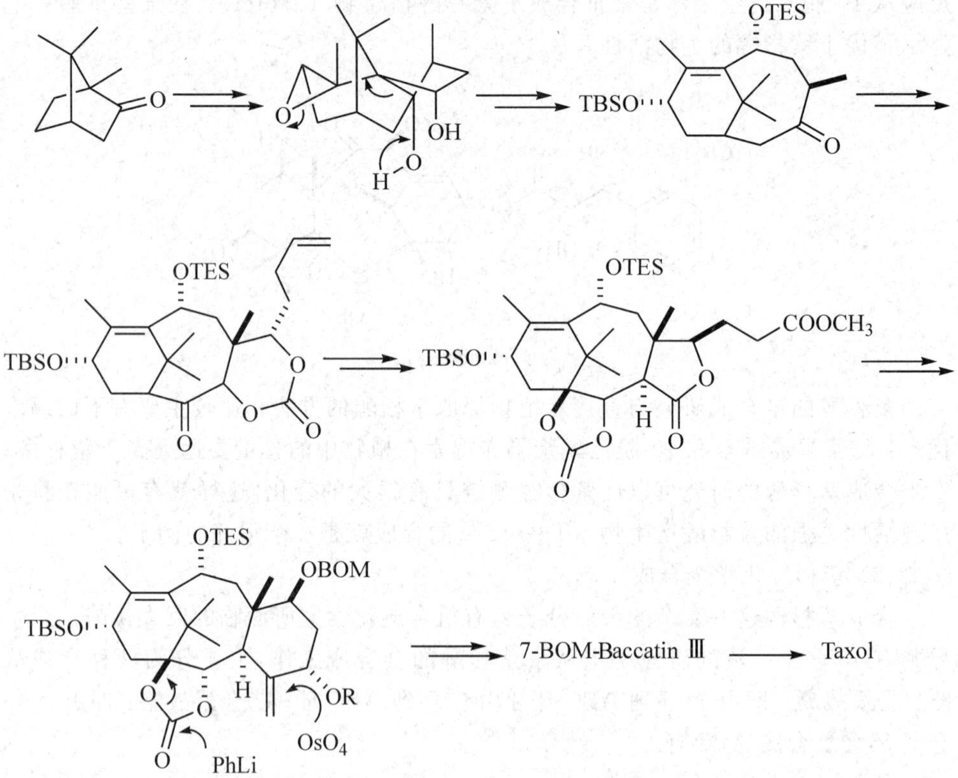

Nicolaou 则采用非常简明的合成战略,仅用两年就合成了紫杉醇。他采用非手性的原料,以 Diels-Alder 反应合成了 A 环,然后通过官能团改造形成中间体化合物,C 环也是通过 Diels-Alder 反应由简单原料合成而得到的。

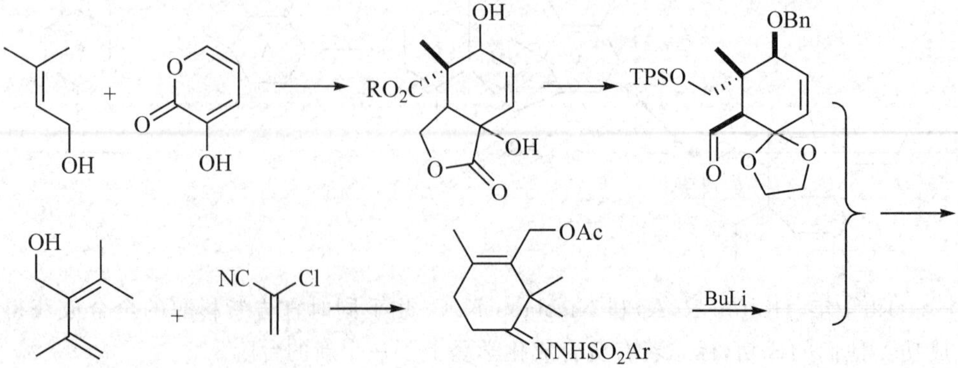

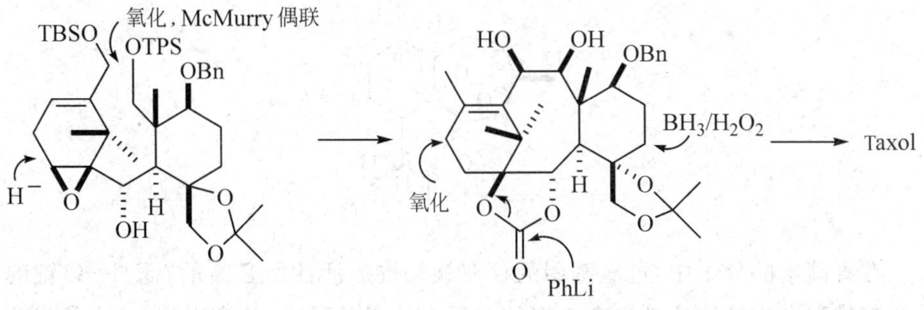

尽管 Holton 和 Nicolaou 研究组相继完成的紫杉醇全合成工作十分出色,但由于紫杉醇的合成路线太长、产率太低而没有商业价值。另外一些科学家仍在寻找其他路线。

(3) 紫杉醇的构效关系研究如下所示:

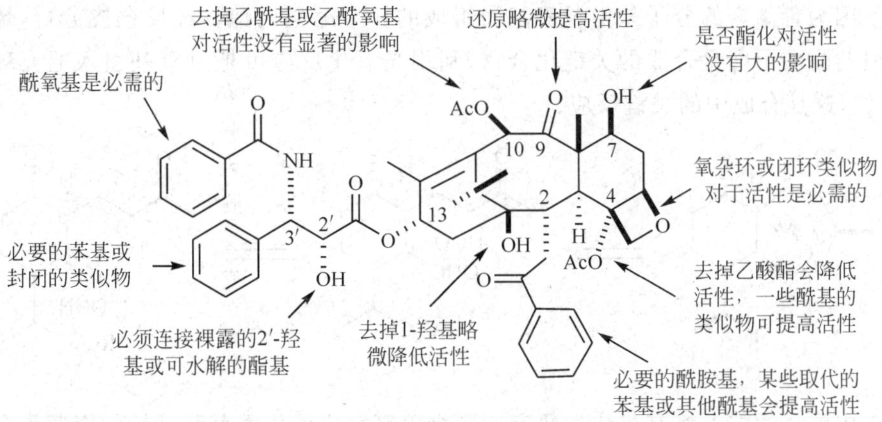

14.3 青蒿素的合成

青蒿素(Artemisinin)是1972年我国科学工作者从中药青蒿(菊科植物黄花蒿 *Artemisia anuua* L)中提出的一个具有高效、速效和低毒的抗疟新药。1976年测定了青蒿素的化学结构。它是一个含过氧基团的新型倍半萜内酯,所包含的5个氧原子都排列在分子的同一侧,从 O_5 开始形成了 $O_5 \sim C_{12} \sim O_4 \sim C_5 \sim O_3 \sim C_4 \sim O_1 \sim O_2 \sim C_6$ 的氧碳键,且从 $C_{12} \sim O_4$ 开始,O—C 键矩处在一个短、长、短、长、短的序列中:

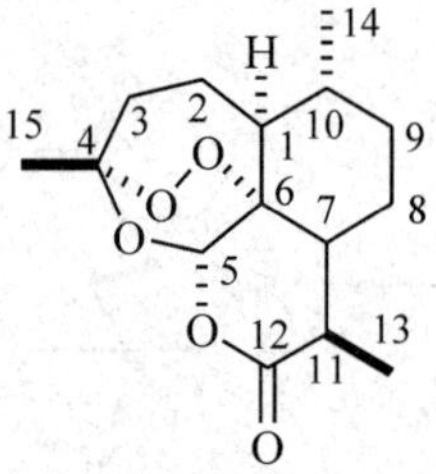

在青蒿素的分子中,过氧基团的存在就是抗疟活性所必需的,而C—O键的这种交替排列和它的抗疟性也有一定的关系。从青蒿素中,分离得到12个倍半萜类化合物,均为一类新的杜松烷(Cadinane)倍半萜。其结构特点是A,B环为α-顺式并联,异丙基与桥头氢呈反式。

14.3.1 青蒿素的化学合成

因为青蒿素的分子是由过氧基团组成的一个缩酮内酯。经反合成分析,烯醇甲醚与酮酸甲酯是合成的关键化合物,利用光氧化反应可把过氧基引入七元环的C_6位,这是合成中的关键反应:

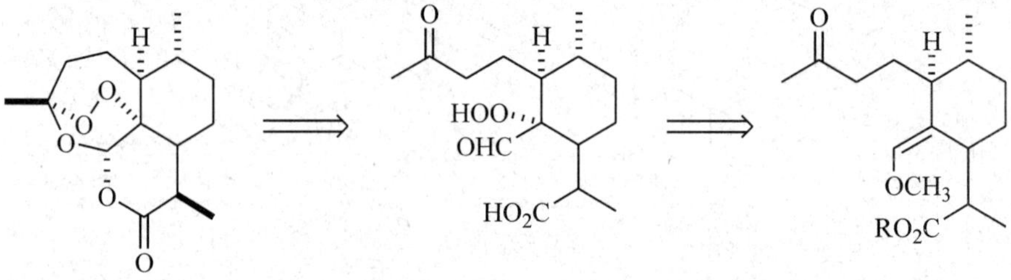

中国科学院上海有机化学研究所周维善等完成了从香草醛开始的青蒿素全合成路线:

合成工作的最后关键是在甲醇溶液中以四碘四氯荧光素(Rose Bengal)为光敏剂,在-78℃和高压汞灯下通氧,接着用酸处理生成目标化合物,经分子内醇酮和醇醛缩合并内酯化即得目标产物——青蒿素,最后两步(r和s)产率为28%。

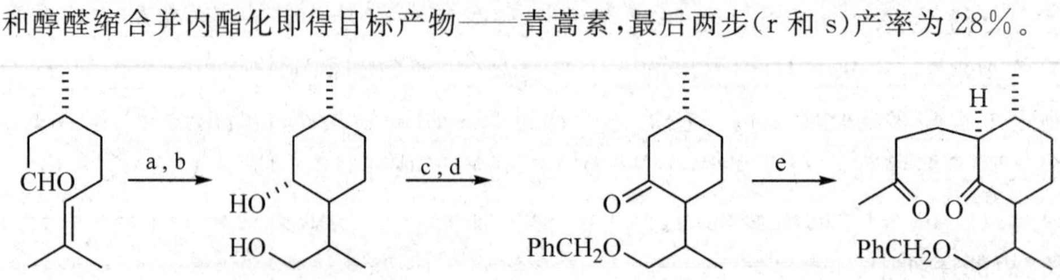

14 天然产物全合成实例

注:a: $ZnBr_2$; b: B_2H_6, H_2O_2-OH^-; c: $PhCH_2Cl$; d: NaH, Jones 氧化;
e: LDA, CH_2=$C(Me_3Si)COCH_3$; f: $Ba(OH)_2 \cdot 8H_2O$; g: $(CO_2H)_2$; h: $NaBH_4$-Py; i: MeMgI;
j: p-TsOH; k: Na-NH_3(l); l: CH_2N_2; m: $NaBH_4$-$NiCl_2 \cdot 6H_2O$; n: O_3, Me_2S;
o: $HS(CH_2)_3SH$-$BF_3 \cdot Et_2O$; p: $HC(OMe)_3$-p-TsOH, 二甲苯, 加热; q: $HgCl_2$-$CaCO_3$;
r: O_2, MeOH, 四碘四氯荧光素, $h\nu$, -78°C; s: $HClO_4$, THF-H_2O

— 279 —

与此同时，F. Hoffmann-La Roche 的药物研究室也开展了青蒿素的合成研究，并于 1982 年完成了青蒿素的全合成，其合成设计思想与上述合成方法十分相似。

14.3.2 青蒿素的生物合成

由于萜类化合物的生物合成途径非常复杂，因而对于青蒿素这一类低含量的复杂分子的生物合成研究就更复杂。对于倍半萜内酯的合成，其限速步骤一是环化和折叠成倍半萜母核的过程，另一个为形成含过氧桥的双倍半萜内酯过程。Akhila 等通过放射性元素示踪法对青蒿素的生物合成途径进行了研究，认为青蒿素的生物合成途径如下图所示：

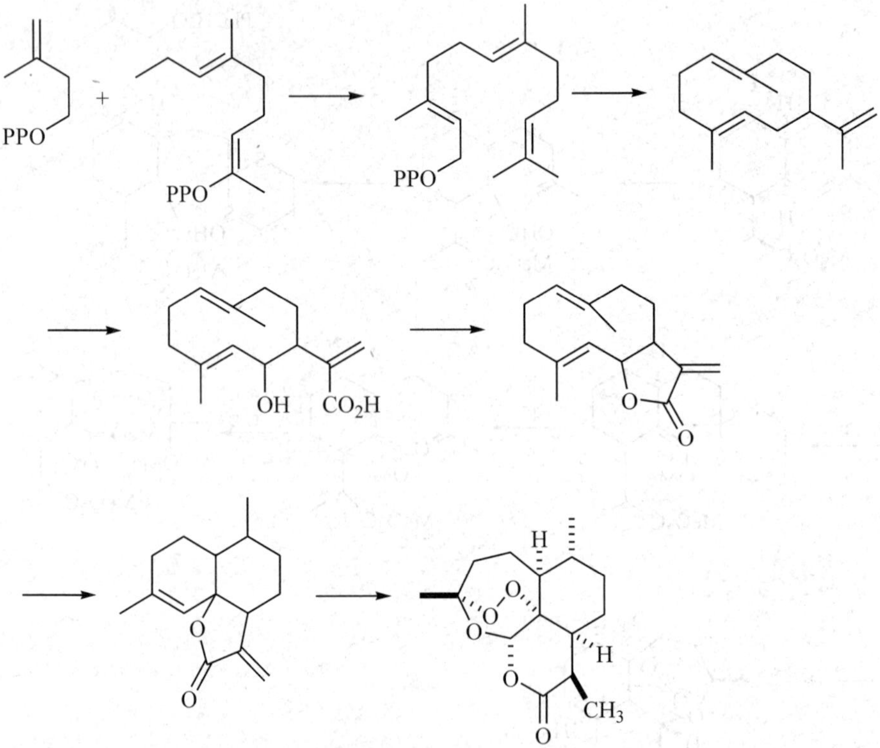

从法尼基焦磷酸出发，经牻牛儿间架（Germacrane）、双氢木香交酯（dihydrocostunodile）、杜松烯内酯（Cardinanolide）和青蒿素 B（Arteannuin B），最终合成青蒿素。国内也进行青蒿素生物合成的研究，探索了由 $[2\text{-}^{14}C]$-MVA 为前体生物合成青蒿酸，以及由青蒿酸为前体生物合成青蒿素及青蒿素 B 的过程。

14.3.3 青蒿素的化学性质

青蒿素的化学结构特殊，在进行化学反应时，常会发生一些不平常的反应。

青蒿素用酸处理时,生成顺式内酯,其 C_7 上取代基已被证明发生了异构化。青蒿素用 K_2CO_3 处理时,生成 α-环氧反式内酯和过氧化合物。而从青蒿素氢化所得的去氧青蒿素用 10% KOH 处理,生成 α,β-不饱和酮内酯,其内酯是顺式构型。青蒿素的内酯羰基能被 $NaBH_4$ 还原,生成半缩醛,其过氧基团不受影响:

青蒿素的许多衍生物的抗疟活性比青蒿素高。

14.4 梯形烷的化学合成

梯形烷类化合物（Ladderane，pentacycloammoxic acid）是从厌氧微生物 *Candidatus Brocadia anammoxidans* 的细胞器的膜中分离得到的天然产物，该化合物为楼梯状奇特结构，称为梯形烷。2004 年 Corey E.J.（1980 年诺贝尔化学奖获得者）完成了该化合物的消旋体的合成。在此基础上，2006 年又完成了光学活性化合物的全合成。他们从光引发的环丁烯与环戊烯酮的[2+2]反应出发，再用羰基 α-位重氮化光照重排构建第一个"台阶"。所得到的羧酸用 Barton 反应脱羧溴代再经消除反应得到连有梯状结构的环丁烯。由于该化合物是前手性结构，前面未加控制的环加成所生成的手性中心对后面的步骤毫无影响。但在构建最后一个"台阶"时，所要的长链需要从特定的碳上引出才可能得到光学活性的产物，对[2+2]反应就必须有很好的立体选择性。因此，Corey 采用光学活性的硅基取代的环戊烯酮，利用硅基产生的底物不对称性，实现了对新生成的两个手型中心的诱导，得到了光学活性目标产物。其合成路线如下：

14 天然产物全合成实例

参 考 文 献

1. 吴毓林,姚祝军. 天然产物合成化学——科学和艺术的探索. 北京:科学出版社,2006
2. 吴毓林,麻生明,戴立信. 现代有机合成化学进展. 北京:化工出版社,2005
3. 戴立信,钱延龙. 有机合成化学进展. 北京:化工出版社,1993
4. 吴毓林,姚祝军. 现代有机合成化学——选择有机合成反应和复杂有机分子合成设计. 北京:科学出版社,2002
5. 方俊民. 有机合成. 台北:艺轩图书出版社,1988
6. Mackie R K,Smith D M. 有机合成指南. 陈韶,丁辰元,等译. 北京:科学出版社,1988
7. Turner S. 有机合成设计. 罗宣德译. 北京:化工出版社,1984
8. Warren S. 有机合成设计. 丁新腾,林子渗译. 上海:上海科学技术文献出版社,1980
9. 嵇耀武. 路线设计——有机合成的关键. 长春:吉林大学出版社,1989
10. 俞凌中,刘志昌. 极性转换及其在有机合成中的应用. 北京:科学出版社,1990
11. Fuhrhop J H,Li G T. Organic Synthesis—Concepts and Methods. Wiley-VCH,2002
12. Smith M B. Organic Synthesis. McGraw-Hill Inc.,1994
13. Boger D L,Garbaccio R M. Modern Organic Synthesis. TSRI Press (La Jolla),1999
14. Nicolaou K C,Sorensen E J. Classics in Total Synthesis—Targets,Strategies,Methods. Wiley-VCH,1996
15. Corey E J,Chang X M. The Logic Chemical Synthesis. John Wiley & Son,1989

常用缩略语

缩略语	英文全名	中文译名
Ac	acetyl	乙酰基
acac	acetylacetonate	乙酰丙酮
AIBN	2,2′-azobisisobutyronitrile	偶氮二异丁腈
anhyd	anhydrous	无水
aq	aqueous	水溶液
Ar	aryl	芳基
9-BBN	9-borabicyclo[3.3.1]nonane	9-硼-双环[3.3.1]壬烷
BINAP	2,2′-bis(diphenylphosphanyl)-1,1′-binphthyl	2,2′-双二苯基膦-1,1′-联萘
Bpy/bipy	2,2′-bipyridyl	2,2′-联吡啶基
Bn	benzyl	苄基
Boc	tert-butoxycarbonyl	叔丁氧羰基
BOM	benzyloxymethyl	苄氧基甲基
Bu/n-Bu	normal(primary)buyl	正丁基
^{s}Bu	sec-butyl	仲丁基
^{t}Bu	tert-butyl	叔丁基
Bz	benzoyl	苯甲酰基
CAN	ceric ammonium nitrate	硝酸铈铵
cat.	catalyst 或 catalytic	催化剂或催化剂量的
Cbz	benzyloxycarbonyl	苄氧羰基
COD	cod,cyclooctadiene	环辛二烯
COT	cot,cyclooctatetraene	环辛四烯
Cp	cyclopentadienyl	环戊二烯基
CSA	camphorsulfonic acid	樟脑磺酸
DABCO	1,4-diazabicyclo[2.2.2]octane	1,4-二氮杂双环[2.2.2]辛烷
DAST	(diethylamino)sulfur trifluoride	二乙胺基三氟化硫
DBA	dibenzylideneacetone	二苯亚甲基丙酮
DBN	1,5-diazabicyclo[4.3.0]non-5-ene	1,5-二氮杂双环[4.3.0]壬-5-烯
DBU	1,8-diazabicyclo[5.4.0]undec-7-ene	1,8-二氮杂双环[5.4.0]十一-7-烯

缩略语	英文全名	中文译名
DCC	N,N'-dicyclohexylcarbodiimide	二环己基碳二亚胺
DCM	Dichlorometnane	二氯甲烷
DDQ	2,3-dichloro-5,6-dicyano-1,4-benzoquinone	2,3-二氯-5,6-二氰基-1,4-苯醌
DEAD	diethyl azodicarboxylate	偶氮二羧酸二乙酯
DHP	3,4-dihydro-2H-pyran	3,4-二氢-2H-吡喃
DIAD	diisopropyl azodicarboxylate	偶氮二羧酸二异丙酯
DIBAL-H	diisobutylaluminium hydride	二异丁基氢化铝
DIPEA	diisopropylethylamine	二异丙基乙基胺
DMB	3,4-dimethoxybenzyl	3,4-二甲氧基苄基
DMAP	4-dimethylaminopyridine	4-二甲基胺基吡啶
DME	1,2-dimethoxyethane	1,2-二甲基乙烷
DMF	dimethylformamide	N,N-二甲基甲酰胺
DMPU	1,3-dimethyl-3,4,5,6-tetrahydropyrimidin-2(1H)-one	1,3-二甲基-3,4,5,6-四氢嘧啶-2(1H)-酮
DMSO	dimethyl sulfoxide	二甲亚砜
de	diastereomeric excess	非对映体过量
dr	diastereomeric ratio	非对映体比例(注意和 diastereomeric excess 区别)
DPPE	1,2-bis(diphenylphosphino)ethane	1,2-二(二苯基膦)-乙烷
ED_{50}	dose that is effective in 50% of test subject	半有效量
EDTA	ethylenediaminetetraacetic acid	乙二胺四乙酸
eq	equation	方程式
eq/equiv	equivalent	当量
EE	2-ethoxyethyl	2-乙氧基乙基
ee	enantiomeric excess	对映体过量
er	enantiomeric ratio	对映体比例(not enantiomeric excess)
Et	ethyl	乙基
GC	gas chromatography	气相色谱
h	hour(s)	[小]时
HMDS	1,1,1,3,3,3-hexamethyldisilazane	1,1,1,3,3,3-六甲基二硅胺烷
HMPA	hexamethylphosphoric triamide (hexamethylphosphoramide)	六甲基磷酰胺
$h\nu$	reprenents "light irradiation"	表示"光照"

缩略语	英文全名	中文译名
HOAt	1-hydroxy-7-azabenzotriazole	1-羟基-7-氮苯并三唑
HOBT	1-hydroxybenzotriazole	1-羟基苯并三唑
HPLC	high-performance liquid chromatography	高效液相色谱
HRMS	high-resolution mass spectrometry	高分辨质谱
IBDA	iodobenzene diacetate	二乙酸碘苯
Im	imidazolyl	咪唑基
IR	infrared	红外
J	coupling constant (in NMR spectrometry)	偶合常数
LAH	lithium aluminum hydride	氢化锂铝
LD_{50}	dose that is lethal in 50% of test subjects	半致死量
LDA	lithium diisopropylamide	二异丙基胺基锂
LHMDS	lithium hexamethyldisilazane (lithium bis(trimethylsilyl)-amide)	六甲基二硅胺基锂
LTMP	lithium 2,2,6,6-tetramethylpiperidide	2,2,6,6-四甲基哌啶锂盐
MCPBA	m-chloroperbenzoic acid	间氯过苯甲酸
Me	methyl	甲基
Mes	2,4,6-trimethylphenyl (mesityl) [not methanesulfonyl(mesyl)]	1,3,5-三甲基苯基
MHz	megahertz	兆赫[兹]
min	minunte(s): 分钟 或者 minimum	最小
mol	mole(s)	摩[尔]
MOM	methoxymethyl	甲氧基甲基
MsCl	Methanesulfonyl chloride	甲磺酰氯
Mw	molecular weight	相对分子质量
NBS	N-bromosuccinimide	N-溴丁二酰亚胺
NCS	N-chlorosuccinimide	N-氯丁二酰亚胺
NIS	N-iodosuccinimide	N-碘丁二酰亚胺
NMO	4-methylmorpholine N-oxide	N-氧化甲基吗啉
NMP	1-methylpyrrolidi$N$-2-one	1-甲基-2-吡咯烷酮
NOE	nuclear Overhauser effect	核 Overhauser 效应
NOESY	nuclear Overhauser effect spectroscopy	二维核 Overhauser 效应谱
Ns	2-nitrobenzenesulfonamide	2-硝基苯甲磺酰胺

缩略语	英文全名	中文译名
Nu	nucleophile	亲核试剂
PCC	pyridinium chlorochromate	吡啶氯铬酸盐
PDC	pyridinium dichromate	吡啶二铬酸盐
Ph	phenyl	苯基
Pht	phthalimido	苯邻二甲酰亚胺基
Piv	pivaloyl	新戊酰基
PLE	pig liver esterase	猪肝酶
PMB	p-methoxybenzyl	p-甲氧基苄基
PPA	poly(phosphoric acid)	多聚磷酸
PPTS	pyridinium $para$-toluenesulfonate	对甲苯磺酸吡啶盐
Pr	propyl	丙基
^{i}Pr	isopropyl	异丙基
PTSA 或 PTS	p-toluene-sulfonic acid	对苯甲磺酸
Pyr 或 Py	Pyridine	吡啶
RCM	ring closing metathesis	闭环复分解反应
refl.	reflux	回流
r.t.	room temperature	室温
Su	succinimide	丁二酰亚胺
TBAF	tetrabutylammonium fluoride	四丁基氟化铵
TBDPS	$tert$-butyldiphenylsilyl	叔丁基二苯基硅基
TBDPSCl	$tert$-butyldiphenylsilyl chloride	叔丁基二苯基氯硅烷
TBS 或 TBDMS	$tert$-butyldimethylsilyl	叔丁基二甲基硅基
TBSCl 或 TBDMSCl	$tert$-butyldimethylsilyl chloride	叔丁基二甲基氯硅烷
TBSOTf	$tert$-butyldimethylsilyl triflate	三氟甲磺酸叔丁基二甲基硅基酯
TCNE	tetracyanoethylene	四腈基乙烷
TESCl	triethylsilyl chloride	三乙基氯硅烷
TESOTf	triethylsilyl triflate	三氟甲磺酸三乙基硅基酯
Tf	trifluoromethanesulfonyl (triflyl)	三氟甲磺酰基
TFA	trifluoroacetic acid	三氟乙酸
TFAA	trifluoroacetic anhydride	三氟乙酸酐
TfOH	trifluoromethanesulfonic acid	三氟甲磺酸
THF	tetrahydrofuran	四氢呋喃
THP	tetrahydropyra-2-yl	四氢吡喃基
TIPSCl	triisopropylsilyl chloride	三异丙基氯硅烷
TIPSOTf	triisopropylsilyl triflate	三氟甲磺酸三异丙基硅基酯
TMEDA	N,N,N',N'-tetramethy-lethylenediamine	N,N,N',N'-四甲基乙二胺

缩略语	英文全名	中文译名
TMS	trimethylsilyl 或 tetramethylsilane	三甲硅基或三甲硅烷
TMSBr	trimethylsilyl bromide	三甲基溴硅烷
TMSCl	chlorotrimethylsilane	三甲基氯硅烷
TMSE	2-(trimethylsilyl)ethyl	2-(三甲基硅基)乙基
TMSI	trimethylsilyl iodide	三甲基碘硅烷
TMSOTf	trimethylsilyl trifluorometanesulfonate	三氟甲磺酸三甲基硅基酯
Ts	p-toluenesulfonyl	对甲苯磺酸基
TsOH	toluene-p-sulfonic acid	对甲苯磺酸
UV	ultraviolet	紫外线
Vol	volume	体积

中 文 索 引

(按中文词的汉语拼音字母顺序排列)

名称	章节	名称	章节

[an]
安息香缩合　　　　　　　　　5.2
胺基的极性转换　　　　　　　5.5.3
氨基的保护　　　　　　　　　8.5

[bai]
白屈菜酸　　　　　　　　　　3.5.2

[bao]
保护基　　　　　　　　　　　8

[ben]
苯偶姻　　　　　　　　　　　3.7.2

[bu]
α,β-不饱和羰基化合物　　　　3.4.2
不变的立体结构　　　　　　　13.3
不对称二烯和不对称亲二烯　　9.2.3

[cai]
材料科学　　　　　　　　　　1.4

[ce]
策略上关键的键　　　　　　　13.6.2

[ci]
次卤酸　　　　　　　　　　　6.2.2

[chu]
除虫菊酸的合成　　　　　　　14.1

[chuang]
窗烷　　　　　　　　　　　　1.2.4

[chun]
醇的氧化　　　　　　　　　　6.1

[cui]
催化性的抗体　　　　　　　　1.4
催化加氢　　　　　　　　　　7.1

[chou]
臭氧化　　　　　　　　　　　6.4.3
稠环的断开　　　　　　　　　13.4.3

[dan]
单杂原子五元环的合成　　　　10.2
单氮原子六元环的合成　　　　10.3

[dao]
导向基　　　　　　　　　　　4.1
导向转化方式的反合成研究　　13.2.2

[di]
低价金属盐还原剂　　　　　　7.4
底物控制,机理控制,空间控制　13.5.1

[dian]
碘-醋酸氧化剂　　　　　　　　6.4.2

[die]
叠氮类的偶极环加成　　　　　9.3.1

中文索引

名称	章节
电环化反应	9.1, 9.5
[dui]	
对等性	2.1, 5.1
对映选择	2.3.1
对映过量	2.3.1
[dun]	
钝化	4.2
[duo]	
多环体系的立体化学策略	13.5.3
[er]	
1,5-二羰基化合物	3.6
1,2-二醇	3.7.3
1,4-二羰基化合物	3.8.1
1,6-二羰基化合物	3.8.3
1,3-二硫杂烷	5.2
二氧化锰氧化剂	6.1.1
二甲亚砜氧化剂	6.1.3
二氧化硒氧化剂	6.5.1
二异丙基铝氢	7.2.1
二醇的保护	8.2
[fan]	
反馈键	11
反合成子	13.2.1
反合成中的可变性	13.5.1
反合成中的可清除	13.5.1
反应的热力学控制	2.3.2
反应的动力学控制	2.3.2
[fei]	
非金属还原剂	7.5
非环键的断开	13.4.1
非环体系的立体化学策略	13.5.4

名称	章节
非碳原子的亲双烯基试剂	9.2.2
[fen]	
酚的氧化	6.1.4
分子的拆开	3.1
分子复杂度	13.1
[feng]	
封闭基（闭塞基）	4.3
[gao]	
高锰酸钾-过碘酸钠氧化剂	6.4.2
[ge]	
铬[CrⅥ]的氧化物	6.1.1, 6.5.3
[gong]	
供电子合成子（d 合成子）	5.3.3
[gu]	
固相酶技术	3.1
骨架和碎片	3.1
孤立环的断开	13.4.2
[guan]	
官能团的交换	13.2.1
官能团的移位	13.2.1
官能团的加入	13.2.1
官能团的移去	13.2.1
官能团度的简化	13.6.4
官能团的附加物	13.6.5
[gui]	
硅试剂	11.3
硅基烯	11.3.3
[hai]	
海葵毒素	1.2.3

名称	章节	名称	章节
[he]		基于转化方式的合成路线策略	13.2
合成时的碎片	5.1	基于目标物结构的合成路线策略	13.3
合成子	2.1，5.2	基于官能团的合成路线策略	13.6
合成子的分类	5.3.1	计算机辅助合成路线设计	1.4
合成子的加合	5.3.2	极性转换	5.1
合成子的极性转换	5.3	极性转换的可逆性	5.5.2
合成子的等价试剂	5.3.3，5.3.4，13.6.3	激发态氧的单线态	6.5.4
		机理控制	13.5.1
合成子的稳定性	5.1		
合理的合成子	5.1	[jian]	
		简化合成路线	2.2.1，12
[hong]		简化-转化方式(立体化学的)	13.5.1
红霉素的结构	1.2.3	键结	2.1
		键的拆开	2.1，2.2
[hua]			
化学珍品	1.2.4	[jiao]	
化学选择性	2.3.1	角鲨烯	13.2.2
[hui]		[jin]	
汇集法	2.2.1，12.4	金属有机催化剂	1.2.5
		金属还原剂	7.3
[huan]			
环蕃	1.2.4	[jing]	
环氧化合物	6.4.1	精细有机合成	1.1.2
环化反应	9.1	肼还原剂	7.5.1
环加成反应	9.1	腈叶立德	9.3
[2+2]环加成	9.4		
[2+3]环加成	9.3.1，10.2.1	[kai]	
[1+4]环加成	10.2.2	开环	9.6.1
还原反应	7	开环复分解聚合法	1.4
[huang]		[kong]	
黄乃正	1.2.4	空间电子效应	3.2.1
黄酮	3.5.4	空间控制	13.5.1
[ji]		[kuo]	
基本有机合成	1.1.2	扩环重排	10.3.2

中文索引

名称	章节
[lan]	
兰尼镍	7.3.1
[li]	
立方烷	1.2.4
立体化学的路线设计策略	13.5
立体选择性	2.3.1
锂(钠)-液氨还原剂	7.3.1
利用对称性简化	12.1
[lian]	
联结转化	13.5.4, 13.6.5
[lin]	
邻二叔醇重排	3.7.3
磷叶立德	11
磷酸叶立德	11.1.2
[liu]	
硫试剂	11.2
硫叶立德	11.2.1, 11.2.2
[lu]	
路线设计的战术组合	13.2.2, 13.6.2
[luo]	
螺环系的断开	13.4.5
[mei]	
酶	2.3.1
酶模拟合成	1.4
[mo]	
模拟化合物	12.3
[mu]	
目标结构	13.3

名称	章节
目标物结构	13.2.1
目标起始物	13.3
目标分子(TM)与起始物(SM)	2.2.1
目标转化方式	13.2.2
[nei]	
内向物与外向物	9.2.1
[ni]	
尼龙	1.2.5
逆合成法(反合成法)	2.2.1
[ou]	
1,3-偶极环加成反应	9.3.1
[peng]	
硼氢化钠	7.2.2
硼氢氰钠	7.2.2
硼烷	7.2.3
[pin]	
频哪醇重排	3.2.3, 13.2.1
平行-连续法(即会集法)	2.2, 12.4
[qian]	
钳合反应	9.1, 9.6.4
[3,3]σ迁移	9.6.2
潜对称分子	12.1
[qiang]	
α-羟基羰基化合物	3.7
β-羟基羰基化合物	3.4.1
γ-基羰基化合物	3.8.2
羟醛缩合	3.4.2
羟基的保护基	8.1
[qiao]	
桥式环系的断开	13.4.4

名称	章节	名称	章节
[qing]		[si]	
氢解	7.1.4	四氧化锇氧化剂	6.4.2
氢负离子的合成等价物	7.2		
氢化锂铝	7.2.1	[suo]	
青蒿素的化学合成	14.2	羧基的保护	8.4
青蒿素的生物合成	14.3		
		[tai]	
[quan]		钛金属还原剂	7.3.3
醛,酮的氧化	6.2		
		[tan]	
[que]		碳酸银氧化剂	6.1.2
炔类亲双烯基试剂	9.2.2		
		[tan]	
[san]		α-碳原子上的氧化	6.5
三烷基硼	5.3.3	碳卤键的形成	10.1.1
三价磷还原剂	7.5.2	碳-氧和碳-硫键的形成	10.1.2
		碳-氮键的形成	10.1.3
[sheng]			
生命力学说	1.2.1	[tang]	
生命科学	1.4	羰基的极性转换	5.5.2
		羰基的保护	8.3
[shi]			
十字四烯	1.2.4	[ti]	
		体烷	1.2.4
[shou]		梯形烷	1.2.4
受电子合成子(a 合成子)	5.3.4		
手性亚砜	11.2.3	[tian]	
手性控制	13.2.1	天然有机化合物	1.1.1,1.2.3
[shu]		[ting]	
叔丁基过氧化氢	6.4.1	烃基的极性转换	5.5.4
[shun]		[tong]	
顺反式二醇	6.4.2	酮醇缩合	3.7.3
顺旋与对旋	9.5		
		[tuo]	
[shuang]		拓扑学的合成路线设计策略	13.4
双烯类与亲双烯类	9.2		

名称	章节
[wan]	
烷基硅叶立德	5.3.3
烷基磷叶立德	5.3.3
烷硫基亚砜	5.2
[wei]	
维生素 B_{12} 的结构	1.2.3
位置选择性	2.3.1
[xi]	
烯胺	3.8.1
烯丙硅烷	11.3.4
[xian]	
酰基负离子的等价物	5.2
[xiang]	
相转移剂	6.4.2
[xiao]	
β-消去反应	9.6.2
[xiu]	
N-溴代丁二酰亚胺(NBS)	6.5.2
[ya]	
亚甲基化合物	3.4.2
亚胺离子	5.5.3
亚砜的叶立德	11.2.1
[yan]	
烟曲霉素的反合成	13.2.2
[yang]	
氧化态,氧化数	2.1,6
氧化反应	6
氧化脱羧反应	6.3
氧化腈类的偶极环加成	9.3.1
[yao]	
遥控制氧化	6.6.6
[yi]	
一锅法	10.5,12.5
[yin]	
隐藏性双烯	9.2
[ying]	
硬软酸碱理论	8.1.1
[yuan]	
元素有机化学	1.3,2.1
[you]	
有机反应的种类	2.1
有机合成	1.1.1
有机合成路线设计	1.1.3,2.1,2.2
有机合成路线设计中的战术和战略	1.1.3
[zi]	
紫杉醇的合成	14.2
紫杉醇的衍生物的合成	14.2
紫杉醇的构效关系	14.2
[zhong]	
重有机合成工业	1.1.2
重排转化方式	13.4.6
α-重氮酮化合物	12.3
仲胺的亚硝基物	5.5.3
终止反应	7.2.1

英 文 索 引

(主要是人名、人名反应、化合物俗名以及专有化学术语的名称,按英文字母顺序排列)

名称	章节	名称	章节
[A]		Buspirone	13.3
Acyloin Condensation	3.7.2		
Adams catalyst	2.2.1, 7.1	**[C]**	
alane	7.2.1	Carbene	9.4, 11.2.2, 14.1
Aldol condensation	2.2.1, 13.6.2	Cadinane	14.3
alkylthiosulfoxide	5.2	*Candidatus Brocadia anammoxidans*	14.4
Alkylidenesulfurane	11.2.1	Cannizzaro reaction	3.9
Allethrin	14.1	Carothers W. H.	1.2.5
antiperiplaner	7.2.3	Carpanone	13.4.3
Arbuzov reaction	11.1.4, 1.1.1	Cedrol	13.3
Arndt-Eistert's reaction	9.3.1	Chaquin A.	2.2.2
Artemisinin	14.3	chemical curiosities	1.2.4
Artemisia anuua L	14.3	chemoselectivity	2.3
antisynthesis	2.2.1	cheletropic reaction	9.1
aziridine	9.3.1	chiral controller	13.2.1
		Chrysunthemic acid	14.1
[B]		Claisen condensation	3.5, 11.6, 13.6.2
Baccatin	14.2	Claisen rearrangement	11.1.1, 11.1.3,
Baeyer-Villiger's reaction	6.2.3, 6.5.3,		13.6.2, 13.2.2
	6.5.5, 10.1.2	Claisen-Schmidt's reaction	3.4.2
Barton's reaction	6.6.3, 14.4	Clemmensen reduction	7.3.2
Beckmann rearrangement	6.2.4, 10.1.3	Click Chemistry	9.3.1
Benzoin	3.7.1	Collins reagent	6.1.1
Benzoin condensation	3.7.1	*Coelenterate*	1.2.3
Brevicomin	2.2.2	Collins reagent	6.1.1
Birch A. J.	3.8.3	convergence	2.2.1
Birch's reaction	3.8.3, 7.3.1	Congifolene	2.2.2
borane	7.2.3	Cook J. M.	1.2.4
Brevicomin	2.2.2	Cope rearrangement	9.6.3, 13.2.1
bromohydrin	6.5.2	Corey E. J.	1.2.4, 2.2.2, 13, 14.4
Buchner's reaction	9.3.1		

英文索引

名称	章节	名称	章节
Curl R. F.	1.2.4	[F]	
Cyclophanes	1.2.4	Farvoskii rearrangement	14.1
Cyanohydrin	6.2.1, 8.3	Feist-Bénery furan synthesis	10.2.1
		Fenestrane	1.2.4
[D]		Fischer indole synthesis	10.4
Danishesky diene	9.2.1	Fremy salt	6.1.4
1,3-diaxial interaction	7.2.1	Friedel-Crafts reaction	13.6.2
diborane	7.2.3	fullerane	1.2.4
Dicydohexhl carbodiimide(DCC)	6.1.3	Fumagillol	13.2.2
Dieckmann reaction	3.5.2, 13.6.2	Fumarase	2.3.1
Diels-Alder's reaction	2.2.1, 3.2, 3.7.2, 3.7.3, 3.8.3, 4.2, 9, 13.2.2	Furoscrubiculin B	2.1.6
		functional group(FG)	2.2.1
Dienophiles	9.2	Functional group-based strategy	13.1
4-dimethyl aminopyridine(DMAP)	8.1.4	Furoscrubiculin B	2.1.6
Diimide	7.5.1	trans fused bicydic compound	7.3.1
Dioxolane	8.3		
Dithiane	5.2, 8.3	[G]	
Dithioketal	8.3	1-GP, 2-GP	13.6.1
Dithiolane	8.3	Grubbs R. H.	1.4.2
1,3-dipolar cycloaddition	9.3.1	Grignard reagent	1.1.3, 5.1.3, 7.3
dissolving metal reduction	7.3	Gribble reduction	7.2.2
[E]		[H]	
Easton P. L.	1.2.4	Hantzsch synthesis	10.2.1, 10.3.1
electrocyclization	9.1	Heck reaction	12.5
electrophilic reagent	6	Heptalene	10.3, 13.3
Emmons reaction	11.1	HLF reaction	6.6.2
enatiomeric excess, ee%	2.3.1	Hoffmann-La Roche	14.3.1
enolate aldol	13.2.1	Holton R. A.	14.2.2
entioselectivity	2.3.1	HOMO	9.2, 9.4, 9.5
enzyme	2.3.1	Huisgen R.	9.3.1
endoperoxides	6.5.3		
equatorial	7.2.1	[I]	
Eschenmoser A.	1.2.3	imidazolidine	8.3
Eschenmoser ring cleavage	7.5.1	imine	7.4.2
exendo bond, offexendo bond	9.2.1, 13.4.3	iminium salt	6.6.4

名称	章节	名称	章节
indole	6.6.4	[O]	
o-iodoxylbenzonic acid(IBX)	1.1.3	offexendo	13.4.3
		one-pot reaction	1.3, 10.5
[J]		Oppenauer oxidation	6.1.3
Jones reagent	6.1.1	Oxy-Cope rearrangement	13.6.2
		oxazolidine	8.3
[K]		oxime	7.4.2
Kanematusu K.	2.1.6	oxothioketal	8.3
Kekule A.	1.2.2	ozonide	6.4.3
Khorana coenzyme A.	3.9		
kinetic control	2.3	[P]	
Kishi Y.	1.2.3	Paal-Knorr's reaction	10.2.2
Knorr reaction	10.2	Palytoxin	1.2.3
Kolbe reaction	3.8.3, 4.3	Paquette L. A.	1.2.4
Kroto H. M.	1.2.4	PCC	6.1.1
		PDC	6.1.1
[L]		Pentacycloammoxic acid	1.2.4, 14.4
ladderane	1.2.4, 14.4	Perkin W. H.	1.2.2
Lindlar catalyst	7.1.2	pericyclic reaction	9.1
Longifolene	2.2.2	Perkow reaction	11.1.1
LUMO	9.2, 9.4, 9.5	Peterson reaction	11.3.2
		phosphine	7.5.2, 11.1.2
[M]		Pinacol	2.1.6, 7.4.1
Mannich base	3.6.2	Pinacol rearrangement	3.7.3, 13.2.1
Mannich reaction	2.1.6, 3.6.2, 5.5.3, 13.6.2, 14.1	Potier P.	14.2.2
		Pummerer rearrangement	11.2.3
Markovnikov rule	7.2.3	Pyrazoline	9.3.1
Michael reaction	2.2.1, 3.6.1, 3.6.2, 3.9, 5.1.1, 5.5.2, 10.5, 13.2.1, 13.6.2	Pyrethrin	14.1
Michaelis-Arbusov's reaction	11.1.1	[R]	
Moffatt oxidation	6.1.3	Ramberg-Backlund's reaction	11.2.3
Moore R. E.	1.2.3	Raney nickel	7.1.1, 7.3.1, 8.3.4
		Reformatsky reagent	7.3.2
[N]		regioselectivity	2.3
NBS	6.5.2	retrosynthesis	2.2.1
Nesmethrin	14.1	Robinsen R.	1.1.3, 2.1
Nicolaou K. C.	1.1.3, 14.2	Robinson annulation	2.2.1

英文索引

名称	章节
[S]	
Sarett reagent	6.1.1
Sharpless K. B.	9.3.1, 9.4
Simmons-Smith's reaction	9.4
singlet oxygen	6.5.3
Skraup quinoline synthesis	10.5
Smalle R. E.	1.2.4
sodium cyanoborohydride	7.2.2
squalene	13.2.2
starting material(SM)	2.2.1
Staurentetraene	1.2.4
stereochemical strategy	13.1
stereoselectivity	2.3
stereoelectronic effect	2.3.2
Swern oxidation	6.1.3
Still W. C.	1.1.3
Strecker synthesis	3.7.1
structural-goal strategy	13.1
sulfonyl group	11.2
3-sulfolene	9.2.1
synthon	2.1.4, 5.1
[T]	
tactical combination	13.2.2
Taxol	14.2
Taxotexe	14.2
Taxus brevifolia	14.2
thermodynamic control	2.3
Thiazolidine	8.3
tiatanium tatraisoporopoxide	6.4.1
Topological strategy	13.1
trans-alkylation	4.3
transform-based strategy	13.1
triazoline	9.3.1
Trost B. M.	2.3.1
Tsuji J.	2.3.1
[U]	
umpolung	5.1.2
[V]	
Volkmann R. A.	2.2.2
vanandyll actoacetate	6.4.1
[W]	
Wallace Carotuers	1.2.5
Wall M. E.	14.2.1
Wilkinson catalyst	7.1.2
Williansen synthesis	3.2.3
Willstatter R.	1.1.3
Wittig reaction	2.2.1, 3.7.3, 9.5.2, 11.1, 13.2.2
Wittig rearrangement	5.4.3
Wittig-Horner reaction	11.1
Wofff-Kishner-Huang reduction	7.5.1
Wohler F.	1.2.1, 1.3
Woodward R. B.	1.1.1, 1.2.3, 3.9, 8.4
[Y]	
Ylide	11
Yurev reaction	10.2.3
[Z]	
Zemplen hydrolysis	14.2.1
Ziegler	12.5